JAHRESGABE 2011/2012

EDMUND HOPPE

MATHEMATIK UND ASTRONOMIE IM KLASSISCHEN ALTERTUM

Herausgegeben
und eingeleitet
von
JÜRGEN PAUL SCHWINDT
mit einem Nachwort
von
MARKUS ASPER

BAND I

Zweite, aktualisierte Auflage

Universitätsverlag
WINTER
Heidelberg 2013

Bibliografische Information der Deutschen Nationalbibliothek
Die Deutsche Nationalbibliothek verzeichnet diese Publikation in der Deutschen Nationalbibliografie; detaillierte bibliografische Daten sind im Internet über http://*dnb.d-nb.de* abrufbar.

UMSCHLAGBILD

Daniel Berger,
Die nördliche Halbkugel für die Zeit der alten Griechen und Römer entworfen, 1782,
in: *Vorstellung Der Gestirne Auf* XXXIV *Kupfertafeln Nach Der Pariser Ausgabe Des Flamsteedschen Himmelsatlas: Nebst Einer Anweisung Zum Gebrauch Und Einem Vollständigen Sternenverzeichnis*,
hrsg. v. Johann Elert Bode, Berlin u.a. 1782,
Tafel XXXIII.

ISBN 978-3-8253-2011-9

Imprimé en Allemagne · Printed in Germany
Druck: Memminger MedienCentrum, 87700 Memmingen

Gedruckt auf umweltfreundlichem, chlorfrei gebleichtem und alterungsbeständigem Papier

Den Verlag erreichen Sie im Internet unter:
www.winter-verlag.de

Jürgen Paul Schwindt (Heidelberg)

Philologie des Lebens 1911 Philologie des Todes

Das Jahr 1911, dieses seltsam unbekannte Jahr, hat sich der kulturellen Erinnerung allenfalls als ein Jahr des Übergangs eingeprägt. In Wien stirbt am 18. Mai der Vollender der spätromantischen Symphonik Gustav Mahler, am 20. November erlebt München die Uraufführung seines *Lieds von der Erde*. Am 26. Januar wurde im Königlichen Opernhaus zu Dresden die „Komödie für Musik“ *Der Rosenkavalier*, eine Gemeinschaftsarbeit Richard Strauss’ und Hugo von Hofmannsthals, unter der Regie von Max Reinhardt uraufgeführt. Am Pariser Théâtre du Châtelet tanzen am 13. Juni Sergei Diaghilews „Ballets Russes“ erstmals Strawinskis Burleske *Petruschka*. In der Opéra comique wird seit dem 19. Mai Ravels musikalische Komödie *L’Heure espagnole* gegeben. Im selben Jahr erscheint Arnold Schönbergs *Harmonielehre*.

Im Abstand von einhundert Jahre ist es leicht, das Datengerüst der Epoche als eine Narrative zu lesen, die vom Ausgang des romantischen Zeitalters und von der neuen Tonalität und Rhythmik einer vitalen und ausdrucksmächtigen Klangkunst kündet. Das Wort der Stunde ist der „Expressionismus“. Mit einer im Verhältnis der mitteleuropäischen Mächte nicht untypischen Verspätung strömen aus Frankreichs Kapitale signifikante Einflüsse in die deutschen Zentren des kulturellen Lebens. Die Titelseite des Almanachs *Der Blaue Reiter*, von Wassily Kandinsky aus Anlaß der Eröffnung der ersten Ausstellung der gleichnamigen Künstlervereinigung am 18. Dezember in München vorbereitet, ist das Bild der Epoche geworden. Am 10. Januar hatte Kandinsky aus Protest gegen die unverhohlen konservativen Tendenzen der erst zwei Jahre zuvor gegründeten „Neuen Künstlervereinigung München" deren Vorsitz niedergelegt. Auf ihrer ersten Schau zeigten die Initiatoren des „Blauen Reiters", Kandinsky und Marc, Bilder von August Macke, Heinrich Campendonk, Gabriele Münter, Arnold Schönberg, Robert Delaunay und des im Jahr zuvor verstorbenen Rousseau des Zöllners. Im Dezember 1911 erscheint, datiert auf 1912, bei R. Piper & Co. in München Kandinskys programmatische Schrift *Das Geistige in der Kunst*. Kein Festhalten am Gegenständlichen soll hinfort die „reine" Anschauung des „inneren Klangs der Dinge" trüben. Das Jahr 1911 ist auch das Jahr der Hochzeit der Farben und Klänge, die in expressiver Synästhesie allein dem Ausdruck der „inneren Notwendigkeit" des gemalten Sujets verpflichtet sein sollen.[1]

1 Wassily Kandinsky, Über das Geistige in der Kunst, München 1912 (1911), [4]Bern-Bümpliz 1952, S. 64 (in der 3. Aufl. der 2004 revidierten Neuauflage: S. 68).

Die hier zum Kompositionsprinzip erhobene Sinnlichkeit des Geistigen findet ihre kuriose Entsprechung in der Geistigkeit des Sinnlichen, die das Werk des Literaturnobelpreisträgers jenes Jahres auszeichnet. Eine Woche vor Beginn der Eröffnungsausstellung des „Blauen Reiters" empfängt Maurice Maeterlinck, Kandinskys Kronzeuge für die Stimmigkeit seiner Theorie vom „Wort als innerem Klang", die Auszeichnung aus den Händen Gustavs V. „in Anerkennung seiner vielfältigen literarischen Betätigung und vor allem seiner Bühnenstücke, die durch Einfallskraft und dichterischen Schwung hervorragen und die manchmal, unter dem Mantel des Märchenspiels, tiefe Inspiration enthüllen sowie auf geheimnisvolle Weise die Gefühle der Leser in Schwingungen versetzen und ihre Phantasie anregen".[2] Es ist das Schicksal origineller Kunst, daß sie nur im Raster konventioneller Darstellung reüssieren kann. In früheren Anläufen war Maeterlincks Kandidatur, wie zeitgenössische Dokumente belegen, noch an dem vorherrschenden Eindruck gescheitert, hier habe man es mit einer „interessante(n) Kuriosität, ein(em) Überspannte(n)" zu tun.[3] 1911 aber steht Maeterlincks Krönung nichts mehr im Wege, weil, wie der Bericht der Jury verzeichnet, seine „Bilder des Lebens unter dem An-

2 Die Begründung ist nachzulesen im von der *Nobelstiftung, Stockholm* 1950 hrsg. Band *Nobel, the man and his prizes*, dt. v. H. Winter u. W. Gebühr, Zürich o.J., dort S. 183.

3 Siehe ebd.

schein des Traums bemerkenswert genau“ seien: „Sie sind nicht gekünstelt, und soweit sie verschleiert wirken mögen, ist unter dem Schleier immer der Umriß von etwas Realem zu erkennen, von etwas, das der Quelle menschlicher Existenz an sich entsprungen und nicht nur kurzlebig ist“.[4]

„Good vibrations“ – „Bad vibrations“

Das Urteil der schwedischen Honoratioren liest sich wie das Angstprotokoll der Epoche. Das „Interessante“, „Kuriose“, „Überspannte“, mit einem Wort die Romantik, wird schon in den Jahren zuvor nicht so sehr verabschiedet denn als ein Ausschlußkriterium perhorresziert. Der Soupçon, unter den die Schwedische Akademie die ungeerdeten Bilder stellt, ist auch 1911 unüberhörbar. Von den „künstlichen Paradiesen“ Charles Baudelaires (1860), ohne die Maeterlincks frühe Dichtungen schwerlich entstanden wären, wähnte man sich auf den Gipfeln des gediegenen Kunstgeschmacks auch lange nach dem Tode des französischen Vorgängers weit entfernt. Den Schleier erträgt man nur, weil unter ihm „immer der Umriß von etwas Realem zu erkennen (ist)“. Die neu-alten Fetische des Kunstbürgertums sind der aufgehübschte, „verschleierte“ Realismus, die Quellkraft der (menschlichen) Existenz und der Ruhm.

4 Ebd., S. 184.

Die Schwedische Akademie aber ist die Ruhmgewährleistungsmaschine, die über Halbwertszeiten und Verfallsdaten ebenso wie über künftige Dichter-Karrieren entscheidet. Sie begreift ihr Jurorenamt als Dienst am Bleibenden. Dieses wächst und gedeiht auf dem existentialen Grund des Menschen und wirkt auf diesen zurück, wenn es „auf geheimnisvolle Weise die Gefühle der Leser in Schwingungen versetz(t)".

Die „Schwingung" ist es offensichtlich, die im Jahre 1911 die künstlerische Avantgarde mit dem nährenden Busen einer retrospektiven Akademie verbindet. 1911 berichtet uns von dem Unbund, dem *vaesanum coniugium*, der bewahrenden und der vorwärts stürmenden Kräfte.

Im Abstand von einhundert Jahren ist es nicht zu übersehen: Die Spitzen der Kunst und die kanonisierenden Behörden treffen sich in der Parteinahme für die „Schwingung", die Kandinskys Kunsttraktat ebenso bestimmt wie das Geschmacksurteil einer Akademie, die in den Jahren zuvor Männer vom Schlage Paul Heyses (1910), Rudolf Euckens (1908), Rudyard Kiplings und Giosuè Carduccis (1906) ausgezeichnet hatte.

Doch während Kandinskys „Schwingung" die Wörter außerhalb ihrer konventionellen Funktionen und Bedeutungen rückt, begreift die Akademie den *swing* ihres *laureatus* als die wohlklingende Affirmation des unerschütterlichen Zusammenhangs von

Wort und Bedeutung. Tief aus dem menschlichen Betreff steigt sie auf und fällt eben dorthin wieder zurück. Das Neue bleibt den obersten Richtern verstellt. Sie wollen das Spiel nach Regeln spielen, die sie selbst bestimmt haben. Es gehört zur Logik der Auszeichnung, daß sie im Stil der impulsiven Berichtigung, der *correctio* dessen verfährt, das sie auf den Thron zu hieven vorgibt. Sie umarmt und erdrückt den Ausgezeichneten und läßt dabei das laute Pfeifen vernehmen, das die Angst des einsamen Kellergängers verrät. Daß Preise töten können, mußte schon mancher Künstler erfahren, der seinen intellektuellen Anspruch im blinden Gewese seiner Belobiger verschwinden sah. Thomas Bernhard hat in bissig-vergnügten Texten von den Ritualen der Demütigung durch Preise und Auszeichnungen berichtet.[5]

Die Taktung des Daseins und der „Panther"-Sprung nach Agadir

Über die Attraktivität der Schwingung sollten wir uns in einer Zeit, die die „Stimmung" als potentes Konzept der neueren Lebenswissenschaften wiederentdeckt hat,[6] nicht allzu sehr verwundern. Der *swing* ist die Bewegungsform, die den Menschen auch im Zu-

5 T. Bernhard, Meine Preise, Frankfurt a.M. 2009.

6 S. etwa H.U. Gumbrecht, Stimmungen lesen. Über eine verdeckte Wirklichkeit der Literatur, München 2011.

stande geteilter Aufmerksamkeiten erreichen kann. Der *swing* kommt überall hin, rührt an und betrifft. Er ist der Modus der Fortbewegung im Reiche des „Daseins“ (und bereitet den Boden für die „ergreifende“ Rede des Mannes aus Marburg, später Todtnauberg). Zuweilen ist er der Modus der Kommunikation als Sprung. Der „Panther“-Sprung ist das politische Wort des Jahres 1911. Die Landung des deutschen, „Panther“ genannten Kanonenbootes im Hafen von Agadir darf als prominentes Vorzeichen des Ersten Weltkrieges gelten. Das erhellt schon aus den kontroversen Stellungnahmen etwa der britischen und deutschen Presse. Dem *Observer* erschien der zur See artikulierte preußische Widerstand gegen die massive Ausweitung des französischen Einflusses in Marokko „like a bolt from the blue“. Seit der Reise Wilhelms II. nach Tanger im Jahre 1905 „there has been no stroke more sudden and disquieting of its kind. ... but, in the meantime, the coup of the Wilhelmstrasse is a European sensation. It will cause increasing anxiety unless forthcoming explanations should prove to be of a more reassuring character than is as yet probable“.[7] Die *Rheinisch=Westfälische Zeitung* aber kommentierte: „Es wird wie ein jubelndes Aufatmen durch unser Volk gehen. Der deutsche Träumer erwacht aus zwanzigjährigem Dornröschenschlaf. Endlich eine

7 *The Observer*, Sonntag, 2. Juli 1911, S. 1.

Tat, eine befreiende Tat, die den Nebel bittersten Mißmutes in deutschen Landen zerreißen muß", und endete in pathetischer Epanadiplosis: „Endlich eine Tat, eine befreiende Tat! Verschwinden wird mit einem Male der kleinliche Hader um die Steuergroschen, ein Ende haben wird die Selbstzerfleischung unseres Volkes, der jammervolle Parteienhader, die Frechheit der Welschlinge. Hinter unserer Regierung – wenn sie durchhält! – steht geeint das ganze Volk".[8]

Auf dem Feld der politischen Debatte wiederholt sich, was wir als die innere Taktung des Kunsturteils und Kunstgeschmacks jener Zeit benannt haben: Auf beiden Seiten wird die Schwingung, wird der heftige Ausschlag empfunden. Doch während die eine Partei ergriffen auf die Artung und Richtung der Schwingung lauscht und ihre Form, den Modus der Artikulation präzise benennt, usurpiert das Urteil der anderen Partei mit Ungeduld das Bedeutungszentrum des Klangs und wendet die lockende Form zum schnöden Gehalt. Man hält sich nicht auf bei der Betrachtung eines politischen Naturschauspiels, das sich im, wiewohl kalkulierten, Panthersprung „plötzlich" entlädt,[9] sondern versetzt sich in nicht minder gewaltigem Sprung ungebeten ans Steuer der fatalen Maschine.

8 Zitiert nach der „Sonntag-Ausgabe" der *Rheinisch=Westfälischen Zeitung* vom 2. Juli 1911.

9 Siehe schon die Überschrift auf der Titelseite des *Observer*: „German swoop on Morocco", ebd.

1911 lehrt die Nachgeborenen, daß es nicht abwegig ist, das Politische und das Ästhetische nicht als je geschlossene Schaltkreise zu untersuchen, sondern als prinzipiell offene Systeme der Verfertigung und Deutung epochalen Sinns. Nur darf man nicht meinen, daß sich alle Partizipanten als „Zeitgenossen" in gleicher Weise auf unser archetypal rekonstruiertes Grund-Gefühl sollten beziehen müssen.

Hermeneutik und Krieg

Wo eigentlich steht geschrieben, daß die Götterboten des Mythos notwendig der Sache der Verständigung und des Ausgleichs dienen? Weiß man nicht, daß Hermes der kundige Iterator eines bald so, bald anders gefaßten göttlichen Willens ist? Immer wenn die epische Handlung sich zur Eindeutigkeit zu verfestigen droht, werden Boten vom Himmel erdwärts geschickt, um Aufschub oder auch die Wendung der Dinge zu schaffen. Der vermeinte Vermittler verdoppelt den göttlichen Willen und schafft das Ungleichgewicht, das auf Erden gebraucht wird, um Langeweile nicht aufkommen zu lassen. So tritt Hermes zuweilen vornehm hinter dem *Pólemos Pánton Patér* zurück und gibt ihm die Bühne frei.[10]

10 Vgl. die originellen Perspektiven in J. Hörisch, Die Wut des Verstehens. Zur Kritik der Hermeneutik, Frankfurt a.M. 1988, [2]1998.

Warum lesen wir in den Kriegsgeschichten der neueren und Zeithistorie so häufig von versuchter und gescheiterter Verständigung über Streitfälle statt von Analyse und Einsicht in die paradoxe Logik möglicher Kriegsgründe, die darin liegen, daß zweie sich in unterschiedlicher Weise auf dasselbe beziehen? Warum nur wetteifern potentiell konfliktive Parteien um Deutungshoheit, wo ein Aufmerken auf den Modus der Artikulation des gegnerischen Willens schon Klarheit schaffen könnte? Die Frage ist leicht zu beantworten: Weil dieselbe Indifferenz gegen die Form in Friedenszeiten gemeinsame Wohlfahrt schafft. Müssen wir wissen, müssen wir verstehen, warum man uns wertschätzt und mit Auszeichnungen bedenkt? Warum sollten wir bis auf den Grund der Motivationen der Anderen blicken, wenn das Oberflächenbetragen genügt?

Warum nur muß, wer zu verstehen sucht, sich selbst an die Stelle des zu Verstehenden setzen? Die umgangssprachlich verbreitete Häme über die Alles-und-jedes-Versteher hat ihre dunkle Ursache in der Ablehnung des Gewaltverhältnisses, das mit dem Verstehen verbunden ist. Muß ich dort meinen Stand nehmen, wo schon der Andere steht? Warum belassen wir es nicht bei der Kenntnisnahme oder Einsicht in den zeichentechnischen Vorgang? Warum reden wir immer gleich vom Schlimmsten, der Identifikation? Jetzt verstehen wir auch, warum uns bei dem Satz

„Ich bin (ganz) bei Ihnen“ so unheimlich ist. Wenn die Verständigungssucht kein Kriegsgrund ist …

Akzeptieren wir doch, daß die meisten Freundschaften und sogar Liebes- und Ehebünde auf Mißverständnissen beruhen! Wo uns Selbsterkenntnis über die Bewandtnis unserer Beziehungen aufklären könnte, steht immer schon der Andere, der durch seinen vertraglos geregelten Unter- oder Beistand unsere eigene Stellung zu affirmieren scheint.

In ähnlicher Weise möchte die Entwicklung einer Kunstgeschichte zwar nicht, wie manche neueren Kritiker lehren,[11] auf Verwandtenmord, aber doch auf kumulierten Mißverständnissen beruhen. Jedenfalls ist nicht sicher, daß Künste und Wissenschaften, recht weit von außen betrachtet, eine geordnetere Ansicht bilden als ein Haufen von Ameisen, die in wie irrsinniger Geschäftigkeit auf geruckelter Bahn ihres Weges ziehen. Was liegt daran, ob Kandinsky, ob die schwedischen Richter den Dichter richtig deuten? Maeterlincks Ruhm wächst nicht, weil der russische Künstler ihn versteht, sondern obgleich ihn die Juroren in Stockholm mißdeuten.

Was liegt daran, ob des Vereinigten Königreichs, ob Preußens Presse den „Panther-Sprung“ richtig auffaßt? Der Ausbruch des Weltkrieges nur drei Jahre später gibt in unheimlicher Weise nicht den deutschen

11 V.a. natürlich H. Bloom, The Anxiety of Influence, Oxford 1973.

Aggressoren, sondern ihren feinsinnigen britischen Beobachtern recht – und begräbt zugleich alle Hoffnung, die hermeneutische Expertise könnte die Dinge zum Guten wenden.

Beutebünde

Wohl den Wissenschaften, die von sich sagen können, daß sie sich in geraden, geordneten Bahnen fortentwickelt haben! Von den Altertumswissenschaften wird dies schon deshalb niemand sagen können, weil sie in zwiefacher Weise aus den kurrenten Modellen einer gleichmäßigen Fortschrittsentwicklung herausfallen.

Ihr Zeitmaß nehmen sie nicht an der Entwicklung des koexistenten politischen, kulturellen oder wissenschaftlichen Lebens, sondern an der Idee der unbegrenzten Dauer ihrer Gegenstände. Gut Ding will Weile haben. Das ist die *eine* Sache. Die andere Sache ist *die*, daß die Wissenschaft vom Altertum sich offen zeigen muß für eine paradoxe Form der Entwicklung, den Einbruch des Alten als des Neuen. Die Geschichte der Altertumswissenschaft ist seit dem Zeitalter der Renaissance eine Geschichte der Entdeckungen. Neufunde sind *per se* spektakulär, weil sie die schon verfügbare Kenntnis eines Bereichs erweitern, vertiefen, nicht selten auch neu strukturieren, gar durchkreuzen können.

Zugleich bedient der Neufund in archaischer Weise die gut bekannte Mentalität des Wissenschaftlers als Jägers und Sammlers.[12] Er ist die kostbarste, seltenste Form der Trophäe, der Beute, die der Trupp der zur Jagd Ausgerückten – oft nach langer und entbehrungsreicher Zeit des Ausharrens unter freiem, fremdem Himmel – des Abends oder am frühesten Morgen heimwärts trägt. Die Größe der Beute entscheidet über Rang und Geltung des Jägers in seiner Gemeinschaft. Wie der archaische Jägerbund sich nicht um die differenzierte Fortentwicklung des einmal Erreichten bekümmern, sondern auf den Fortbestand desselben bedacht sein muß, so arbeitet auch die wissenschaftliche Gemeinschaft der Jäger und Sammler an der ungebrochenen Pflege des Rituals. Höchstes Prestige genießt in den Kreisen der Mächtigen noch immer der Fund, den der glückliche Jäger, reich bedacht mit Unterstützungsmitteln der Jägergemeinschaft, in sorgfältiger „Erschließung", „Ausgabe" und „Kommentierung" zur Trophäe bildet. Doch ist nicht jedem Jungkrieger der Neufund vergönnt.

12 Vorschläge zur Rekonstruktion eines originären philologischen Tätigkeitsfeldes (nach Maßgabe signifikanter Unterscheidungs- und Beobachtungsleistungen) bei Verf., Traumtext und Hypokrise. Die Philologie des Odysseus, in: ders. (Hrsg.), Was ist eine philologische Frage? Beiträge zur Erkundung einer theoretischen Einstellung, Frankfurt a.M. 2009, S. 61-81, dort S. 65-67; vgl. auch ebd., die *Einleitung*, S. 11-20, dort S. 13f.

Wer nicht selbst ein stattliches Wild erlegt, ist aufgerufen, sich an der Präparation eines schon erlegten Tiers zu versuchen. Nennen wir es die Postpräparation. Der Name erfaßt die Tätigkeit der meisten glück- und freudlosen Mitjäger. Das „Haben Sie eine Ausgabe gemacht?“ ist der Wahlspruch, mit dem erfolgreiche Jäger sich einander zu erkennen geben. Die gelungene Ausgabe verschafft auch solchen jungen Jägern den Zugang zum Lager der Mächtigen, die selbst nichts erlegt, aber doch schon Erlegtes, immerhin, postpräpariert haben. Was aber hält die am Leben, die weder selbst Beute gemacht noch fremde Beute *post praedam* kuratorisch verwaltet haben?

Das Brot der Armen ist die Konjektur; sie ist der Einsatz, der die Vielen im Spiel der Reichen hält, die längst die herrschaftliche Rede über das Recht und das Richtige, über das Echte und Unverfälschte, über das Gute und Wahre eröffnet haben. Am Konjekturenjäger ist es, den kursierenden Schwarm der Meinungen und Vermutungen über die Ergänzung und Berichtigung der Beutestücke zu moderieren; an ihm ist es, zu sagen und darzutun, welches vor Zeiten die rechte Verfassung der Beute gewesen ist. Der Konjekturalphilologe erzählt die Geschichte der Beute *ante praedam*.

In gehörigem Abstand stehen noch andere, glücklosere Jagdgenossen um den herrschaftlichen Tisch herum. Sie haben nichts erbeutet, nichts postpräpariert und auch nichts auf dem Wege der Konjektur ins rechte Licht gerückt. Dafür verbreiten sie sich in deutenden Reden über Größe und Ansehen, über Sinn und Rang des frischen Funds. Wenn sie es geschickt anstellen, schmeicheln sie den stolzen Findern und belegen die Beute mit glänzenden Attributen. Dann wirft man ihnen gern ein Stück vom magersten Fleische hin und prostet den Jägern am Tische zu.

Nur in den allerfortschrittlichsten Jägergemeinschaften, in solchen Verbünden also, die über lange Zeiträume hin immer reichlich Beute gemacht, diese postpräpariert und *qua* Konjektur restauriert haben, ist für das Auskommen der Deuter leidlich gesorgt. Ihre Stunde schlägt nach langen Jagdtagen am Feierabend, wenn auch der größte und mächtigste Jäger zur Ruhe kommt und am niederbrennenden Feuer bereitwillig oder doch nur mit gespieltem Ingrimm den Geschichten lauscht, wie sie die deutenden Nichtjäger zu erzählen verstehen. Ihre Erzählungen aber sind von zweierlei Art: Die einen erzählen die Geschichte der Jagd. Es ist die Geschichte vom Glanz des Jägers, von der Macht und dem Einfluß des Beutefängers, der den Stamm am Leben erhält. Es ist die Geschichte vom *homo visibilis*, wie er aus der schützenden Höhle in die weite Ebene tritt und die Größe und das Ansehen der Sippe mehrt. Es ist die Geschichte der Jagd als der Geschichte des zum Selbststolz erstarkenden Menschen. Wir nennen sie die Geschichte des Humanismus. Sie verbindet auch das schmucklose Leben des kleinsten Mitgliedes der Jägergemeinschaft mit dem großen Ganzen der Tradition. Was den Erzähler und Deuter am Leben erhält, ist, daß er mit dem genialen Einfall des „donarem pateras“[13] zu wirtschaften gelernt hat, daß nämlich nichts von Dauer ist, als was sich zur Erinnerung verfestigen und im Ritual Tag um Tag, Jahr um Jahr erneuern könnte. So wirken der große, tatkräftige und der kleine, wortgewaltige Jäger zusammen am Werk der Philologie des Lebens.

Die andere Geschichte ist die Geschichte nicht des Beutefängers, sondern der Beute. Es ist die Geschichte eines Subjekt-Objekts ohne Finder. Wir hören und sehen das, was jetzt Beute ist, als den integralen Bestandteil einer untergegangenen Welt, der sie einmal angehört haben mag: die Beute ohne uns; es ist die abstrakte und doch ungleich buntere Geschichte, weil wir uns alles an ihr hinzudenken müssen, das sie nicht an sich selbst ausdrückt oder auszudrücken scheint. Diese Geschichte nimmt die Feuergemeinschaft bald gut, bald übel auf, erzählt sie doch vom Zustande der Freiheit der Beute, der Freiheit vom Beutejäger. So provoziert der Deuter den fast schon selig entschlummerten Fänger der Beute.

In seinen kühnsten Träumen träumt sich der Deuter an die Stelle des Jägers. Es ist, als wisse er im

13 Horaz, *carmen* IV 8.

Geheimen um die beutejagende, beutepräparierende Macht seiner Deutung. In seinen Träumen ist die wirkliche Beute von der erzählten und ausgedeuteten Beute nur schwer zu trennen. Es kommt die Zeit – es ist eine Zeit, in der wirkliche Beute selten geworden ist –, wo die Unterscheidung der wirklichen von der geträumt-gedeuteten Beute schwerfallen muß. Dann kann es geschehen, daß sich auch den jagdstolzesten Jägern die Erinnerung an die Beutefeste von ehedem zu trüben beginnt und in ihrem Gedächtnis die geträumte Beute über die reale Beute zu obsiegen anfängt. Das ist der Triumph des Erdeuters über den Erbeuter. Und das ist die Rache der Beute, die sich jetzt als die Geschichte ihrer Unmöglichkeit in den Köpfen der Jäger festsetzen wird. Sie ist jetzt das Phantasma, um das alle Geschäftigkeit der gewesenen Jäger kreist. Jetzt rächt sich, daß die großen und starken Beutezügler niemals zu deuten und zu träumen gelernt haben. Ohnmächtig stehen sie mit hängenden Schultern und gesenkten, wie stumpf und funktionslos gewordenen Waffen auf den Trophäen der Vorzeit und wissen ihnen keine andere Botschaft zu entlocken, als die immer gleiche Rede vom Glanz ihrer jagdtüchtigen Vorfahren. Die Wiederholung der zum Ritual sich formenden Sage stiftet früher oder später auch die Tautologien des Ewigkeitsglaubens. Das Verhältnis des in leeren Formeln sprechenden gewesenen Jägers zur Zeit ist ein willkürliches, sei es daß ihn die schiere Präsenz des überkommenen Jagdstücks den großen, seit den Tagen des Altertums verstrichenen Zeitraum vergessen läßt, sei es daß er sich selbst in die Zeit der Beute hinüberträumt.[14] Am Ende ist ihm die materiale Präsenz seines Gegenstands so etwas wie das profane Geschwister der Idee des Ewigen, die dem jagdfrohen Altertumsfreunde immer schon den Sinn für die Ordnung der Zeiten verwirrt hat. Das Bündnis des methodenfrommen Positivisten mit den ewigen Jagdgründen der Metaphysik kann nur den unverbesserlichen Strukturnostalgiker überraschen, der die Dinge fein säuberlich zu scheiden gewohnt war – und nun unter beider Regiment nichts zu lachen hat.

Wilamowitz ißt Schinken mit Feigen auf Eis

„Nach Florenz bin ich noch einmal 1911 zum Kollationieren gleich nach Semesterschluß ohne Aufenthalt gefahren. Es war der heißeste Sommer und auf der Höhe des Appennin entlud sich ein Gewitter, ohne die Glühhitze zu mildern. In den Reisenden hat-

14 Über die paradoxe Zeit-Politik der Alten Philologie, die das Geschäft einer „Vergleichzeitigungsmechanik" oder auch eine „Physik des Ungleichzeitigen" betreibt, s. Verf., „Unkritik" oder Das Ideal der Krise. Vom Ende und vom Anfang philologischer Kritik, in: *Kulturtechnik Philologie. Zur Theorie des Umgangs mit Texten*, hrsg. v. P. Kelemen, E. Kulcsár Szabó u. Á. Tamás, Heidelberg 2011, S. 239-248, bes. S. 239-241.

ten sich alle Bande der Dezenz gelöst; in einem Kupee lag ein Mann so ziemlich im Badekostüm, selbst eine ältliche Engländerin zeigte sich im Deshabillé; als ein wenig Regen kam, streckte sie ein Taschentuch hinaus, um das laue Naß daraus zu saugen. Ich war von der ununterbrochenen Fahrt auch arg mitgenommen, aber das Wiedersehen der geliebten Stadt belebte. Ich ging nach der Ankunft sofort in das Battistero, wo etliche Kinderchen recht geschäftsmäßig getauft wurden, und in die Kühle des Domes. Da hielt ein Geistlicher hinter dem Altar eine Ansprache über die Verkehrtheiten der modernen Erziehung vor zahlreichem, offenbar sehr gewähltem, meist weiblichem Hörerkreise. Die beredte Rede, die sehr gesunde Gedanken in der schönen Sprache nicht ohne Leidenschaft vortrug, fesselte mich; der Redner ging, wie man es oft findet, auf einer Estrade hin und her, mußte aber Pausen machen, um sich den Schweiß abzutrocknen. Ich fand auf halber Höhe unter Fiesole ein Unterkommen mit erträglicher Hitze; die Erde im Garten war unter der Sonnenglut vielfach geborsten, aber der Gärtner war mit dem Wetter ganz zufrieden. In dem stickigen Arbeitsraume der Laurentiana hielt ich nicht so gut aus wie 1873, sondern mußte eine Pause machen und mich an Chianti und Schinken mit Feigen auf Eis wieder leistungsfähig machen. H. Wegehaupt arbeitete durch und verdarb sich seine Augen an dem Palimpseste von Plutarchs Moralia, den bisher alle vermieden hatten; das pralle Sonnenlicht war für die Entzifferung günstig, aber für die Augen kaum erträglich. Ich habe die erfolgreiche Kollation nachher der Akademie vorgelegt. Der treffliche und allgemein geliebte Mann, mir ein besonders werter Schüler, hat 1914 sein Leben in tapferstem Kampfe für das Vaterland hingegeben. Von Bekannten war Florenz leer, aber Bauten und Bilder waren ja auch gute Freunde, und von Büchern nahm ich in Sem Benellis Cena delle beffe ein packendes Drama mit, das von dem Leben des großen Florenz ein wahreres Bild gibt als Gobineaus Renaissance. Von meiner Fahrt nach Kyrene im Jahre 1927 schweige ich hier."

So spricht in seinen 1928 vorgelegten *Erinnerungen 1848-1914* das anerkannte Haupt der deutschen Altertumswissenschaft, Ulrich von Wilamowitz-Moellendorff, über seine Reise nach Florenz vom Jahre 1911.[15] Im Abstand von mehr als achtzig Jahren liest sich der Text als ein atemverschlagendes Zeugnis über die Zeitwahrnehmung und den Zeitengebrauch des deutschen Professors: wie er „gleich nach Semesterschluß", wie um den Gedanken an Bruch und Wechsel nicht aufkommen zu lassen, „ohne Aufenthalt" nach Florenz gefahren war und unterwegs erleben mußte, wie Mensch und Natur die gewöhn-

15 Ulrich von Wilamowitz-Moellendorff, Erinnerungen 1848-1914, Leipzig 1928, ^{2}1929.

lichen Bahnen verließen: ein Gewitter, das sich in eindrücklich-dramatischer Position, „auf der Höhe des Appennin entlud, ohne die Glühhitze zu mildern", Reisende, die alle Dezenzrücksichten fahren ließen und nur leicht bekleidet in ihren Sesseln lagen. Am Ziel der Reise – das gleiche Muster: Der Professor verliert keine Zeit und geht „nach der Ankunft sofort in das Battistero", wo er wiederum etwas Unziemliches bemerkt, da dort „etliche Kinderchen recht geschäftsmäßig getauft wurden". Im kühlen Dom dann läßt sich der Besucher von der Rede eines Geistlichen „fesseln", der „sehr gesunde Gedanken" über „die Verkehrtheiten der modernen Erziehung" zum Besten gab. Freilich „mußte (er) Pausen machen, um sich den Schweiß abzutrocknen". Wilamowitz nimmt Quartier an der Straße nach Fiesole und vermerkt noch mit respektvoller Verwunderung, daß der Gärtner mit dem extremen Wetter „ganz zufrieden war". Konnte der Gelehrte sich bisher die Unbilden des Klimas noch durch seine auf Kontrast geeichten ethnographischen Wahrnehmungen erträglich machen, muß er, als er in der Laurentiana mit dem Kollationieren begonnen hat, erfahren, daß er „in dem stickigen Arbeitsraume … nicht so gut aus(hielt) wie 1873". Der Professor „mußte eine Pause machen und (s)ich an Chianti und Schinken mit Feigen auf Eis wieder leistungsfähig machen". Sein Schüler Wegehaupt, dessen Anwesenheit wir jetzt erst bemerken, „arbeitete durch". Und nun sehen wir „H. Wegehaupt“, wie er, im gleißenden Sonnenlicht über einen Palimpsest gebeugt, der Welt einen alten Zeugen von Plutarchs *Moralia* zurückzugewinnen sucht. Aber Wilamowitz sagt das so nicht; er meidet das offen Pathetische, sucht vielmehr den Stil knapp zu halten und Kurzweil allein durch die souveräne Verfügung über die Syntax der gedrängten Kola aufkommen zu lassen. Wie Wegehaupts Entsagung mit einem Mal in den Blick gerät und ihm sogleich wieder entzogen wird, wenn der Meister „die erfolgreiche Kollation nachher der Akademie vor(legt)“, verrät viel über die Struktur des (kleinen) Dramas der Philologie, das eben keine Guten und Bösen kennt, die zur gleichen Zeit am gleichen Ort das Gleiche tun, sondern nur verschobene und verrückte Zeiten, wo es geschehen kann, daß die schon geschwächten Mächte ihre Kraft und ihren Willen an der Leistung erneuern, die eine Jugend vorlebt, die selbst nicht immer auf Zukunft hoffen kann.

In Wilamowitz’ charakteristischer Prosaskizze wird das stickige Zimmer der Laurentiana zum Contraposten des – unausgesprochenen – Schlachtfeldes, auf dem der wackere Schüler nur ein *triennium* später „sein Leben in tapferstem Kampfe für das Vaterland hingegeben“ hat. Die Arbeit im „prallen Sonnenlicht“ und der „tapferste Kampf“ sind die Orte der Verausgabung. Dazwischen die Akademie, die von der erfolgreichen Kollation Kenntnis nimmt. Unmerklich ist Wilamowitz' Reisebericht in das Genus des Epitaphios geglitten. Daß der ältere dem jüngeren Menschen ein Lebewohl hinterherruft, ist in rhetorischen Glanzstücken der griechischen und lateinischen Literatur so oft und so vielfältig bezeugt, daß sich kein Leser des modernen Textes dem Andrang der reichen Assoziationen entziehen kann, die das melancholisch umwehte Erinnerungsstück des Altmeisters sogleich heraufruft. Auch die „Grabrede" bricht ab, hinterläßt aber, wenn der Eindruck nicht trügt, ihre Spur in den schlichten Notaten, die jetzt folgen: „Von Bekannten war Florenz leer"; dann wandelt sich die separative Rede in den Ausdruck topischer Sentimentalität: „aber Bauten und Bilder waren ja auch gute Freunde". Der Professor genießt die – von ihm zu erwartende – Substitutionsleistung und vollzieht sie, wieder auf der Höhe seines synkritischen Verstandes, noch einmal, wenn er an die Stelle von „Gobineaus Renaissance" das „packende Drama" Sem Benellis rückt, das „von dem Leben des großen Florenz ein wahreres Bild gibt".[16] Das letzte Bild, das uns die *Erinnerungen* von Florenz 1911 überliefern, ist mithin kein erinnertes, vor Zeiten erlebtes, sondern ein

16 Benellis „Mahl der Spötter" wurde nach seiner Uraufführung am 16.04.1909 am Teatro dell'Argentina in Rom und der Pariser Erstaufführung mit Sarah Bernhardt in der Rolle des Giannetto rasch zum Welterfolg. Die fünf „historischen Szenen" des Comte de Gobineau waren unter dem Titel *La Renaissance* bereits 1877 erschienen.

gedoppeltes Bild der (schönen) Literatur. Die Skizze endet mit einer für Wilamowitzens Stil sehr typischen Bewegung des harschen Abbruchs: „Von meiner Fahrt nach Kyrene im Jahre 1927 schweige ich hier".

Es ist nur eine Vermutung, aber beim Wiederlesen eines wenig bekannten, wenn nicht vergessenen Textes aus Wilamowitz *Erinnerungen*[17] will es scheinen, als lüfte der beherrschte Meister der straffen Diktion das Geheimnis der Lakonie seines Stils. Wilamowitz' Text ist ein Text über die „Pause". Er reflektiert in unscheinbaren Wendungen (über) den Widerstand, den das Leben dem strebenden Menschen bereiten kann. Und er formuliert die Widerrede gegen die Obstakel, die Reise und Veränderung, Natur und (Un)Kultur, Leben und Tod dem Willen des Menschen entgegensetzen. Hier läßt sich studieren, wie die Form des philologischen Lebens als Widerbild dem gelebten Leben abgerungen ist. Gegen das Obstakel der Pause setzt Wilamowitz das Kontinuum der Anstrengung: „gleich nach Semesterschluß ohne Aufenthalt". Wo selbst ein Gewitter die Glut nicht dämmen und „eine ältliche Engländerin ... sich im Deshabillé (zeigen)" konnte, läßt sich der „von der ununterbrochenen Fahrt auch arg

17 Bezeichnenderweise findet die Reise von 1911 in Marcello Gigantes detailreichem Aufsatz *Wilamowitz in Italien* keine Erwähnung (in: *Wilamowitz nach 50 Jahren*, hrsg. v. W.M. Calder III, H. Flashar u. T. Lindken, Darmstadt 1985, S. 423-467).

mitgenommen(e)“ Gelehrte vom „Wiedersehen der geliebten Stadt beleb(en)“ und geht „nach der Ankunft sofort“ in Taufkirche und Dom, wo er – den Mißklang von routinierter Taufe und Geißelung der „Verkehrtheiten der modernen Erziehung“ vielleicht nur still empfindend – die Widerrede bald selbst notiert („recht geschäftsmäßig“), bald auch im Angesicht eines „zahlreiche(n), offenbar sehr gewählte(n), meist weibliche(n) Hörerkreise(s)“ genießt. Im Bibliothekszimmer dann wird der Philologe gewahr, daß er „nicht so gut aus(hält)“ wie fast vierzig Jahre zuvor, sondern „eine Pause machen“ und an den Köstlichkeiten der Region „wieder leistungsfähig“ werden muß: Wilamowitz ißt Schinken mit Feigen auf Eis. Es ist, vorbereitet im Beispiel des schwitzenden Gottesmannes, die einzige Pause, von der wir hören. Es ist die Pause, die dem Rastenden die Augen dafür öffnete, wie neben ihm Wegehaupt „sich seine Augen an dem Palimpseste von Plutarchs Moralia (verdarb)“. Es ist die Pause, die den gealterten Gelehrten in einen kurzen temporären Gegensatz zu dem ihm „besonders werten Schüler“ bringt: „H. Wegehaupt arbeitete durch“. Mit diesem Bilde des im prallen Sonnenlicht über der Kollationierung fast Erblindeten verbindet der Erzähler Jahre später das nicht zu steigernde Bild des „treffliche(n) und allgemein geliebte(n) Mann(es)“, der „1914 sein Leben in tapferstem Kampfe für das Vaterland hingegeben“ hat.

Nicht von ungefähr läßt Wilamowitz auf die erste Charakterisierung des Mannes noch die zweite vom „mir … besonders werte(n) Schüler" folgen. Auch der arrivierte Philologe hat durch den Tod seines Schülers ein Blutgeld gezahlt. Es sind die komplizierten Verhältnisse der Stellvertretung, die den Auszug aus dem Lebensbericht prägen. Der Lehrer vertritt den Schüler vor der Akademie, der Schüler fällt für das Vaterland. Bauten und Bilder vertreten dem Philologen die Stelle der „Bekannten" und „guter Freunde". Ein Bild der Literatur, das sich als „wahreres Bild" über ein anderes gelegt hat, vertritt am Ende die Bilder des Lebens. Jede Stellvertretung aber überbrückt eine Pause, setzt ein Kontinuum an die Stelle des Bruchs. Freilich entsteht aus solcher Kittung keine bruchlose Erzählung. Die Schinken-und-Feigen-Pause des Meisters, die den biographischen Tiefpunkt – in wohl unfreiwilliger Komik – in die Allerweltsworte des florenzreisenden, gesundgenießenden Menschenverstandes kleidet, ist das dramatische Einfallstor für das Andenken an die unhintergehbare, durch keine Substitution vergessen zu machende Schranke des Todes.

Diskretion

Kein Zweifel, Wilamowitz' Erinnerung an Florenz 1911 ist nicht geschrieben, um noch ein Zeitalter später der philologischen Engkommentierung standzuhalten. Zu den Dramen der Philologie gehört aber eben auch der Umstand, daß sich die Grenze nicht ziehen läßt, wo das Leben aufhört oder innehält und die Philologie beginnt, oder umgekehrt die Philologie ihr Treiben sistiert, um das Leben wieder in seine gewohnheitsmäßigen Rechte zu setzen. Solange wir aber eine solche Grenze nicht wahrnehmen oder selbst festsetzen können, besteht Grund zu der Annahme, daß das Leben und die Philologie vielleicht nicht nur nicht zu einem Gutteil gemeinsamen Boden bewirtschaften, sondern auch nicht unabhängig voneinander zu denken sind, indem die strenge Kontinuität des Lebens der philologischen Arbeit ihre innere Taktung vorschreibt und, umgekehrt, erst die philologische Anstrengung das Leben als eine sinnvolle Größe erkennen läßt.[18]

Wenn nun aber der Philologe sein Leben verschriftlicht, wird er nicht auf die Rücksicht der Nachgeborenen rechnen dürfen. Sie werden noch das Unerheblichste seiner Erinnerung für erheblich

18 An anderem Ort wäre der Frage nachzugehen, ob die hier interessierende „Philologie des Lebens", also die auf Stiftung und Wahrung eines Kontinuums ausgehende deutende Anstrengung, nicht ihr notwendiges *Antecedens* in der Annahme haben müsse, daß ein emphatisch gedachtes „Leben" anders als vermöge der reflexiv-kommentierenden Begleitung durch eine auf die Erzeugung und Zuschreibung kohärenten Sinns gerichtete Instanz gar nicht möglich ist.

halten und zunächst nicht unterscheiden können, was nähere Betrachtung verdient und was nicht. Der unbefangen lesende Philologe wird an Stellen aufmerken, die unser Autor flüchtig zu Papier gebracht hat, und er wird über solche Passagen achtlos hinweggehen, in denen der Verfasser sein „Bestes“ ausgedrückt hat. Die Hierarchien der Aufmerksamkeit werden in jeder ernsten Lektüre neu geordnet. Unbelastet durch die ängstliche Rücksicht auf die Stimmigkeit und Schönheit des entworfenen Lebensbildes fragt der Deuterophilologe nach der Ordnung des alten Textes und überliefert ein Bild, meist nur eine Skizze, einen Entwurf der Bausteine und des Plans des Textes.

Daß die „diskrete“ Philologie anders, als die Attribuierung anzuzeigen scheint, zuweilen Diskretionsgrenzen überschreitet, hängt mit ihrer szientifischen Artung zusammen. Als Beobachtungs- und Ordnungswissenschaft ist sie zu keiner anderen Leistung als zur Anzeige dessen, was in den Texten „der Fall ist“, verpflichtet. Ihr Bestreben kann, wenn sie als Wissenschaft ernstgenommen werden will, nicht sein, dem Text etwas „zurückzugeben“, auf dessen Erstattung er ein irgend bestimmtes Anrecht hätte. Sprechen wir also nicht von Gerechtigkeit. Sie kommt als Maßstab philologischer Leistung nicht in Betracht. Die wohlfeile Rede vom „Dienst am Text“ mag in eine textgläubige Kirche passen, nicht aber in den Horizont einer säkular agierenden Philologie. Die Worthülse kaschiert mehr schlecht als recht die atavistische Auffassung, daß es Texte gebe, deren Qualität nicht immer neu der philologischen Prüfung standhalten müßte. Der „Dienst am Text" postuliert eine theologische Philologie. Der Maßstab für die philologische Lektüre aber kann nur die so wenig als möglich voreingenommene, sorgfältige Prüfung aller verfügbaren Zeichen und Einflüsse sein, die im und auf den Text gewirkt haben mögen. Stellen wir uns vor, wie eine konventionelle Lesung des Wilamowitz-Textes wohl verfahren würde: Liefe sie nicht darauf hinaus, das Bild des gegen sich und andere zugleich gerecht und unnachsichtig verfahrenden, zum Fremd- und Selbstopfer allzeit bereiten, asketischen Arbeitsmannes herauszustreichen, das Bild eines vorbildlichen Lehrers und Forschers, der ununterbrochen im Dienste der Wissenschaft wirkt und lebt?[19]

Allerweltslektüren wie diese haben den Vorteil, daß sie leicht an eine Vielzahl von Lesern zu vermitteln sind. Sie stehen unter Plausibilitätsverdacht. Sie erzählen just die Geschichte, von der der Verfasser

19 S. etwa die prosopographisch gewiß verdienstliche Quellenkunde C.J. Classens, Zur Lehrtätigkeit von Ulrich von Wilamowitz-Moellendorff in Göttingen (1883-1897), in: *Storia poesia e pensiero nel mondo antico. Studi in onore di Marcello Gigante*, Neapel 1994, S. 103-136. Über Wegehaupt s. S. 129f.

möchte, daß wir sie als gültige Erzählung annehmen und transportieren. Der Philologe aber ist nicht der Dolmetscher oder Sprecher der Autoren und ihres in den Texten niedergelegten, aber doch oft nicht zum bündigen sprachlichen Ausdruck gelangten Willens. Er fragt nach den Modi der Verfertigung des Textes, den er lesen soll. Er sieht und betastet die Fugen, die Sprecheinsätze und die Pausen. Er bemerkt den Wechsel der Geschwindigkeiten, geht Andeutungen auf den Grund und prüft gerade das für unverrückbar Erklärte mit besonderer Aufmerksamkeit. So folgt er nicht den Intuitionen, die die Erzählung selbst möglich gemacht haben, sondern den eigenen Eingebungen, die er in fortgesetzter, geduldiger Anstrengung an so vielen anderen Texten erprobt hat. Das kontraintuitive, analytische Lesen feit ihn gegen die Suggestionsmacht auch des starken Autors und bewahrt ihn vor einem laomedontischen Dienst, wie ihn einst Apoll an Trojas Fundamenten leistete.

Signifikant, so sagten wir, sei an Wilamowitz' Erinnerungstext die konzeptionelle Verschränkung von Kontinuität und Pause. Der Passus gibt an mehreren Stellen zu erkennen, wie sehr seinem Verfasser daran gelegen ist, das Kontinuum philologischer Arbeit auch unter schwersten äußeren Prüfungen nicht auszusetzen, sondern mit der Tätigkeit des vergleichend-urteilenden Verstandes auch dann fortzufahren, wenn ein Pausieren angezeigt wäre. Als dann doch eine Pause – wiewohl nur zum Zwecke der Wiederertüchtigung – unumgänglich wird, fällt der Blick auf die Unwägbarkeit der Dauer des Lebens, das freilich noch im Augenblick der Verausgabung in den Dienst einer höheren Sache gerückt wird. So ist auch der Tod in der Logik einer kontinuierlichen Anstrengung gedacht. Diese Philologie des Todes ist eine verbrämte Philologie des gesteigerten Lebens. Und eben deshalb bleibt sie hinter den forcierten Ansprüchen einer Deutung zurück, die tiefer dringt, als es die Diskretionspflicht dem philologischen *commercium* zur Auflage macht. Dürfen wir an die Fassade rühren, die der redliche Sinn des philologischen Schreibers um seinen Lebensabriß errichtet hat? Dürfen wir auf die schütteren Fundamente eines biographischen Baus mit Fingern zeigen, wenn doch erkennbar ist, wo die Tabugrenze der fremden *auctoritas* verläuft?

Die *Vita umbratica* und die Philologie des Todes

Wenigen kommt es in den Sinn, daß das Spiel, das wir so erfolgreich spielen, das Spiel der Philologie des Lebens, auch nach anderen Regeln gespielt werden könnte: als ein Spiel des Todes. Dies zu erkennen, müßte man in die Lage kommen, die Konformität unsres Lebensspiels zu durchschauen. Dies zu erkennen, müßte man den Schleier niederreißen, der über das Pflanzwerk so vieler Leben gebreitet ist. Die Philologie hört nicht auf, wo die Macht des auktorialen Willens erkaltet. Vielleicht fängt sie erst dort an, ihren eigenen Instinkten zu vertrauen. Wie befreit von dem bedrückenden Zwang, die Kontinuität nicht abreißen zu lassen, richtet sie sich ein in der Zone, wo keine Brücke zurück zur wirklichen Zeitgenossenschaft führt und die falsche Zeitgenossenschaft des Materials mit dem Finder durchschaut ist. Die Form des Lebens des einsamen Finders und Deuters ist die *vita umbratica*. Sie meidet das pralle Sonnenlicht und treibt die Philologie vielmehr als *katábasis*,[20] wenn sie die Warnrufe der Anwälte des Lebens in den Wind schlägt und, allen gängigen Erzählungen mißtrauend, zu den Schatten herabsteigt und ihnen die Spuren ihres gewesenen Lebens zu entlocken sucht. Wilamowitz selbst hat – unfreiwillig – die katabatische Struktur des hermeneutischen Grenzgangs bezeugt. Hugh

20 Der „Abstieg" in die Unterwelt war in der epischen Literatur immer schon (seit Homers *Odyssee*) die szenische Aufbereitung der Selbstvergewisserung des Helden und oft genug auch zentraler Baustein im Verfahren der Selbstexplikation des Textes (sytematisch *und* historisch). Die dramatische, später auch lyrische und satirische Literatur hat den Fundus der auf dem Wege der *katábasis* zu gewinnenden Formen der Erkenntnis noch bedeutend erweitert. — Vgl. jetzt auch W. Hamacher, 95 Thesen zur Philologie, Frankfurt a.M. 2010, These 71: „Philologie ist Nekyia ...".

Lloyd-Jones hat das philologische Aperçu zum Motto seiner modernen Philologiegeschichte gemacht:[21]

„*We know that ghosts cannot speak until they have drunk blood; and the spirits which we evoke demand the blood of our hearts. We give it to them gladly; but if they [then] abide our question, something from us has entered into them [;] something alien, that must be cast out[, cast out] in the name of truth!*"[22]

Und in der Tat, kann man es wissen, ob die Deszendenten je an die Oberfläche zurückfinden, ob sie nicht reicher über sich selbst als über die Schatten belehrt zurückkehren? Niemand weiß, ob und was aus diesem Bund des Deuters mit der Beute werden mag.

Faktualität und Kontingenz

Am 1. Oktober 1911 stirbt in Seis bei Bozen der Vollender der geisteswissenschaftlichen Hermeneutik Wilhelm Dilthey. Es ist gewiß nur ein Zufall, daß

21 H. Lloyd-Jones, Blood for the ghosts. Classical influences in the nineteenth and twentieth centuries, London 1982, S. 5.

22 U. v. Wilamowitz-Moellendorff, Greek Historical Writing and Apollo. Two lectures delivered before the University of Oxford June 3 and 4, 1908, translated by G. Murray, Oxford 1908 (Nachdr.: Chicago 1979). In eckigen Klammern die von Lloyd-Jones ausgelassenen Teile (das Semikolon ist durch Komma ersetzt).

im selben Jahr der seinerzeit nur Eingeweihten bekannte Schweizer Gelehrte Ferdinand de Saussure die letzte Vorlesung eines Zyklus hielt, der nach seinem Tode (1913) als *Cours de linguistique générale* (1916) Weltruhm erlangte. In seinen Genfer Vorlesungen entwickelte Saussure die terminologischen und konzeptuellen Voraussetzungen für jene hermeneutikkritischen Operationen, die zwei andere Angehörige des Jahrgangs 1911, Marshall McLuhan und John C. Austin, Jahrzehnte später in Angriff nahmen. Beide betreiben auf ganz unterschiedlichem Wege die Neujustierung der tradierten Verfahren textlicher Interpretation. Der Zusammenfall von Zeichen und Bedeutung tritt in den Hintergrund zugunsten einer neuen Sicht auf die Medialität und Modalität menschlichen Sprechens.

Ganz ähnlich die Synchronie auf dem Felde der Poetik des Romans, die gegenüber den tradierten europäischen Poetiken zu Epos, Drama und Lyrik am stärksten aufzuholen hat. 1911 stirbt der erfolgreiche, heute vergessene Romancier und Poetologe Friedrich Spielhagen. Spielhagen vermittelt als moderner Denker der „epischen Totalität" noch einmal eine Adaptation alteuropäischer Anschauungen und wirkt bis weit in das 20. Jahrhundert hinein. Im selben Jahr 1911 erscheint die Essay-Sammlung *Die Seele und die Formen*, ein Werk des jungen ungarischen Gelehrten György Lukács, der schon durch seine, gleichfalls 1911 verlegte *Entwicklungsgeschichte des modernen Dramas* auf sich aufmerksam gemacht hat. In der Einleitung seiner Aufsatzsammlung äußert sich Lukács „Über Wesen und Form des Essays". Es gehört zu den glückhaften Korrespondenzen jener Epoche, daß ihn sein analytischer Kunstverstand zu Einsichten führt, die sich mit manchen gleichzeitig formulierten Erkenntnissen Wassily Kandinskys berühren. Den alten Universalienstreit von Nominalismus und Realismus zitierend, dekretiert der ungarische Kritiker:

„Dieselbe Zweiheit scheidet auch die Ausdrucksmittel; der Gegensatz ist hier der des Bildes und der der ‚Bedeutung'. Das eine Prinzip ist ein Bilder-Schaffendes, das andere ein Bedeutungen-Setzendes; für das eine gibt es nur Dinge, für das andere nur deren Zusammenhänge, nur Begriffe und Werte. Die Dichtung an sich kennt nichts, was jenseits der Dinge wäre; ihr ist jedes Ding ein Ernstes und Einziges und Unvergleichliches. Darum kennt sie auch die Fragen nicht: man richtet an reine Dinge keine Fragen, nur an ihre Zusammenhänge; denn – wie im Märchen – wird hier aus jeder Frage wieder ein Ding, dem ähnlich, das sie zum Leben erweckte".[23]

23 Georg von Lukács, Die Seele und die Formen/Essays, Berlin 1911, S. 11.

Die Übereinstimmungen mit Kandinskys Programmschrift sind nicht von der Hand zu weisen. Weniger deutlich als der russische Künstler markiert Lukács die trennende Grenze zum Vulgärmystizismus mancher Zeitgenossen. Zwar die Posaunenstöße der spätromantischen Untergangssymphonik dringen nur mehr von fern an das Ohr des Kunstlehrers,[24] doch ruft er Platon und die *wirklichen* Mystiker zu Kronzeugen auf, wenn er die „Bildlosigkeit aller Bilder", mithin die Abstraktion an die Stelle eines unbedarften Essentialismus rückt. Mit Kandinsky teilt Lukács die Faszination für das Werk Maeterlincks. Sein Urteil zeugt freilich von dem tiefen Zwiespalt, den die Welt der „dekorativen Stilisierung" dem scharfsinnigen Sozioanalytiker des bürgerlichen Dramas bereiten mußte. In der 1911 verlegten Studie zum modernen europäischen Drama zeichnet Lukács ein Bild des belgischen Zeitgenossen, in dem so viele der von uns beobachteten Merkmale und Kennzeichen der Epoche wiederbegegnen, daß man es für ein valides Zeugnis über sensible Stil- und Wahrnehmungsgewohnheiten in dem uns interessierenden Zeitabschnitt nehmen darf:

24 „Und der Held bläst in sein Wunder erweckendes Horn und das erwartete Wunder erscheint, ein Ding, das Dinge aufs neue ordnet. In der wirklich tiefen Kritik aber gibt es kein Leben der Dinge, keine Bilder, nur Transparenz, nur etwas, das kein Bild vollwertig auszudrücken fähig wäre" (ebd.).

„Die Wörter sind nur Zeichen für den Ausdruck seelischer Geschehen; sie haben nur eine musikalische Bedeutung: ihre Tempi, Rhythmen, Pausen drücken mehr als ihre Inhalte das aus, was wir wissen müssen. Die Pausen sind am ausdrucksvollsten in diesem Dialog [sc. Maeterlincks dramatischer Dialogform] *... Das Sprechen ist nur der Kommentar zu diesen Pausen; es zeigt nur im großen und ganzen, was ungefähr in den Menschen vorgehen mag. Das ist die größtmögliche Verfeinerung des Dialogs. ... In dieser leisen, tonlosen Welt ist eine einzige Sache mit schneidender Schärfe akzentuiert: die Einsamkeit und das Einander-nicht-Verstehen der Menschen".*[25]

Einhundert Jahre später will es scheinen, daß der vorrevolutionäre Erforscher der „Seele" und der „Formen" nicht eben durch einen Abgrund von Maeterlincks inversiver Dramenpoetik getrennt sei. 1912 beginnt Lukács in Heidelberg die Arbeit am systematischen Bau einer formstrengen Ästhetik, die als *Heidelberger Philosophie der Kunst* (1912-1914) bzw. *Heidelberger Ästhetik* (1916-1918) erst Jahre nach seinem 1971 erfolgten Tode aus dem Nachlaß veröffentlicht wird.[26]

25 Georg Lukács, Entwicklungsgeschichte des modernen Dramas, hrsg. v. F. Benseler, Darmstadt/Neuwied 1981 (Bd. 15 der Ausgabe *Georg Lukács Werke*), S. 415f.

26 Beide Texte erscheinen 1974, hrsg. v. G. Márkus u. F. Benseler, als Bde 16 u. 17 der großen Werkausgabe (wie Anm. 25).

Man wird 1911 nicht gleich ein Achsenjahr der geisteswissenschaftlichen Episteme nennen, aber doch ohne Übertreibung sagen dürfen, daß damals wichtige Verbindungslinien zusammenliefen, die erst im Rückblick als Signatur der Epoche lesbar werden.

Und die Klassische Philologie? Werden wir hier auch nur einen Funken des Wetterleuchtens finden, das das Jahr 1911 illuminiert hat?

Das philologische Jahr

Auf den ersten Blick bleibt das Jahr 1911 seltsam insignifikant. Keine Weichenstellung, die von sich reden gemacht hat, keine Neuerung, die im Gedächtnis geblieben ist. 1911 ist kein Epochenjahr wie etwa 1906, als Eduard Norden, Richard Heinze und Friedrich Marx in dichter Folge Adolf Kirchhoff in Berlin, Curt Wachsmuth in Leipzig (auf Ritschls und Ribbecks Lehrstuhl) und Franz Bücheler in Bonn beerbten.[27] In das Jahr 1911 fallen keine epochalen Zäsuren, wie sie die Programmschriften und Antrittsvorlesungen so vieler anderer Jahre prägten.

27 Hierzu P.L. Schmidt, Zwischen Anpassungsdruck und Autonomiestreben: Die deutsche Latinistik vom Beginn bis in die 20er Jahre des 20. Jahrhunderts, in: *Altertumswissenschaft in den 20er Jahren. Neue Fragen und Impulse*, hrsg. v. H. Flashar unter Mitarbeit v. S. Vogt, Stuttgart 1995, S. 115-182, dort S. 115-118.

In den Zeitschriften jenes Jahres finden wir die vertrauten Frage- und Themenformen, über die wir schon deshalb nicht geringschätzig urteilen sollten, weil sie im wesentlichen die bis heute gepflegten Reflexe philologischer Wahrnehmung bezeugen. Die Titel verraten nicht selten die Richtung der Untersuchung. Im 46. Band des von Friedrich Leo und Carl Robert herausgegebenen *Hermes* arbeitet

(1) G. Helmreich über „neue Fragmente zu Hippokrates *perì hebdomádon*", H. Schenkl über „neue Bruchstücke des Himerios" und U. von Wilamowitz-Moellendorff präsentiert „ein neues Bruchstück der Aitia des Kallimachos".

(2) J.L. Heiberg kommentiert „noch einmal die mittelalterliche Ptolemaios-Übersetzung". Die bescheidene Selbstprädikation des „noch einmal" ist ein beliebtes Versatzstück philologischer Arbeit geblieben.

(3) C. Jensen handelt über „Ariston von Keos bei Philodem". Die Struktur des „A bei B" ist noch heute der wohl häufigste Kompositionstyp philologischer Arbeitstitel.

(4) A. Laudien schreibt über „die Composition und Quelle von Ciceros I. Buch der Gesetze".

(5) Etliche Titel bleiben unbestimmt (G. Thiele, „Phaedrus-Studien") oder geben in knappester Form die Untersuchungsrichtung zu erkennen (F. Solmsen, „Zeus Thaulios").

In der 66. Folge des *Rheinischen Museums für Philologie* erscheinen unter der Aegide des Bonner Philologen August Brinkmann häufiger thesenartig gefaßte Themenanzeigen: „Der angebliche Einheitlichkeits- und Gleichheitsfanatismus in der Homerkritik und Homerexegese Aristarchs“ (A. Roemer) oder „Ein spätrömischer Dichter und sein Glaubensbekenntnis“ (H. Schenkl). Interessant ist die Unterteilung der Miszellen in vier Sektionen: „Kritisch-Exegetisches“, „Literarhistorisches“, „Grammatisch-Etymologisches“, „Antiquarisch-Epigraphisches“.

Der 70. Band des von Otto Crusius herausgegebenen *Philologus* bringt neben einigen geistesgeschichtlichen Erörterungen (W. Nestle, „Gab es eine jonische Sophistik?“, oder K. Lincke, „Plato, Paulus und die Pythagoreer“) eine Vielzahl lakonisch formulierter Titel (wie „Hesychiana I. II.“ von J. Baunack oder „Zur Serviusfrage“ von K. Barwick).

Die ausschließlich auf Latein verfaßten Aufsätze in der 39. Ausgabe der Zweiten Folge der *Mnemosyne* sind im Jahr nach dem Tode des langjährigen Herausgebers H. van Herwerden in der Hauptsache textkritischen Studien gewidmet (J.J. Hartman, „Annotationes criticae ad Plutarchi opera“; H. Wagenvoort, „Emendatur Horatius Carm. II.16.4“ u. viele andere).

Unkonventioneller die Themen in der im 6. Jahr in Chicago erscheinenden Zeitschrift *Classical Philology*: Da schreibt Frank Frost Abbott, einer der

Associate Editors, über „The Origin of the Realistic Romance among the Romans", ein anderes Mitglied des Beirats, George Lincoln Hendrickson, über „*Satura* – The Genesis of a Literary Form", Herausgeber Gordon J. Laing handelt vom „Roman Prayer in Its Relation to Ethics". Auch im 32. Band des von Basil L. Gildersleeve, Francis White Professor des Griechischen an der John Hopkins Universität, herausgegebenen *American Journal of Philology* findet sich eine Reihe von Aufsätzen, die eine klare geistesgeschichtliche Akzentuierung verraten: E.K. Rand handelt über „Horatian Urbanity in Hesiod's Works and Days", E. Washburn Hopkins über „Buddha as Tathagata", George Norlin über „The Conventions of the Pastoral Elegy" und Kelley Rees über „The Significance of the Parodoi in the Greek Theater".

In der seinerzeit bedeutendsten Buchreihe, den von den ungleichen Dioskuren Adolf Kiessling und Ulrich von Wilamowitz-Moellendorff herausgegebenen *Philologischen Untersuchungen*,[28] erscheint 1911 Ludolf Maltens *Kyrene*-Buch mit dem Untertitel *Sagengeschichtliche und historische Untersuchungen*. Malten hat sein philologisches Handwerk bei Hermann Diels

28 Die *Philologischen Untersuchungen* erschienen, beginnend noch in Wilamowitz' Greifswalder Jahren, zwischen 1880 und 1925 (Bd. 30). Die Reihe wurde 1926-1937 unter dem Namen *Neue Philologische Untersuchungen* fortgesetzt von Werner Jaeger.

erlernt, doch „den tiefgreifendsten Einfluß auf meine geistige Entwicklung hat U. von Wilamowitz geübt; von der Ehrfurcht und Liebe, die ich gegenüber seinem Werk und seiner Person empfinde, legt Blatt für Blatt dieser Untersuchungen Zeugnis ab" (S. IX). In Halle erscheint Carl Roberts Abhandlung über *Die Masken der neueren Attischen Komoedie*, in Gießen Otto Bertholds Schrift über *Die Unverwundbarkeit in Sage und Aberglauben der Griechen mit einem Anhang über den Unverwundbarkeitsglauben bei anderen Völkern, besonders den Germanen*, in Leipzig Otto Weinreichs *Der Trug des Nektanebos. Wandlungen eines Novellenstoffes*, in Berlin Ferdinand Teichmüllers *Das Nichthorazische in der Horazüberlieferung*, in Uppsala Einar Löfstedts *Philologischer Kommentar zur Peregrinatio Aetheriae: Untersuchungen zur Geschichte der lateinischen Sprache*, in Paris Augustin Cartaults *Le distique élégiaque chez Tibulle, Sulpicia, Lygdamus*; Franz von Brentano widmet *Aristoteles' Lehre vom Ursprung des menschlichen Geistes* eine feinsinnige Abhandlung (Leipzig). In Erinnerung geblieben sind aus jenem Jahr vor allem die Erstlingsschriften des Mannes, der Wilamowitz nur zehn Jahre später (1921) auf dem Berliner Lehrstuhl nachfolgen sollte, Werner Jaegers lateinische Inauguraldissertation *Emendationum Aristotelearum specimen* und die *Studien zur Entstehungsgeschichte der Metaphysik des Aristoteles*, 1912 in der Berliner Weidmannschen

Buchhandlung verlegt. Im Dezember 1911 schreibt Jaeger auf dem *Mons Capitolinus* in Rom die letzten Zeilen: „In diesen Tagen, da das Jahr 1911 seinem Ende zueilt, fühle ich rückschauend den tiefsten Dank gegen die beiden Männer im Herzen, deren Namen die Stirn dieses Buches trägt [die Dedikation lautet: „Hermann Diels / Ulrich von Wilamowitz-Möllendorff (*sic*) / in Liebe und Verehrung / gewidmet" (S. III)]. Im Aufblick zu ihrem Schaffen habe ich gelernt, was Wissenschaft sei. Die liebende Mittlerschaft der wahrhaft Lebendigen einer jeden Generation zwischen dem, was nur von heute ist, und dem unzugänglich Schönen offenbart sich uns Jungen täglich in ihrem Lernen und Lehren als die Seele aller echten Philologie" (S. VI).

Die geistesgeschichtliche Artung dieses und anderer Bekenntnisse müssen wir nach dem Vorstehenden nicht noch einmal erörtern. Es sind erwartbare, aus konventionell gewordenen Platonismen sich speisende Ausdrucksformen einer diszipulären Innigkeit, die mit der Methode und den Gegenständen der folgenden Untersuchung in aller Regel nicht viel zu tun hat.

… und was davon geblieben ist …

In der Synkrise des gelehrten Materials von 1911 erschließt sich, wenn auch nur auf den zweiten Blick, das Profil nicht zwar eines Jahres, aber doch eines Abschnittes der Philologiegeschichte, von dem gewisse Prägungen in Erinnerung geblieben sind: So bezeugen die Bücher von Berthold, Malten und Weinreich die anhaltende Faszination durch die Ergebnisse der Vergleichenden Religionsgeschichte und Ethnologie. Die Usener-Schule bleibt auch nach dem Tode ihres Begründers (1905) für Jahrzehnte eine einflußreiche Größe.[29] In Heidelberg erlebt die religionswissenschaftliche Forschung mit der Berufung Albrecht Dieterichs, Useners Schwiegersohns, im Jahre 1903 ihren dritten Frühling (nach Creuzer und Rohde im 19. Jahrhundert). Franz Boll, Dieterichs Nachfolger (1908 - 24), und Otto Weinreich, der 1918 Fritz Schöll auf dem lateinischen Lehrstuhl folgt (bis 1921), verlängerten die schulische Tradition bis in die Zwanziger Jahre hinein.

Das intellektuelle Forum der Usener-Schule sind die in Gießen erscheinenden *Religionsgeschichtlichen Versuche und Vorarbeiten (RGVV)*. Im Redak-

29 Siehe R. Kany, Mnemosyne als Programm. Geschichte, Erinnerung und die Andacht zum Unbedeutenden im Werk von Usener, Warburg und Benjamin, Tübingen 1987, bes. S. 67 - 72 u. 97 - 113, R. Schlesier, „Arbeiter in Useners Weinberg": Anthropologie und antike Religionsgeschichte in Deutschland nach dem Ersten Weltkrieg, in: dies., Kulte, Mythen und Gelehrte. Anthropologie der Antike seit 1800, Frankfurt a.M. 1994, S. 193 - 241 (auch in: *Altertumswissenschaft in den 20er Jahren*, ebd., Anm. 27, S. 329 - 380), u. A. Wessels, Ursprungszauber. Zur Rezeption von Hermann Useners Lehre von der religiösen Begriffsbildung, Berlin / New York 2003.

tionsprogramm von 1911, das im Anhang der Heidelberger Dissertation Rudolf Staehlins (1911) 1912 gedruckt wird,[30] rücken die Herausgeber Ludwig Deubner und Richard Wünsch die hier verlegten Arbeiten in den Horizont einer anzustrebenden „Lösung der wichtigsten aller Fragen, der Entstehung des Christentums".[31]

In Stockholm erscheint 1911 Martin P. Nilssons Buch *Primitiv Religion*, das noch im selben Jahre ins Deutsche übersetzt wird (Tübingen). Im gleichen Jahr kommen in London die ersten Bände der 12 Volumina umfassenden Edition des 1890 begonnenen Riesenwerkes von James George Frazer *The Golden Bough* heraus.

Teichmüllers oben genannte Arbeit steht an der Schwelle zum Einsatz jener Periode textkritischer Forschung, die nach Jahrzehnten vorwiegend negativer Untersuchung auf die Freilegung des Authentischen im Unauthentischen gerichtet war: Titel wie *Plautinisches im Plautus*[32] stehen nur wenige Jahre später beispielhaft für die Hochzeit einer konstruktiv auf

30 R. Staehlin, Das Motiv der Mantik im antiken Drama, Gießen 1912 (*RGVV* 12, 1; Pflichtdruck des 1. Kapitels der Dissertation [„Das Motiv der Mantik in den aischyleischen Dramen"]: Heidelberg 1911).

31 Siehe R. Schlesier, „Arbeiter in Useners Weinberg", ebd. (Anm. 29), S. 199f. (bzw. S. 335).

32 Eduard Fraenkel, Berlin 1922.

die Sonderung und Beschreibung eines unverwechselbaren Autorenstils bedachten Forschungsrichtung.

Jaegers Erstlingsarbeiten dürfen als Vorstudien für das Aristoteles-Buch von 1923[33] betrachtet werden, worin ein neues Kapitel in der Sondierung geistesgeschichtlicher Entwicklungen aufgeschlagen wird. Kurt von Fritz würdigte in einer 1932 erschienenen Arbeit über „Die neue Interpretationsmethode in der klassischen Philologie", ohne Jaegers Namen zu nennen, die prägnante Originalität von dessen Aristotelesforschung.[34] Aristoteles' Werk erscheine nicht länger als „geschlossenes, ein für allemal fertiges System", sondern als „lebendig sich entwickelnder Organismus, der als Ganzes genommen werden muß". Klarsichtig umreißt von Fritz die neue Begrifflichkeit und anerkennt – bei spürbarer Reserve gegen den sog. „neuen Humanismus" – Jaegers Ringen um die Darstellung sei es der „geschlossene(n) geistige(n) Gestalt" des Philosophen, sei es der „inneren Form" seines Werks.[35]

33 *Aristoteles: Grundlegung einer Geschichte seiner Entwicklung*, Berlin.

34 Kurt von Fritz, in: *Neue Jahrbücher für Wissenschaft und Jugendbildung* 8, S. 339-354.

35 Ebd., S. 339. J. Latacz hat auf die Bedeutung der Rezension hingewiesen und von Fritz' Auseinandersetzung mit Jaegers *Aristoteles* rekapituliert (*Reflexionen Klassischer Philologen auf die Altertumswissenschaft der Jahre* 1900-1930, in: *Altertumswissenschaft in den 20er Jahren*, ebd., Anm. 27, S. 41-64, dort S. 48 f.).

Der *horror vacui* und die Bibliothek

Über die vorgenannten Merkmale philologischer Forschung, wie sie sich im Jahr 1911 präsentiert, wird man leicht Einigkeit herstellen können. Vielleicht bedurfte es dazu nicht des langen Umweges über die szenische Darstellung der Interferenzen von Politik und Kunst, von Romantik und Avantgarde, von Kriegs- und Friedensrhetorik, von Beute- und Deutetrieb, von Sonnen- und Schattenphilologie, von Hermeneutik und Zeichenlehre. Weil wir jedoch mehr sehen wollten als das Offensichtliche, das eben darum, weil es offensichtlich ist, schnell aus dem Blickfeld gerät, mußten wir auch bei den Gesten und Figuren, den Klängen und den Farben verweilen, die schwerer noch als die diskursiven Ausdrucksformen der Wissenschaft in ein Verhältnis zu setzen waren, das sich der deutenden Annäherung nicht gleich entzog. Das strukturale Gehäuse, in dem die Schwingungen des Jahres 1911 zu kommunizieren begannen, stand oft auf schiefem Grund. Erfolgreiche, handlungsorientierte Kommunikation hängt ja nicht am genügenden Verständnis, sondern an der gelingenden (zufälligen?) Konvergenz auch differenter Neigungen. Am Bild der Epoche arbeiten auch die gegenstrebigen Stimmen mit.

Wenn es etwas gibt, das das Jahr 1911 zum festen Bestandteil einer kollektiven Erinnerung machen könnte, dann ist es wohl die Lehre, daß die Bilder des Lebens so leicht nicht zu gewinnen und wenn dann nur auf dem verschatteten, nicht verschütteten Umweg zu rekonstruieren sind. Katabatisch ist die Struktur der Kandinskyschen Kunst-Lehre, katabatisch sind die invertierten Farben des „Blauen Reiters", die Märchenbilder Maurice Maeterlincks, die kontemplative Innigkeit des späten Mahlers und Lukács verwegene Fahrt ins Innere der Bilder, wo er reine „Transparenz", nicht leere Abstraktion zu finden hoffte, katabatisch ist die Erinnerungssprache des greisen Wilamowitz. Erst vor dem Hintergrund dieser fundierenden Gesten gewinnt auch der Ameisenhaufen der zeitgenössischen philologischen Altertumswissenschaften Profil. Mit einem Mal liest sich, was auch nach längerer Betrachtung seltsam insignifikant geblieben war, anders. In der Polypragmosyne des philologischen Alltages erkennen wir die rastlose Geschäftigkeit, die man oft und am treffendsten in Thomas Manns Portrait der auf dem Zauberberg tobenden Untergangsgesellschaft als das Kennzeichen der Jahre vor dem Ersten Weltkrieg gewürdigt hat.[36]

36 Kaum zufällig beginnt im selben Jahre 1911 ein junger Privatgelehrter mit der Konzeption der Arbeit an den *Umrisse(n) einer Morphologie der Weltgeschichte*. Oswald Spenglers nach dem großen Kriege, 1918-22, in zwei Bänden erschienene Universalgeschichte *Der Untergang des Abendlandes* liest sich im Rückblick als das Fanal einer Epoche der Neuordnung politischer und kultureller Handlungsmuster.

Da ist die Angst vor den schrecklichen Abgründen, die sich nach den an die Fundamente der gesellschaftlichen Ordnung rührenden Forschungen der Dreigötter Freud, Marx und Nietzsche jederzeit und überall auftun konnten. Und da ist der heiße Wille, am Kontinuum der bürgerlichen Selbstwahrnehmung und Selbstbeschreibung fortzuweben und den Kontakt zur Belle Époque und all den Glücksversprechen des 19. Jahrhunderts nur ja nicht abreißen zu lassen.

Der *horror vacui* ist das Konstituens für manche große Lebensleistung gewesen. Das philologisch probateste Gegengift aber gegen die drohende Unterbrechung des Kontinuums, den Absturz in die „leere Abstraktion“ und den Einbruch einer Pause, wo niemand mehr spricht, ist die Bibliothek.

Am Vorabend der archäologischen Moderne: Die deszendentale Philologie

Lange bevor Johannes Geffcken an die Begründung der *Bibliothek der klassischen Altertumswissenschaften* denken konnte, schrieb er in der „Vorbemerkung“ seines als 13. Heft der *Philologischen Untersuchungen* erschienenen Buches über *Timaios' Geographie des Westens* (1892):

„Es heisst hier ein Ganzes zu gewinnen; denn mit Einzeluntersuchungen, wie ‚Timaios bei Vergil‘, ‚Ti-

maios bei Cicero' kommt man nicht weit, das ist veraltete Methode. Das Material, schon lange bekannt, nur noch nicht völlig verwertet, ist ja reich genug. Wir haben Lykophron, Diodor, die thaumásia akoúsmata, dann die Römer. Schön ists, wenn, wie in unseren Tagen, die Grüfte neues Leben spenden und es wieder heissen darf:

Es schreiten die alten Meister
In hehrem, stolzem Gang –[37]

Aber auch die mühsame Rekonstruktion des Verlorenen ist notwendig, und wir können hier mehr als einen Schatten beschwören".

Also auch Geffcken schloß den Gang zu den Manen nicht aus. Wir werden nie erfahren, ob und wieweit er wirklich auf die tapfere Losung des Orpheus vertraute: „...supera deus hic bene notus in ora est; / an sit et hic, dubito. Sed et hic tamen auguror esse" (Ovid, *met.* 10, 26f.). Was wir jedoch in zahlreichen Rede-Fragmenten der Epoche erkennen können, sind die Denkmuster einer philologischen Strömung, die – so scheint es – sich ihrer abgründigen Kapazität selbst nicht recht bewußt geworden ist. In seltsamem Kontrast zu den himmelstürmenden Bewegungen ihrer

37 Das Zitat aus Ludwig Uhlands Gedicht *Märchen* (entstanden 1811, erschienen 1813). Die Verse 213-216 lauten vollständig: „Es schreiten die alten Meister / In hehrem, stolzem Gang, / Wie riesenhafte Geister, / Mit fremdem Wundersang".

neuplatonisch geschulten Anagogik spricht sie sich aus in den voraufklärerischen Versatzstücken des *descensus ad inferos*. Anders jedoch als im unbestrittenen Hauptwerk der Jahrhundertwende, in Freuds *Traumdeutung*, sollen „die Grüfte“ nicht bloß den integralen Menschen wiederherstellen, sondern „neues Leben spenden“. Die Unterweltsfahrt führt zu den Steinbrüchen, aus denen verschüttetes Leben restituiert werden mag. Was die katabatische Expedition von den archäologischen Bewegungen Walter Benjamins oder Michel Foucaults unterscheidet, ist, daß der Faden, der zurück an die Oberwelt führen soll, nie ganz gerissen ist. Trotzdem muß die unerhörte Abwärtsbewegung der Philologie zur Vorgeschichte jener in der zweiten Hälfte des zwanzigsten Jahrhunderts einflußreichen Strömungen gerechnet werden, die wir unter dem Obernamen der Dekonstruktion zu führen gewohnt sind. Wenn auch nur als ein Denkbild ganz an den Rändern der wissenschaftlichen Operation. Als solches schmückt es die Praeambeln, die Vorbemerkungen, Dedikationen und Nachworte nicht weniger gelehrter Abhandlungen. Es sind zu bloßen Sprachgesten entschärfte Sprengkörper, die erst bei Lichte besehen ihre ganze methodische Kraft entfalten. Die lange Fahrt auf dem Weg zur „inneren Form“ ist kein touristisches Vergnügen. Manch einer ist davon nicht zurückgekehrt. Oder er entstieg dem Abgrund mit leeren Händen, weil er die Schatten nicht zum Sprechen bringen konnte, denen wir doch – wie Wilamowitz vor der gelehrten Gesellschaft in Oxford sagt – „das Blut aus unseren Herzen“ zu trinken geben sollen. Dann bleiben nur Sprachruinen, die in andeutenden Gesten umschreiben, was hätte werden können. Zum mindesten bezeugen sie die Ambition jener Tage, in denen kluge Köpfe zu neuen Fragen und neuen Formen aufbrachen. Die „deszendentale Philologie“ gehört zum Tafelsilber der Epoche. Als der Zeitpunkt gekommen gewesen wäre, es zu gebrauchen, griff man in der drängenden, existentiellen Not zu derberem Besteck. So blieb ein Kapitel, das in der langen Geschichte der Philologie hätte ein glanzvolles werden können, ungeschrieben. Die Größe der ungeschriebenen Kapitel sollte kennen, wer die Bedeutung der wirklichen Geschichte beurteilen will. Doch mag auch, wer den *kairós* versäumt hat, fernerhin unwillkürlich das Richtige tun. An beherzten Fürsprechern wird es seiner Sache, wenn sie erfolgreich ist, gewiß nicht mangeln.

* * *

addendum:

Die *Bibliothek der klassischen Altertumswissenschaften*, deren erster, 1911 erschienener Band hier – zunächst mit seinem ersten, die vor-euklidische Mathematik (und Astronomie) umfassenden Teil – erneut zugänglich gemacht wird, ist die älteste noch bestehende klassisch-philologische Buchreihe in den deutschsprachigen Ländern. Johannes Geffcken, auch er ein Schüler Ulrich von Wilamowitz-Moellendorffs, begründete sie 1911 in *Carl Winter's Universitätsbuchhandlung* zu Heidelberg als enzyklopädisch disponierte Handbuchreihe. Geffcken, geboren am 2. Mai 1861, mütterlicherseits ein Enkel Karl Immermanns,[38] kehrte nach Studium in Straßburg, Bonn und Göttingen und langen, erfolgreichen Jahren als Gymnasiallehrer in Hamburg erst spät an die Universität zurück. 1907 folgte er einem Ruf auf das Rostocker Ordinariat. Er blieb dort bis zu seinem Tode am 11. Juni 1935. Sein jüngerer Rostocker Kollege Rudolf Helm hat im *Jahresbericht über die Fortschritte der klassischen Altertumswissenschaft* 1936 einen auf handschriftlichen Aufzeichnungen Geffckens beruhenden Lebens- und Werkbericht veröffentlicht.[39] Man wird Geffcken auch heute noch zu den interessanteren Erscheinun-

38 Dem Geffcken zwei wissenschaftliche Abhandlungen gewidmet hat. 1896 die „Beiträge zur Entstehungsgeschichte des Münchhausen“, in: *Karl Immermann, eine Gedächtnisschrift*, Hamburg, S. 119-150, u. 1902 den Aufsatz „Karl Immermann. Eine psychologische Studie“, in: *Neue Jahrbücher für das klassische Altertertum* 9, 1902, S. 580-601.

39 In der 4. Abteilung: *Biographisches Jahrbuch für Altertumskunde (Nekrologe)* des 254. Bandes im 260. Jahrgang (Leipzig), S. 80-104 (mit Schriftenverzeichnis).

gen in der Klassischen Philologie des frühen 20. Jahrhunderts rechnen. Er las über die gesamte griechische Literatur-, Kultur- und Religionsgeschichte und dies mit einem gewissen Nachdruck auf systematischen Fragestellungen. Anders wäre er nicht imstande gewesen, im Alleingang eine umfangreiche *Griechische Literaturgeschichte* in Angriff zu nehmen, von der immerhin zwei je mehrhundertseitige Bände in der *Bibliothek der klassischen Altertumswissenschaften* erschienen sind.[40] Die auch heute noch mit Gewinn zu lesende Abhandlung zeugt von intensiver Durchdringung nicht nur des historischen Gegenstandes, sondern auch der Probleme, die in einer Zeit, in der die germanistische Literaturgeschichtsschreibung methodisch ehrgeizige Ziele auszugeben begann,[41] mit der Anlage und Durchführung eines solchen Werkes verbunden waren.

Nach Geffckens Tode lag die Herausgeberschaft für ein halbes Jahrhundert in der Verantwortung der je

40 1. Bd.: *Von den Anfängen bis auf die Sophistenzeit* (XII + 328 S.), *mit einem Sonderband: Anmerkungen* (VII + 317 S.), Heidelberg 1926, 2. Bd.: *Von Demokritos bis Aristoteles. Text und Anmerkungen* (290 + 246 S.), Heidelberg 1934.

41 Siehe Geffckens Vorrede zum 1. Bd., S. Vf. Dort auch eine interessante kritische Wendung gegen den Göttinger Lehrer Wilamowitz, dessen Literaturgeschichte vom Jahre 1912 er zunächst mit hohem Lob bedenkt, um dann hinzuzufügen: „Aus ganz bestimmten Gründen hat freilich dem Meister bei diesem Werke die eigentliche innere Neigung zur Aufgabe gefehlt. – –“ (S. VI).

geschäftsführenden Verlagsleiter, also bei Otto Winter jr. (bis zu seinem Tode 1944), nach dem Kriege dann v.a. bei Otto F. Schütte und, seit Anfang der 70er Jahre, bei den Söhnen von Otto Winter jr., Otto und Carl Winter. Schütte übertrug die fachliche Verantwortung für die *Bibliothek*, die seit Beginn der 60er Jahre in zwei Reihen, seit 1977 nur noch einsträngig verlegt wurde, den Herausgebern des seit 1938 (nach einem Zwischenspiel bei *Teubner*) wieder bei *Winter* verlegten *Gymnasiums*, namentlich Franz Bömer (Hrsg. 1951-1999) und Ludwig Voit (Hrsg. 1958-1989). Erst 1986 erschien die *Bibliothek* wieder unter dem Namen eines hauptverantwortlichen Reihenherausgebers: Hubert Petersmann, seit 1981 Ordinarius für Klassische Philologie an der Universität Heidelberg, leitete die *Bibliothek* bis zu seinem frühen Tode 2001. Seinem Gedächtnis sind die im Jahre 2003 von József Herman und Hannah Rosén (unter Mitwirkung von Helga und Hans Armin Gärtner) herausgegebenen, als Band 112 der *Bibliothek* erschienenen *Petroniana* gewidmet.*

* Ein herzliches Wort des Dankes geht an meine studentische Mitarbeiterin Eva Noller, die mich zuverlässig mit Literatur (von der steinzeitlichen Höhlenmalerei bis zu den Wetteraufzeichnungen der Heidelberger Stadtväter vom Jahre 1911) versorgt hat. Sie hat das Konzept der Generierung des Paradoxen qua Synchronie graphisch umgesetzt und auch Daniel Bergers 1782 entworfenen griechisch-römischen Sternenhimmel für den Titelumschlag entdeckt. Möge der Leser selbst entscheiden, ob er

Kunst und Wissenschaft lieber getrennt halten (wie es die Innenumschlaggestaltung, hier Mahler, Kandinsky und Maeterlinck, dort Dilthey, Lukàcs, de Saussure und Wilamowitz, nahelegt) oder zusammensehen will (wie es die im Wett[er]leuchten der Signale aus Politik, historischer Wissenschaft und Kunst sich fortsetzende Zeitreise der *Bibliothek* veranschaulicht). Dem Geschäftsführenden Leiter des UNIVERSITÄTSVERLAGS WINTER, Herrn Dr. Andreas Barth, danke ich, daß er Herrn Asper und mich von Anfang an darin bestärkt hat, gerade Hoppes und kein anderes Buch zum Hundertsten der *Bibliothek* noch einmal aufzulegen. Ich weiß nicht, wie viele Verleger in Deutschland heute noch eine solche Entscheidung treffen könnten. Mit Markus Asper zu arbeiten war mir wiederum ein Vergnügen. An ihn dachte ich, als ich über die Florentinische Feigen-Jause schrieb. Der Nachnachnach...folger Ulrich von Wilamowitz-Moellendorffs an der Humboldt-Universität zu Berlin hat mir allerdings versichert, daß er Feigen zwar „nicht auf Eis, aber dafür auch ohne Schinken“ esse.

Bibliothek der klassischen
Altertumswissenschaften

herausgegeben von

J. Geffcken
o. ö. Professor an der Universität Rostock i. M.

Band 1:

Mathematik und Astronomie im klassischen Altertum

von

Edmund Hoppe

Heidelberg 1911
Carl Winter's Universitätsbuchhandlung

Mathematik und Astronomie im klassischen Altertum

von

Edmund Hoppe

Heidelberg 1911
Carl Winter's Universitätsbuchhandlung

Verlags-Nr. 623.

Vorrede.

Als ich vor reichlich zwei Jahren die Aufforderung erhielt, für die Bibliothek der klassischen Altertumswissenschaft die Bearbeitung der Mathematik und Astronomie zu übernehmen, habe ich mir die Frage lange überlegt, ob wirklich ein Bedürfnis für ein solches Werk vorhanden sei. Obwohl ich mich seit mehr als 25 Jahren mit der Geschichte der Mathematik und Physik beschäftigt habe, mußte mich doch die Sorge beunruhigen, ob es möglich sei, heute diesem so vielseitig bearbeiteten Acker noch neue Früchte zu entlocken. Ist doch auf dem Gebiet der historischen Erforschung der Mathematik das letzte Halbjahrhundert ganz besonders reich gewesen. Wir haben in Deutschland das monumentale Werk Cantors, wir haben Geschichten der Mathematik von S. Günther und M. Simon, und nicht nur in Deutschland ist man fleißig in der historischen Forschung gewesen, Tannery in Frankreich, Loria in Italien, Heiberg und Zeuthen in Dänemark, Eneström in Schweden und viele andere haben in den letzten 20 Jahren eine so reiche Ernte gehalten, daß man kaum hoffen durfte, noch neue Körnlein zu finden.

So sehr ich nun auch diese großen Arbeiten und die reiche Ausbeute an neuen Resultaten anerkenne, so dankbar ich auch den genannten Forschern bin für die vielfache Anregung, die sie mir in meinen eigenen Studien geboten haben, so hatte ich doch eine Reihe von Notizen gesammelt, die sich mir bei dem Studium der Quellen geboten hatten, welche von den bisher vertretenen Auffassungen und Darstellungen zum Teil recht erheblich abwichen, und die mir die Erwartung wahrscheinlich machten, daß es doch vielleicht nicht aussichtslos sei, von neuem die Mathematik der Griechen im Zusammenhang darzustellen. Ich sage: die Mathematik der Griechen, denn meine im Lauf der früheren Studien gewonnene Ansicht, daß in der lateinischen Literatur nichts Originales zu finden sei, hat sich bei dem erneuten Studium der Quellen nur mehr und mehr befestigt. Andererseits hat die neueste Zeit aber eine solche Fülle von vorgriechischen Leistungen uns enthüllt, daß die Frage nach den Quellen der griechischen Mathematik heute eine ganz andere Antwort finden muß als vor 10 Jahren. Eine Verbindung mit Babylon, resp. Ägypten bestand nicht nur für den Anfang der Mathematik in der hellenischen Welt, sondern dauernd, und ohne Beachtung dieser Beziehung muß die Darstellung der griechischen Mathematik verkehrt werden. Durch sie lösen sich manche Rätsel, welche die Entwicklung der Mathematik uns sonst geboten hatte. Man kann also die griechische Mathematik gar nicht verstehen, wenn man sie isoliert betrachtet.

Noch ein anderes stand mir schon lange fest, und seine Nichtbeachtung ist mir stets als ein Mangel an Cantors Geschichte erschienen, daß man die Astronomie nicht von der Mathematik trennen kann! Nicht nur, weil alle großen Mathematiker Griechenlands auch astronomische Werke verfaßt haben, sondern weil die Astronomie und deren Bedürfnisse fortgesetzt zu neuen mathematischen Anstrengungen reizten, weil die Entwicklung der Mathematik, der Gang der Forschung selbst kaum begreiflich erscheint ohne diese Verbindung mit Astronomie. Gerade dies ist ein wesentlicher Unterschied der griechischen Astronomie gegenüber der ägyptischen und babylonischen, daß sie stets den Zusammenhang mit der Mathematik sucht und das Ziel in einer mathematisch einwandfreien Konstruktion ihrer Beobachtungsresultate sieht. Wo der Babylonier beobachtet, rechnet und praktische Anwendung sucht, wünscht der Grieche eine Konstruktion, eine Theorie, die mathematisch formulierbar sein soll. Dadurch ist die

Astronomie so anregend für die Mathematik geworden und hat das rein theoretische Interesse immer wieder wach gehalten, selbst in Zeiten ärgsten Niederganges. Darum habe ich die Astronomie stets mit berücksichtigt. Freilich nicht so ausführlich, wie es in einer nur der Astronomie gewidmeten Geschichte möglich gewesen wäre. Allein da wir in Bolls Sphära über den rein astronomischen Beobachtungsweg und die Resultate ausführlich unterrichtet sind, war eine weitergehende Darstellung auch nicht nötig.

Eine solche Beschränkung war aber schon dadurch geboten, daß von vornherein eine Begrenzung des Raumes für die Bände dieser Sammlung vorgeschrieben war, so daß in dem vorgegebenen Rahmen kein größeres und eingehenderes Bild der Astronomie hinein paßte. Trotz dieser Vorschrift habe ich den vorgesehenen Raum erheblich überschreiten müssen. Ich erwähne dies ausdrücklich, um damit zu bekunden, daß auch für die Mathematik manches fortgelassen oder nur angedeutet ist, was an sich sonst gern ausführlicher dargestellt wäre. Immerhin glaube ich, nichts Wesentliches fortgelassen zu haben, jedenfalls nichts, was dem Verständnis der Mathematik dienlich wäre. So hoffe ich, daß trotz jener großen und vielseitigen Darstellungen der Geschichte der Mathematik, die ich oben erwähnte, auch dies Büchlein ein Plätzchen an der Sonne finden möge.

Niendorf, 14. Juli 1911.

Edmund Hoppe.

Inhaltsangabe.

Einleitung.

Über eine Frage herrscht in der Geschichte der Mathematik glücklicherweise keine Meinungsverschiedenheit, das ist die nach der Quelle unserer gegenwärtigen Mathematik. Sie ist nicht nur im allgemeinen durch die Wiederbelebung griechischer Kultur veranlaßt, sondern hat einen großen Teil ihrer Resultate direkt den Leistungen griechischer Mathematiker entnommen. Und wenn in den letzten Jahren durch Heibergs bewundernswerte Bemühungen der Nachweis erbracht ist, daß die griechische Mathematik auf der Höhe ihrer Entwicklung bereits zu Anschauungen gelangt war, die wir sonst erst bei Leibniz finden, und wenn man den Nachweis erbringen kann, daß diese infinitesimalen Betrachtungen nicht nur etwa das Geheimnis des Entdeckers, Archimedes, geblieben sind, sondern auch den direkt von ihm abhängigen Mathematikern und Physikern zugänglich geworden sind, so ist der Zusammenhang zwischen der mathematischen Methode griechischen Forschens mit der abendländischen vom Ausgange des Mittelalters bis zum Beginn des 18. Jahrhunderts, wo die neue Mathematik auf dem von Archimedes, Leibniz und Newton eroberten Boden ihre Entwicklung begann, evident. Es ist aber dann gleichzeitig evident, daß zwischen 100 vor Christo und 1700 nach Christo eine Lücke gähnt in der Entwicklung der Kultur, welche ohne die weltgeschichtlichen Ereignisse nicht zu verstehen wäre.

Mit dem Letzten derer um Archimedes, mit Heron von Alexandrien, schneidet die Kulturentwicklung schroff ab. Barbaren zertreten die Geistesentwicklung der Griechen.

Wohl gelingt es diesen Barbaren, sich die poetischen und künstlerischen Früchte griechischen Geistes dienstbar zu machen, es soll auch nicht verkannt werden, daß manche derselben es nicht an redlichem Bemühen fehlen ließen, in den Kern griechischer Denkarbeit einzudringen, aber ein wirkliches Erfassen dessen, was jene Forscher erstrebten, was sie wirklich leisteten, ist keinem Römer gelungen. Nicht auf dem Gebiete der Philosophie, man vergleiche nur Cicero mit Aristoteles oder Platon; noch auf dem Gebiet der Natur-Betrachtung und -Erforschung, man setze die Pliniussche Sammlung von Dichtung und Wahrheit in Beziehung zur Naturbetrachtung des Aristoteles; noch auf dem Gebiete der Mathematik und Technik, man vergleiche Vitruv mit Archimedes und Heron. Die Eroberung der griechischen Welt durch die Römer bedeutet für die Kultur einen fast tieferen Fall als durch die Völkerwanderung. Gewiß erhebt sich nach dem ersten Schrecken im griechischen Teile des Römerreichs hier und dort wieder der Drang zur Forschung. Im 2. bis 5. Jahrhundert unserer Zeitrechnung findet sich eine Nachblüte griechischen Geistes, aber es fehlt die Kontinuität der geistigen Entwicklung; und die Höhe der Auffassung, wie wir sie bei Archimedes haben, erreicht keiner wieder. Auch der «größte Astronom» des Altertums, Ptolemaios, kann wohl eine mathematische Formulierung der scheinbaren Bewegungen im Sonnensystem finden und verdient mit Recht die Bewunderung für die Überwindung mathematischer Schwierigkeiten bei dieser Auffassung, aber es fehlt ihm die bei Aristarch und Archimedes vorhandene Freiheit des Geistes, den Schein der Wirklichkeit durch eine Hypothese zu ersetzen und nun durch Entwicklung der hypothetischen Verhältnisse eine Darstellung auszuarbeiten, die, an den Beobachtungen geprüft, die wahren Verhältnisse der Wirklichkeit enthüllen kann.

So erklärt es sich, daß zu einer Zeit, wo zweifellos noch Handschriften des Aristarch und Archimedes vorhanden waren, die Resultate dieser Geisteshelden unbeachtet liegen bleiben konnten und verloren gingen. Man verstand diesen Gedankenflug eben nicht mehr; denn zwei Jahrhunderte verständnisloser Tyrannenwirtschaft hatten die Freiheit des Geistes vernichtet. Nicht nur der eine Tyrann in Rom trug hierfür die Verantwortung, sondern auch die vielen kleinen Tyrannen, welche in den Provinzen und auf den Landgütern wohl griechische «Wissenschaft» durch Sklaven treiben ließen, aber doch nur soweit sie sich selbst dafür interessierten. Wohl kann auch in Sklavenketten der Geist frei bleiben, aber er kann nicht für die Mitmenschen wirksam werden, er kann nicht befruchtend wirken für die Kultur.

Erst als wieder selbständige Griechen die Schätze der Vorfahren zu erfassen anfingen, erschienen wieder Mathematiker, die neben der Bearbeitung früherer Leistungen auch selbständige Forschung zu bieten imstande waren. Da treten neben den Kommentatoren auch wieder schöpferische Gelehrte auf, welche in der Zeit von 100—400 nach Christo einige Fortschritte für die Kultur brachten. Aber seitdem die griechischen Länder durch die Teilung des römischen Reiches mehr und mehr dem Bureaukratismus unterworfen wurden, fing auch die Wissenschaft an mehr und mehr zu versteinern, so daß, als das Abendland nach den Stürmen der Völkerwanderung in ehrlicher Absicht daran ging, auch die geistigen Güter wieder zu pflegen, die natürliche Befruchtung durch die griechische Welt versagte und nur durch den Umweg über arabische Gelehrte den germanischen Völkern die Früchte griechischer Wissenschaft spärlich und unvollständig aufgeschlossen wurden. Doch wenn es auch nur spärliche Reste waren, die auf diesem Wege vermittelt wurden, die alte treibende Keimkraft hatten sie nicht verloren, und in langen Jahrhunderten erblühte bei den durch germanisches Blut erneuerten Völkern des Abendlandes und bei den Deutschen selbst wieder die Wissenschaft bis zu der Höhe und dem Umfang, wie er durch das Griechenvolk schon erreicht war. Kopernikus, Kepler,

1*

Galilei, Leibniz und Newton knüpfen zum Teil dort direkt an, wo den Griechen der Faden der Entwicklung durch die rauhe Hand römischer Legionäre zerrissen war. Kopernikus an Aristarch, Galilei in mehreren seiner Entdeckungen an Heron, Leibniz an Archimedes anzuschließen, bedarf keiner künstlichen Konstruktionen. Natürlich ist damit nicht gemeint, daß eine solche Anknüpfung in direkter Benutzung der alten Literatur stattgefunden habe, sondern das soll damit ausgedrückt sein, daß die Gedanken jener alten Griechen ihre direkte Weiterbildung erst bei diesen Männern des 16. und 17. Jahrhunderts gefunden haben. Zum Teil ist dieser Fortschritt freilich auch durch das stärkere Eindringen der Gelehrten in die Wissenschaft der Griechen durch literarische Arbeit veranlaßt, und so kann man mit Recht behaupten, daß unsere moderne Mathematik und Physik auf den Schultern jener alten griechischen Forscher ruht.

Ist damit die Bedeutung und der Einfluß der «klassischen» Wissenschaft für die Gegenwart grundlegend anerkannt, so fragt sich nun: sind die Griechen selbst original oder haben auch sie nur empfangen, um weiterzubilden? — Vor 50 Jahren stand man dieser Frage anders gegenüber, als wir sie heute beantworten müssen. Man neigte damals der Ansicht zu, daß, wenn auch Anregungen von außen gekommen seien, die Mathematik wesentlich eine freie Schöpfung der Griechen gewesen sei. Eigene griechische Zeugnisse, so besonders die Angaben Herodots, welche eine gegenteilige Ansicht zu stützen geeignet waren, wurden als unzuverlässig angesehen.

Nahezu gleichzeitig erschienen nun zwei Funde, welche den Anstoß gaben, unsere Anschauungen über die Selbständigkeit der griechischen Forschung einer Revision zu unterziehen, indem sie plötzlich zwei Quellen mathematischer Kenntnisse aufdeckten, welche um mehr als 1000 Jahre früher als die ersten Spuren griechischer Mathematik uns eine Kultur eröffneten, die wohl geeignet ist, als Quelle griechischer Wissenschaft betrachtet zu werden. Ich meine die Auffindung der beiden Tontafeln von Senkereh 1854 durch Loftus und des Papyrus Rhind, welcher erst nach dem Tode des Entdeckers bekannt wurde, dessen Auffindung und Erwerb durch Rhind aber um das Jahr 1862 stattfand. Während jene Tafeln auf das Euphrattal hinwiesen, stellten die Blätter des Papyrus Rhind eine Verbindung mit dem Niltal her. In beiden Richtungen ist in den letzten 50 Jahren nun soviel Material zusammengetragen, daß die früher oft bezweifelten Angaben Herodots[1] über die Herkunft griechischer Mathematik aus Ägypten und griechischer Astronomie aus Babylon wenigstens insofern vollständig erwiesen sind, als jetzt allgemein zugestanden wird, daß die Griechen in beiden Wissenschaften nicht Autodidakten waren. Da sich Herodots Angaben auch sonst durch die neuen Untersuchungen durchweg bewahrheitet haben, sind dieselben sehr im Wert gestiegen, und mit ihnen dürfen die Angaben Diodors[2] als zuverlässige Quellen benutzt werden, wenn auch ca. 400 Jahre zwischen beiden liegen. Ganz anders verhält es sich mit den bald nach Diodor schreibenden römischen Gelehrten Vitruv und Plinius, die gern mit historischen Angaben glänzen, deren Wert aber dadurch sehr herabgedrückt wird, daß in verschiedenen Fällen, wo uns anderweite Nachprüfung möglich ist, der Beweis erbracht werden kann, daß sie die berichtete Sache selbst gar nicht verstanden haben. Wir haben später noch Gelegenheit, einige solcher Verkehrtheiten aufzudecken und wenden uns jetzt lieber der Frage zu, wie weit die Abhängigkeit der Griechen von jenen beiden alten Wissenschaftszentren vorhanden ist.

Es ist kein Zweifel, daß sowohl mit Ägypten wie mit Babylon, respektive dem Euphrattal, direkte Beziehungen für die Griechen bestanden. Da die erste wissenschaftliche Mathematik und Astronomie von den kleinasiatischen

[1] Herodot II, c. 109.

[2] Diodoros I, c. 69 u. 81.

Griechen getrieben wurde, war die Verbindung mit den assyrisch-babylonischen Kulturstätten sowohl direkt möglich, wie auch durch die Vermittlung der Phönizier. Auf letztere weist Strabo[1] hin, aber dessen Angaben erweisen sich sofort wieder als unzuverlässig, da er behauptet, die Phönizier hätten die Rechenkunst erfunden. Wir haben sowohl in Ägypten wie in Babylonien die ausgedehnteste Rechenkunst zu einer Zeit, wo das Volk der Phönizier noch gar keine Bedeutung hatte. Man kann den Phöniziern, wenn überhaupt eine Bedeutung, so doch sicher nur die Stelle der Vermittler zuweisen. Das mag in einigen Beziehungen für die Zahlbezeichnungen zulässig erscheinen, doch ist auch hier ein weiter Umweg zu machen. Die Phönizier erfanden aus den hieratischen Zeichen Ägyptens das Alphabet, haben sich aber der Buchstaben nicht als Zahlzeichen bedient, das taten erst nach ihnen die Syrier respektive die Hebräer, welche das Alphabet von den Phöniziern übernommen haben, und von da ist die Verwendung der Buchstaben in der Reihenfolge des Alphabets als Zahlzeichen vielleicht von den Joniern übernommen als Ersatz für die herodianischen Zahlzeichen.[2] Die Angabe Strabos wird also vermutlich nur auf einer Kombination beruhen und verdient keine weitere Beachtung. Aber von großem Interesse ist nun die Frage, welchen Anteil haben die Ägypter und welchen die Babylonier an der Befruchtung griechischer Gelehrten?

Es läßt sich äußerlich freilich leicht eine Antwort auf diese Frage finden. Da der älteste griechische Mathematiker, den wir kennen, Thales von Milet, sicher in Ägypten gewesen ist, um dort Studien zu machen, so könnte man kurz erklären: alle Anregung ist für Griechenland von Ägypten ausgegangen. Damit kann weiter die Sage verbunden werden, daß um 1700 vor Christo eine nicht unbedeutende Einwanderung von Ägypten

[1] Strabo, Geographica, spez. XVI, 24 u. XVII, 3.

[2] Das Nähere hierüber s. Cantor, Geschichte der Mathem. I, 1907, S. 123 ff.

nach Griechenland erfolgte, und daß die Führer dieser Einwanderer von den Griechen selbst als die Erfinder zahlreicher mechanischer Werkzeuge und mathematischer Methoden für das praktische Leben angesehen wurden.[1] Wenn so der Anfang mathematischen Studiums auf ägyptische Anregung zurückgeführt werden kann, so ist es in der Fortführung nicht wesentlich anders. Von Pythagoras, Platon, Archimedes und vielen Mathematikern niederen Ranges ist mit mehr oder weniger Sicherheit nachzuweisen, daß sie studienhalber nach Ägypten gereist sind; wie groß die Ausbeute war, welche sie von diesen Reisen mitbrachten, das ist zurzeit wenigstens nicht auszumachen. Nur in einzelnen Fällen kann man den ägyptischen Ursprung nachweisen oder doch den Zusammenhang mit ägyptischen Kenntnissen begründen.

Die Ursache davon ist nicht schwer zu finden. Die Mathematik als Wissenschaft war in Ägypten das ausschließliche Eigentum der Priesterkaste und wurde in der Priesterschaft als eine Geheimwissenschaft getrieben und vor dem Volke verborgen. Für das große Publikum machte man praktische Lehrbücher, wie jenes Rechenbuch, dessen Abschrift wir Ahmes verdanken. Aber in die eigentlichen Zusammenhänge und in die den praktischen Regeln zugrunde liegenden mathematischen Entwicklungen führen diese Rechenbücher nicht ein. Wie weit man theoretische Begründung für diese praktischen Regeln bei den Priestern voraussetzen will, ist der Spekulation überlassen. Ob für wissenschaftliche Begründung überhaupt Lehrbücher vorhanden waren, oder ob nur von Mund zu Mund eine Fortpflanzung der wissenschaftlichen Kenntnisse beliebt wurde, ist schwer auszumachen. Jedenfalls sind uns schriftliche Aufzeichnungen der Priester nicht bekannt, und die Tatsache, daß die Griechen, welche besonderes Interesse für die Mathematik hatten, nach Ägypten gingen, um sich dort unterrichten zu lassen, bisweilen

[1] Diodor I, c. 98.

auch ausdrücklich darauf hingewiesen wird, daß sie sich das Vertrauen der Priester erwarben, um von ihnen eingeführt zu werden in die wissenschaftliche Erkenntnis, läßt es uns als wahrscheinlich erscheinen, daß im wesentlichen nur mündlicher Unterricht die wissenschaftliche Forschung fortsetzte. Dieser Unterricht erstreckte sich zweifellos nicht nur auf die Geometrie, von welcher Proklos[1] nach Eudemos sagt, daß sie von Ägypten nach Griechenland gekommen sei, während er «die genaue Kenntnis der Zahlen», die Arithmetik, von den Phöniziern herleitet. Wahrscheinlich hat Strabo aus dieser Notiz des Eudemos die Behauptung gemacht, daß die Phönizier die Rechenkunst erfunden hätten. Wenn 1700 vor Christo die Rechenkunst bei den Ägyptern schon auf solcher Höhe stand, wie sie der Papyrus Rhind zeigt, so darf wohl angenommen werden, daß 1000 Jahre später die Fortschritte in Ägypten so groß gewesen sind, daß auch die arithmetischen Kenntnisse der Griechen von dorther ihren Anfang und ihre Förderung fanden und es nicht der «Handel treibenden» Phönizier bedurfte. Man mag darum geneigt sein, alle mathematisch-mechanische Anregung auf Ägypten zurückzuführen. Allein damit ist noch nicht gesagt, daß die von dort nach Griechenland gebrachten Kenntnisse nun selbst erfundenes Eigentum der Ägypter waren. Vielleicht sind diese auch nur Vermittler. Und für gewisse Teile der Mathematik und ihrer Anwendung ist das sicher der Fall, wie sich leicht zeigen läßt. Es ist also, wenn man die Geschichte der griechischen Mathematik studieren will, nicht zu vermeiden, auch die Frage zu berühren: wie weit ist die ägyptische Mathematik original und in welchem Verhältnis steht dieselbe zur mesopotamischen? Wir werden diese Fragen kurz erörtern müssen, ohne in den Streit der Babylonier und Ägyptologen näher einzugehen, das erforderte ein Buch für sich. Ein solches jetzt zu schreiben

[1] Proklos, in Eukl. S. 64, 18.

halte ich im allgemeinen noch für verfrüht. Die großen Schätze aus den Ausgrabungen in dem Zweistromlande sind zum großen Teil noch nicht erforscht und werden täglich ergänzt. Erst wenn alle die Tausende von Tontafeln gelesen sein werden, wird man mit einiger Sicherheit über den Umfang der babylonischen Kultur und deren Alter etwas Genaues sagen können.

Besonders in letzter Hinsicht haben die Ägyptologen einen großen Vorzug. Während für Babylon bisher nur nach Königsnamen und Regentschaftsdauern eine Datierung möglich ist, hat Ägypten in der astronomisch festgelegten Sothisperiode eine zuverlässige Chronologie, so daß die meisten Tatsachen hier mit einer Genauigkeit in die Zeitfolge eingereiht werden können, wie wir sie bisher bei keinem Volke des Altertums erreichen konnten. Nur soweit, wie schon jetzt eine Entscheidung möglich zu sein scheint, werde ich im nächsten Kapitel diese Streitfrage berühren, im übrigen aber die Verbindung zwischen griechischer Mathematik und der vorzeitlichen als durch Ägypten vermittelt betrachten.

Wenn wir nun solche Verbindung selbst noch bei Archimedes und Heron nachweisen müssen, so wird dadurch der Ruhm der Griechen nicht geschmälert. Es handelt sich immer nur um Anregungen, was aber die Griechen aus diesen Anregungen selbst geschaffen, das hat vor ihnen kein Volk geleistet, und nur durch die Durchdringung der Mathematik mit griechischem Geiste konnte die Wissenschaft entstehen, die noch in der Gegenwart Wert und Bedeutung hat; denn was Eudemos[1] vom Thales sagt, das gilt wohl von allen den großen Denkern Griechenlands, welche ihre Lehrjahre in Ägypten durchmachten: πολλὰ μὲν αὐτὸς εὗρεν, πολλῶν δὲ τὰς ἀρχὰς τοῖς μετ' αὐτὸν ὑφηγήσατο, τοῖς μὲν καθολικώτερον ἐπιβάλλων, τοῖς δὲ αἰσθητικώτερον.

Aber auch abgesehen von diesem persönlichen Verdienst der Einzelnen ist das griechische Volk, oder die

[1] Proklos, in Eukl. 65, 8. (Friedlein).

Gesamtheit der griechischen Schriftsteller für die Entwicklung der Mathematik und deren Anwendung für uns von der allergrößten Bedeutung geworden. Der Grieche war frei! Das ist der entscheidende Unterschied zwischen Griechenland und Ägypten, vielleicht auch zwischen Griechenland und Babylon. In Ägypten war es zu der Zeit wenigstens, als die Griechen dorthin reisten, um Wissenschaft kennen zu lernen, eine Priesterkaste, welche allein über den Schätzen des Wissens wachte. Von Thales und Pythagoras wird es uns ausdrücklich bezeugt[1], daß sie bei den Priestern in Memphis die Geometrie gelernt hätten. Ob in einer sehr viel früheren Zeit die Pflege der Wissenschaft in Ägypten allgemein verbreitet war, ist zurzeit noch nicht zu entscheiden. Die Sitte, eine Entdeckung oder Erfindung, welche unter der Regierungszeit eines Königs gemacht wurde, diesem selbst zuzuschreiben und demnach den König zum «Erfinder» der Geometrie zu machen[2], oder zum Baumeister der Pyramiden oder des Labyrinths wird bei den Ägyptern genau so ausgebildet gewesen sein wie bei den Chinesen. Die uns durch griechische Schriftsteller überlieferten Erfindernamen halte ich daher für Übertragungen und meine, daß der um das Jahr 600 sicher vorhandene Zustand, daß Priester die alleinigen Vertreter der Wissenschaft waren, auch vorher bestanden haben muß. Denn es ist allgemeines Gesetz, daß wohl die Wissenschaft von kleinem Kreise auf größere übergeht, aber der umgekehrte Weg ist nur denkbar, wenn eine große Katastrophe die allgemeine Bildung zertritt, so daß nur wenige Einzelne im Besitz des Wissens einen kleinen Kreis zur Teilnahme an ihren Kenntnissen einweihen. Dann vollziehen sich solche Erscheinungen, wie wir sie im Gefolge der Völkerwanderung beobachten, daß für Jahrhunderte die allgemeine Bildung versinkt und nur

[1] Diogenes Laert. I, 27; Schol. Platon. in rempl. 600, A.; Jambl. Vit. Pythag. 12.

[2] Cf. Maspero, Geschichte d. morgenl. Völker, deutsch von Pietschmann, Leipzig 1877, S. 54ff. u. Diodor I, 94.

in den Klöstern ein latenter Zustand wissenschaftlicher Bildung erhalten bleibt. Fruchtbar wird jedoch dies Wissen erst wieder, wenn es, aus seiner Einkapselung befreit, der Allgemeinheit zugänglich und von den Befähigten jeden Standes getragen wird. Nun hat es freilich an solchen Katastrophen in Ägypten nicht gefehlt, es ist also möglich, daß tatsächlich jener Zustand allgemeiner Bildung früher vorhanden war, dann aber eine Priesterkaste die Kenntnisse sammelte und nun zum Träger der Kultur wurde. Aber wahrscheinlich ist das schon um deswillen nicht, weil wir auch anderswo den gleichen Zustand finden, wie er zur Zeit des Thales in Ägypten bestand. Ich meine Babylon!

Freilich handelt es sich bei der mathematischen Leistung der Babylonier, so weit wir sie heutzutage kennen, wesentlich um Astronomie, und über deren wissenschaftlichen Wert war man bis vor kurzem noch sehr in Zweifel. Sowohl griechische wie vor allem römische Schriftsteller erwähnen von den Leistungen der Babylonier auf diesem Gebiet wesentlich nur die Astrologie, und die «Chaldäer» oder die Babylonier (Horaz. Carm. I, 11) waren schlechthin identisch mit Sterndeutern. Wie sehr diese Ansicht verkehrt ist, haben die keilinschriftlichen Tontafeln des Britischen Museums über allen Zweifel erwiesen, so daß dadurch die vielfach falsch zitierte Stelle des Strabo[1] «προσποιοῦνται δέ τινες καὶ γενεθλιαλογεῖν, οὓς οὐκ ἀποδέχονται οἱ ἕτεροι» bestätigt wird, wonach freilich einige der Schulen wohl Astrologie trieben, aber die große Mehrzahl sich davon frei hielt. Sie trieben wirkliche Astronomie, und wie wir sehen werden so erfolgreich und so wissenschaftlich genau, daß wir ihre Leistungen nur bewundern können.

Hier interessiert uns zunächst die Bezeichnung «Schulen», welche so aufgefaßt wurde, wie sie bei den Griechen tatsächlich bestanden, als freie Philosophen-

[1] Strabo XVI, 6.

schulen. Allein daran haben wir wohl nicht bei den Babyloniern zu denken. Kugler[1] macht darauf aufmerksam, daß die Tafel 272 ausdrücklich als Verfasser den «Priester» Bania aus einer Priesterfamilie nennt und daß auf vielen Tafeln die Weiheformel an Bel vorhanden ist. Danach haben wir es auch bei den Babyloniern mit einer von den Priestern gepflegten Wissenschaft zu tun, die in ihren Familien die astronomisch-mathematischen Kenntnisse vererbten. Das schließt nicht aus, daß an verschiedenen Orten verschiedene Methoden der Berechnung ausgebildet und vererbt wurden, wie z. B. die Stadt Sippara (das Hipparenum des Plinius) als der Sitz einer solchen Schule bezeichnet wird. Aber es sind nicht freie Schulen wie bei den Griechen, sondern Priesterschulen wie in Ägypten.

Wenn diese Auffassung richtig ist, so ist damit die Frage beantwortet: Wie konnte eine so hoch entwickelte Kultur wie die der Sumerier und wohl auch die der alten Ägypter für unsere Augen, für die Geschichte vollständig verschwinden, so daß erst Hacke und Spaten wiederfinden müssen, was Klios Griffel vergessen hatte? Wohl lebte in den Priesterschulen Babylons die alte Wissenschaft fort; sie ist auch mit den Griechen in direkte Berührung getreten, aber doch nur mit sehr wenigen, und wo sie fruchtbar wurde, ist die Etikette des Samens durch die Entwicklung der Pflanze verdeckt worden, wie das Kugler für Hipparch nachgewiesen hat. Das Volk, die Allgemeinheit hat an der wissenschaftlichen Arbeit nicht den geringsten Anteil genommen, es sinkt herab auf die Stufe der Barbaren, und die der Völkerentwicklung folgende Geschichte verzeichnet keine Kulturtaten dieses Volkes in ihren Annalen. In der Priesterschaft aber lebt die Wissenschaft fort und reicht bis in solche Perioden hinein, wo das Volk seine historische Bedeutung längst verloren hat. Darum finden wir auf priesterlichen Tontafeln aus

[1] Kugler, Die babylonische Mondrechnung, Freiburg 1900, S. 204.

dem 2. Jahrhundert vor Christo wissenschaftliche Resultate, die bisher den Griechen, besonders Hipparch und Ptolemaios zugeschrieben wurden, und wir finden sie in einer Form, welche es unwahrscheinlich macht, daß diese Resultate damals erst neu entdeckt wurden, vielmehr machen die Tabellen den Eindruck, daß sie ganz alte und längst bekannte Methoden anwenden. Dieser Eindruck gewinnt an Wahrscheinlichkeit durch die Überlegung, daß die bei Indern und Chinesen gefundene Anwendung gleicher Methoden und gleicher Grundlagen der Rechnung, wie wir sie aus Babylon kennen, nur erklärlich ist, wenn diese Methoden schon bekannt waren zu einer Zeit, als die Babylonier noch ein Volk waren, welches Weltgeschichte machte. Um 200 vor Christo kann von einer kulturellen Beeinflussung der ostasiatischen Völker durch Babylon nicht wohl mehr geredet werden, vielmehr legte sich damals schon zwischen die westasiatische und ostasiatische Kultur die Zone der Kulturverwüstung vom Flußgebiet des Euphrat bis zum Indus.

Durch die Tatsache der Ausbreitung babylonischer Kultur nach Osten und nach Westen (von letzterer wird noch eingehend gehandelt werden, während die östliche Ausbreitung für unser Thema nicht von Belang ist) sind wir verpflichtet, die Ausbildung der Wissenschaft im Zweistromland im wesentlichen als beendet anzusehen zu der Zeit, wo die politische Bedeutung der Chaldäer aufhört oder doch so eingeschränkt wird, daß von einer Ausbreitung nicht mehr geredet werden kann, d. h. das Wesentliche muß vor etwa 600 vor Christo geleistet gewesen sein. Von da an zieht sich die wissenschaftliche Arbeit auf den kleinen Kreis der Priester zurück und mag hier immerhin in Details Abänderungen und Erweiterungen erfahren haben, wie wir das bezüglich der Astronomie mit Sicherheit belegen können (s. unten), aber an den Grundlagen wird wenig geändert sein. Damit soll natürlich nicht etwa die Behauptung ausgesprochen sein, daß vor jener Zeit nicht auch die Priester wesentlich um die Pflege der Wissenschaft bemüht waren. Zweifellos waren sie auch vorher die Lehrer und Forscher, aber die Frucht ihrer Lehren wurde von der Gesamtheit des Volkes weitergetragen, und der reiche Bankier Babylons trug auf seinen Schiffen durch den Indischen Ozean nicht nur die Produkte der Technik seiner Heimat in die östlichen Küstenländer, sondern mit den Waren verbreitete er auch die durch die Priesterschaft erworbenen Kenntnisse, weil das ganze Volk an der Kulturarbeit der Priester teilnahm.

Wir werden dementsprechend, um die griechischen Leistungen voll zu würdigen, genötigt sein, die babylonische Kultur soweit zu berücksichtigen, als sie für die Anregung der Griechen von Bedeutung war oder doch werden konnte, sei es in direkter Berührung, sei es durch die Übertragung durch die Ägypter.

Babylon.

Es ist nicht meine Absicht, mich in die Streitfragen der Babylonier und Ägyptologen zu mischen bezüglich des Alters der Kultur beider Völker oder der Entlehnung der Technik voneinander; auch nicht die Frage der Wanderung der Sumerier und der Vermischung mit den Kuschiten kann uns jetzt interessieren, so groß auch der Anreiz ist, mit diesen Fragen sich zu beschäftigen. Für uns handelt es sich um das Mathematisch-Astronomische, soweit wir es aus der uns zugänglichen Literatur zu verfolgen vermögen, um die Quellen der griechischen Mathematik zu erkennen. Da ist zunächst von Wert die Frage nach der Bezeichnung und der Schrift der Zahlzeichen. Ich weiß nicht, ob der Ansicht, daß die Bilderschrift die ursprüngliche sei, ganz allgemein zugestimmt wird. Für Ägypten trifft es wohl mit Sicherheit zu, ob für die Sumerier auch, ist freilich sehr zweifelhaft. Aus der

Bilderschrift soll dann allgemein die Silben- und Buchstabenschrift entstanden sein, aber für die Zahlzeichen behielt man die Bilder- oder Wortschrift bei. Cantor stellt die Frage, warum es wohl hier zur Ausnahme gekommen sei, warum man nicht auch hier die Buchstaben oder die Lautschrift eingeführt habe?[1] Vielleicht hängt dies mit der Entstehung des Zahlsystems selbst innerlich zusammen und gibt gleichzeitig eine Quelle für die Erfindung der Schrift an. Daß das Zählen an konkreten Dingen entstanden ist, dürfte allgemein zugegeben werden, daß also für das Rechnen mit Zahlen zunächst immer mit benannten Zahlen gearbeitet wurde, scheint mir daraus hervorzugehen. Ob man nun Finger oder Steinchen oder Striche benutzte, stets waren es konkrete Bilder, welche das Zählen und das Rechnen mit Zahlen vermittelten. Wollte man also eine Zahl festhalten, so stellte man ein Bild der Zahl her. Es ist ja nachgewiesen, daß die Zahlzeichen in die ältesten Zeiten der Kultur hinaufreichen, und die Benutzung von Zahlzeichen für das Rechnen ist zweifellos genau so alt wie das Rechnen selbst. Es käme nun darauf an zu untersuchen, ob das Rechnen älter ist als das Schreiben.

Die Schrift nennen einige Völker «das Bild der Rede». Wann bedarf man eines solchen Bildes? Dann, wenn die Rede nicht mehr ausreicht zur Mitteilung der Gedanken, oder wenn das eigene Bedürfnis entsteht, bestimmte Gedanken festzuhalten. Letzteres Bedürfnis ist zweifellos jünger als das Bedürfnis der Mitteilung an entfernte Menschen, denen der Schall der Rede nicht mehr vernehmbar, aber das Interesse am Inhalt der Rede dringend war. Immerhin kommt dies Bedürfnis später zustande als das Bedürfnis zu rechnen und damit das Bedürfnis, Zahlzeichen irgendwelcher Art zu besitzen. Die bekannten Kerbstäbe für die Schuldurkunden der Analphabeten bei den alten friesischen Stämmen werden

[1] Cantor I, S. 14.

bei allen schreibunkundigen Völkern Gegenstücke haben. Es ist darum nicht wunderbar, wenn Zahlzeichen älter als andere Schriftzeichen sind. Es ist auch nicht wunderbar, daß diese Zahlzeichen als Bilder ganzer Worte, nämlich der betreffenden Zahlen selbst, beibehalten sind zu einer Zeit, als man aus der Bilderwortschrift bereits zur Silben- und Buchstabenschrift übergegangen war; denn diese Zahlbilder waren erheblich kürzer und prägnanter, als die Bezeichnung durch Buchstabenschrift sie bieten konnte. Je nach der Ausbildung dieser Zahlzeichen wird sich die Dauer der Schreibweise richten. Ist die Ausbildung der Zahlzeichen eine kurze und leicht schreibbare, so wird der Versuch, durch Buchstabenschrift die Namen der Zahlen an die Stelle jener Zeichen zu setzen, nicht gemacht werden oder doch nicht von Erfolg sein. Zeigt sich aber die Wahl der Zeichen als unbeholfen und zeitraubend, so wird mit der Einführung der Buchstabenschrift auch das Zahlzeichen verschwinden. Für diese letzte Behauptung ist das beste Beispiel die älteste griechische Inschriftentechnik. Die Zahlenbilder der Griechen waren nach der Art ihres Rechnens mit Steinchen zunächst durch so viel Punkte oder Striche dargestellt, als die Zahl Einer enthielt. Davon zeugt jene Inschrift auf dem Stein von Tralles in Karien[1], wo 7 durch sieben Striche dargestellt wird. Allein diese Strichbilder waren kaum als Zahlzeichen zu verwerten, sobald man über die Einer hinausgehen wollte. Es ist darum nicht wunderbar, daß diese Zahlzeichen verschwinden, sobald die Buchstabenschrift eintritt, darum ist schon auf ganz alten Inschriften die Regel, daß die Zahlworte in Buchstabenschrift ausgeschrieben werden. Erst später finden dann die Griechen wirkliche Zahlzeichen; doch davon weiter unten.

Wenn aber andererseits das Rechnen und damit das Bedürfnis nach Zahlzeichen schon stark ausgebildet war, mußte das praktisch ausgebildete Zeichensystem sich er-

[1] Martin, Annali di matem. V, Rom 1863, p. 285.

halten, auch nachdem schon die Schrift für Worte oder Silben erfunden war. Ja es läßt sich denken, daß die aus dem Bedürfnis des Rechnens entstandenen Zeichen die Brücke wurden für die Zeichen der Wort- oder Silbenschrift. Diesen Zusammenhang vermute ich bei den Babyloniern.

Die Zahlzeichen sind hier zunächst nach den einfachen Strichen (Keilen) geschrieben in dekadischer Anordnung, so daß für 10 ein neues Zeichen gewählt wird und dann die Zehner ebenso nach der Zahl der Doppelkeile 𒌋𒌋 = 20 usw. geschrieben werden, die Zahl 100 hat ihr besonderes Zeichen 𒈨, dagegen ist 1000 aus 10 · 100 gebildet 𒌋𒈨, und diese durch Vorsetzen der 𒌋 angedeutete Multiplikation ist konsequent bei 10000 = 𒌋𒌋𒈨 weitergeführt. Bei diesen Strichzeichen sind übrigens die Keile nicht einfach nebeneinander gesetzt, sondern auch übereinander bis zu 3 Reihen, so daß 9 drei Reihen von je 3 kleinen Keilen enthält. Nun hat man gemeint, die für die Wort- respektive Silbenschrift verwendeten Keile seien auch aus Hieroglyphen entstanden, allein die Bilder der Wortinhalte sehen doch anders aus als die Gruppen von Keilen, welche in dieser Schrift das Bild darstellen. Gewiß wird man bei dieser Discrepanz in Rechnung setzen müssen, daß die Ägypter auf Papyrus mit Farbe zeichneten, wie die Chinesen, und darum sehr viel bequemer Bilder «ähnlich» machen konnten, als es die Babylonier konnten, denen die Papyrusstaude fehlte und die in den Tontafeln reliefartig Bilder herstellen sollten. Aber man kann sich doch den Vorgang auch wohl so denken, daß die Keile zunächst für die Zahlzeichen Verwendung fanden, dann aber diese bequeme Zeichenschrift auch ausgedehnt wurde auf die Darstellung von Silben und Lauten und so die Schriftsprache aus den Zahlzeichen entstanden wäre. Doch das nebenbei!

Uns interessiert in erster Linie die Tatsache, daß die Babylonier neben dem Dezimalsystem, welches vollständig ausgebildet ist, das Sexagesimalsystem besitzen und daß nicht nur in späten Inschriften, sondern bis in die alte Zeit hinauf dies System mit der Grundzahl 60 seine Bedeutung hat. Vor allem ist es wichtig, weil dies Sexagesimalsystem sich bis auf den heutigen Tag in der Trigonometrie erhalten hat und unbestrittene Herrschaft besitzt.

Eine der interessantesten Fragen der mathematischen Entwicklung ist noch immer die nach der Gradeinteilung des Winkels. Das wird freilich jetzt wohl allgemein zugestanden, daß dieselbe aus Babylon stammt und dort naturgemäß gemacht wurde, weil man das Sexagesimalsystem als Zahlensystem dort hatte. Es ist darum auch kein Zweifel, daß die heutige Gradeinteilung von Babylon nach Ägypten gebracht wurde, und damit ist meines Erachtens auch gesagt, daß die Geometrie von Babylon ausging und nicht umgekehrt. Die früher häufiger ausgesprochene Ansicht[1], daß die 360 Grade aus den 360 Tagen des Jahres abgeleitet seien, man also nach 12×30 Tagen = 12 Monaten gerechnet habe, ist wohl nicht mehr haltbar, nachdem wir die verschiedenen astronomischen Kalender und die Finsternistabellen, respektive Vorhersagungen von solchen Ereignissen kennen. Danach sind die astronomischen Kenntnisse der Babylonier bereits so groß gewesen, daß man denselben nicht zumuten kann, daß sie das Jahr um fünf volle Tage zu kurz gerechnet hätten. Es kann auch nicht vermutet werden, daß man, da 365 eine unbequeme Zahl für die Winkelteilung sei, zur nächstliegenden bequemen gegriffen habe. Wenn man sich nicht genau an die Zahl der Tage des Jahres anschloß, so hatte eine näherungsweise Anschließung gar keinen Sinn, dann konnte man gerade so gut 100 wählen. Die 360 Grad müssen also unabhängig vom Jahr entstanden sein, sie müssen auch entstanden sein zu einer Zeit, wo die ganze Geometrie wie Astronomie noch in den Windeln lag. Fraglich dagegen erscheint mir, ob es not-

[1] Zeuthen, Gesch. d. Mathem., Kopenhagen 1896, S. 13.

wendig ist, schon vor der Gradteilung das Sexagesimalsystem als vorhanden anzunehmen. Die Überlegung, daß 60 wegen der Faktorenzerlegung $2^2 \cdot 3 \cdot 5$ gewählt sei, will mir auch nicht recht glaublich erscheinen, denn bevor man eine Faktorenzerlegung machen kann, muß man schon zählen können. Das Zahlsystem kann also nicht der Faktorenzerlegung folgen, sondern muß ihr vorangehen.

Nun könnte man sagen, das Sexagesimalsystem ist auch nicht das Ursprüngliche gewesen, vielmehr ist dieses nach den Bedürfnissen der Astronomie zurechtgelegt, nachdem bereits ein dezimales System vorhanden war. Darin liegt sicherlich viel Wahres, und es läßt sich sogar wahrscheinlich machen, daß die Sexagesimalteilung aus dem Dezimalsystem hervorgegangen ist. Die beiden Worte Ner = 600 und Soss = 60 lassen keinen Zweifel übrig, daß die Zahl 10 eine Rolle beim Rechnen der Babylonier spielte.[1] Man mag gern zugeben, daß dies nicht eigentlich Zahlworte waren, sondern populäre Bezeichnungen wie unser Dutzend, und doch wird man nach einer Erklärung suchen müssen. Wenn 60 die Basis des Zahlsystems war, würde eine besondere Benennung dieser Zahl natürlich nicht auffallend sein, dann wäre nur wunderbar, daß 60 · 10 wieder eine neue Bezeichnung erhielt. Daraus scheint mir hervorzugehen, daß auch die Zahl 60 als Basis des Zahlsystems nicht ursprünglich entstanden ist aus dem Bedürfnis des Zählens. Es ist auch in der einfachen Naturbetrachtung, woraus doch sicher die Zahlsysteme abgeleitet sind, keine Beobachtung anzugeben, welche auf die Zahl 60 führte. Darum versuchte man, die 60 aus der Kombination zweier Zahlsysteme abzuleiten, nämlich aus dem dezimalen und hexalen.[2]

---

[1] Delitzsch, Zeitschr. f. Ägyptol., 1878, S. 56. Siehe auch S. Günther, Gesch. d. Mathem., 1907, S. 20. Ich vermute, daß die Quelle: Formaleoni 1788, worauf sich G. beruft, für diese Behauptung keinerlei Beweis gehabt hat. Jedenfalls ist zurzeit nichts derart bekannt, es ist willkürliche Vermutung.

[2] Cantor, Vorlesung über Gesch. d. Mathem. I, 3. Auflage, Leipzig 1907, S. 32. (Hinfort als Cantor, Gesch. zitiert.)

Nun ist das dezimale System begreiflich und wegen seiner Natürlichkeit durch Abzählen an den Fingern überall vorauszusetzen unbeschadet der Existenz von Zahlsystemen mit 5 oder mit 20 als Grundzahl, aber woher kommt 6 als Grundzahl eines Zahlsystems? Es ist keine einigermaßen plausible Erklärung für 6 als Grundzahl vorhanden, und wir müssen Cantor recht geben, wenn er den Versuch von Kewitsch, die 6 als Grundzahl dadurch zu erklären, daß der Zählende erst 5 Finger der einen Hand gezählt und dann die Hand geschlossen habe zur Anzeige eines Ruhepunktes, ablehnt. Wenn wir das aber ablehnen, so glaube ich, daß daraus eine andere Konsequenz zu ziehen ist, als Cantor sie gezogen hat. Wenn nämlich die 6 als Grundzahl nicht abzuleiten ist, und wenn ferner nicht bezweifelt werden kann, daß heute kein Volk die Zahl 6 als Grundzahl kennt, so scheint mir die Annahme, «daß eines der beiden in Mesopotamien zusammentreffenden Völker die 6 als Grundzahl, das andere die 10 als Grundzahl gehabt habe und daraus 6 · 10 als Grundzahl entstanden sei», eine unmögliche Annahme zu sein. Sollen gar die Sumerier, deren Intelligenz wir von Tag zu Tag mehr zu bewundern haben, etwa das einzige Volk mit der Zahl 6 als Grundzahl gewesen sein? Das ist kaum anzunehmen. Wenn aber die Sumerier die Zahl 10 hatten, so ist wiederum nicht einzusehen, wie sie einem weniger intelligenten Volke zu Gefallen ein so unbequemes Zahlsystem mit 59 Zahlwörtern hätten erfinden sollen.

Es kommt noch ein wesentlicher Umstand hinzu. Es scheint doch nicht mehr bezweifelt werden zu dürfen, daß auch die Sumerier in Keilschrift schrieben, ob das ihre eigene Erfindung war oder ob sie die Schrift übernommen haben, ist gleichgültig. Jedenfalls sind die Zahlzeichen der ältesten Keilschrift schon nach dem dezimalen System gebildet, und zwar ganz konsequent. In der Schriftsprache verrät sich zunächst nicht die Grundzahl 60, sondern nur die Zahl 10 = 𒌋. Sie hat dies besondere Zeichen, dann folgt die Zahl 100 = 𒁹𒀸. Andererseits ist bereits in dem Schulrechenbuch aus dem Bêltempel in Nippur das Sexagesimalsystem beim ersten Anfang des Rechnens zugrunde gelegt.[1] Also wie kam man auf 60 als Grundzahl?

Nun ist kein Zweifel, daß das Zählen und die Ausbildung des Zahlsystems dem eigentlichen Rechnen, soweit es über einfaches Addieren und Subtrahieren hinausreicht, erheblich vorangeht. Man kann daher nicht umhin anzunehmen, daß die schriftliche Fixierung der Zahlzeichen früher erfolgte als die Ausbildung des Rechnens. Ja es ist für die fortschreitende Kultur sogar wahrscheinlich, daß die Festlegung von Zahlzeichen eher Bedürfnis ist als die Wort- und Gedankenschrift, denn sobald auch nur der geringste Warenverkehr eintrat, war die Festlegung der Stückzahl oder des Preises eine Notwendigkeit. So finden wir bei schriftunkundigen Völkern oft das Bedürfnis, Zahlzeichen auf Holzstäbe zu fixieren, um Forderung oder Schuldhöhe zu bestimmen. Analphabeten pflegen die Zahlen noch heute auf Stäbe durch eingeschnittene Striche zu verzeichnen. Es ist darum durchaus wahrscheinlich, daß das durch das Zählen ausgebildete Zahlsystem bereits in Zeichen bis zu einer beschränkten Höhe festgelegt ist, ehe die Kunst des Rechnens ausgebildet ist. Nehmen wir diesen Zustand für das Volk der Sumerier als Ausgangspunkt für ihre Zahlzeichen an, so würde das Dezimalsystem für Zählen und Schreiben als das Normale angesehen werden müssen.

Bei dieser Gelegenheit möchte ich auch meine Bedenken äußern zu der Behauptung Hankels[2], daß das Zählen nicht nur eine Fähigkeit des Menschen sei, auch die Ente zähle ihre Jungen. Das tut sie eben nicht, sondern sie hat von allen ihren Jungen konkrete Vorstellungsbilder, wenn darum eins fehlt, so zählt sie nicht,

[1] Hilprecht, Die Ausgrabungen der Universität von Pennsylvanien, Leipzig 1903, S. 59.

[2] Hankel, Zur Gesch. d. Mathem., Leipzig 1874, S. 7. (Auch Cantor hat diesen Satz übernommen.)

um dies Fehlen zu konstatieren, sondern in ihrem Vorstellungsbild fehlt das ganz bestimmte Junge. Daß dies so ist und nicht die Zahl eine Rolle dabei spielt, sieht man sofort, wenn man das fehlende Küken durch ein fremdes ersetzt, dies fremde wird von der Ente zunächst verjagt und nicht gehütet, es dauert erst längere Zeit, ehe die Entenmutter dies fremde adoptiert. Ebenso verhält es sich mit den «südafrikanischen» Völkern Potts[1], welche nicht über 10 mit Worten zählen können und «doch wissen, ob von 400 Rindern eins fehlt», sie wissen nicht, ob eins fehlt, sondern sie wissen, welches fehlt, d. h. sie haben genaue Vorstellungsbilder von allen ihren Tieren, aber zum Zählen sind sie noch nicht vorgeschritten; denn das Zählen ist eine Denktätigkeit, weil es auf Abstraktion beruht.

Es gibt aber für den Menschen neben der Fähigkeit zu zählen auch die andere Fähigkeit, eine Richtung zu bestimmen. Auf der einen beruht die allgemein vorhandene Fähigkeit, Arithmetik zu lernen, auf der zweiten die ebenso allgemeine Fähigkeit, Geometrie zu lernen. Bei allen Menschen, auch den unkultiviertesten, ist diese Fähigkeit, eine Richtung zu bestimmen, vorhanden und darum auch das Bedürfnis, Richtungsunterschiede festzulegen. Sobald dies Bedürfnis (rein terrestrisch) zum Bewußtsein kommt, tritt die Forderung auf, einen Winkel messen zu können. Diese kann nur befriedigt werden, indem man einen Winkel als Normalwinkel festlegt und die andern damit vergleicht. Es fragt sich, welchen Winkel man als Normalwinkel wählen will. Einem Naturvolke bieten sich 2 Winkel an, das ist entweder der durch das Lot gegebene rechte Winkel, und das ist zweitens der Winkel des gleichseitigen Dreiecks. Während ersterer in der Vertikalebene liegt, also für eine Richtungsbestimmung auf der Erde nicht ohne Übertragung, — ohne Umlegung in eine andere Ebene, verwendbar ist, bedarf

[1] Pott, Die quinäre und vigesimale Zählmethode bei Völkern, Halle 1847, S. 17.

es für den zweiten nur dreier gleich langer Stäbe, welche in jeder beliebigen Ebene den Normalwinkel festlegen, also vorzüglich geeignet sind, um die Richtungsunterschiede zu messen. Es ist darum eine solche Winkelvergleichung möglich ohne die Erfindung eines Zirkels, und die Festlegung des Winkels im gleichseitigen Dreieck als Normalwinkel kann erfolgen zu einer Zeit, wo an Geometrie und Astronomie noch gar nicht gedacht wird. Nehmen wir an, daß dieser Winkel als Maßeinheit bereits festgelegt war, als man mit der Erfindung des Zirkels den Kreis zu betrachten lernte, so ergab sich nun von selbst, daß dieser Winkel sechsmal aneinander gelegt werden muß, um die Ebene auszufüllen. Aber schon ehe man mit Kreisen und Zirkeln arbeitete, mußte die Erkenntnis, daß die Ebene in 6 solche Winkel zerfiel, auffallen. Daher erklärt sich, daß als allgemeines Zeichen für das Winkelmaß drei unter 60^0 sich schneidende Linien gewählt wurden ⚹, aber **ohne** Kreis. Daß dieses Zeichen überall da angewandt wird, wo es sich um die Messung eines Winkels handelt[1], selbst noch in so später Zeit, als man schon mit Sehnen die Winkelgrößen in Grad und Minuten ausrechnete, scheint mir der sichere Beweis dafür zu sein, daß tatsächlich die Sumerier oder allgemein die babylonische Kultur vom Winkel des gleichseitigen Dreiecks ausgegangen ist und nicht etwa von der sehr viel späteren Aufgabe, die Peripherie eines Kreises zu teilen. Die Aufgabe, den Kreis zu teilen, setzt bereits geometrisches Wissen voraus, die Aufgabe, Richtungsunterschiede festzulegen, ist in den primitivsten Verhältnissen Bedürfnis.

Auch das muß beachtet werden, daß die Konstruktion eines rechten Winkels in einer horizontalen Ebene, mag man sie nun mit dem Zirkel oder mit dem 12-teiligen Seil ausführen, einen komplizierteren Apparat voraussetzt, als das Zusammenlegen dreier gleichlanger Stäbe zum gleichseitigen Dreieck. Es scheint daher an sich schon

[1] Transact. of the soc. of biblic. arch. IV, p. 302 ff.

wahrscheinlich, daß zur Richtungsfestlegung zuerst der Winkel des gleichseitigen Dreiecks benutzt wurde.

Wenn aber nun das Dezimalsystem als Zahlsystem bereits bestand oder gleichzeitig ausgebildet war, so war zunächst gegeben, daß ein solcher Normalwinkel in 10 Teile geteilt wurde und die ganze Ebene also in 60 Teile zerfiel, so würde man zum Soss = 60 gekommen sein und das Zehnfache des Soss = Ner als nächste Zahleinheit naturgemäß benutzt haben. Diese Zahlbegriffe mußten sich also gebildet haben, ehe von einer wissenschaftlichen Betätigung, ehe von einer Kreiseinteilung die Rede war, und darum konnte sehr wohl die Aufstellung des Sexagesimalsystems der Kreisteilung vorangehen, ganz unabhängig von der Ausbildung der Astronomie und unabhängig von den Bedürfnissen der Geometrie. Nimmt man ferner ins Auge, daß auch der rechte Winkel ohne Kreis konstruiert wurde, daß nicht nur in Ägypten die «Seilspanner» mit dem 12 Knoten langen Seile das rechtwinkelige Dreieck 3, 4, 5 festlegten, sondern sicher auch die Inder, daß auch das sumerische Tim = Seil als Linienmaß benutzt wurde und daß demgemäß rechte Winkel in Figuren vorkommen, ehe von Kreisen die Rede ist, so darf man wohl annehmen, daß die Benutzung des Zirkels und die Betrachtung des Kreises viel jüngeren Datums ist als jene Einführung des Sexagesimalsystems durch die Zugrundlegung des Winkels vom gleichschenkligen Dreieck.

Erst nach dieser Zeit begann nun die wissenschaftliche Astronomie und Geometrie. Man rechnete bereits allgemein mit dem Sexagesimalsystem, man teilte den Tag in 60 Stunden[1], man rechnete mit 60 als Grundzahl für die Quadrate und Kuben der Zahlen, wie die berühmten Tafeln von Senkereh[2] beweisen, man hatte die Sexagesimalbrüche ausgebildet und für diese sowohl wie für die ganzen Zahlen eine einfache auf Stellung beruhende Schreibweise aus-

[1] Cantor, Gesch. I, S. 39.

[2] Lepsius, Abhandl. d. Berliner Akademie, 1877, S. 1.

gebildet. Was war natürlicher, als daß überall, wo etwas in Teile geteilt werden sollte, die 60-Teilung stattfand, so daß selbst wenn eine Kreisfläche, wie die Mondscheibe, geteilt werden sollte und man ursprünglich die Viertelteilung nach den vier Perioden des Mondumlaufes ansetzte, diese Viertel wieder in 60 Teile zerlegt wurden, so daß dann die Kreisfläche in 240 Teile zerfiel und nicht in 360.[1] Es ist interessant, daß auf der von Hincks behandelten Tontafel K 90, entsprechend unserm ersten Viertel, Vollmond, letztem Viertel, Neumond, die Vierteilung des Mondwechsels bei den Babyloniern dadurch Ausdruck gefunden hat, daß für den 1., den 8., den 15. und den 22. Tag des Monats besondere Gottheiten als Beschützer auftraten. Nun berechnet der Verfasser jener Tafel, der wievielte Teil der Mondscheibe am 1. Tage nach Neumond bis zum Vollmond beleuchtet sei. Der Vollmond hat die Zahl 4, oder besser $4 \times 60 = 240$, und für diese Zahl ist das besondere Zeichen  geschrieben, dann haben die aufeinander folgenden Tage die Beleuchtungswerte: 5, 10, 20, 40, 1.20, 1.36 usw., also ist diese Teilung der Viertel in 60 Teile hier sicher erwiesen. Sobald aber nun eine astronomische Wissenschaft ausgebildet wurde, war es natürlich, daß der Einheitswinkel nunmehr in 60 Teile zerlegt wurde, so entstand die Kreisteilung in 360^0 und die Teilung des Grades in 60 Minuten, so daß also nicht das Sexagesimalsystem aus der Kreisteilung abgeleitet ist, sondern umgekehrt die Kreisteilung das Sexagesimalsystem voraussetzt.

Eine weitere Frage würde sein, wann ist diese Teilung erfolgt? Da die Tafeln von Senkereh zurzeit wohl vor die Regierungszeit des Königs Sargon gesetzt werden, also in das 4. Jahrtausend v. Christo, da die von Hincks entzifferte Mondscheintafel sicher altsumerisch ist, mußte also die 60-Teilung vor jenen Senkerehtafeln eingeführt sein, aber die Kreisteilung ist sicher nach der Tafel K 90

[1] Hincks, Trans. of the Roy. Irish Academy, Pub. Lit. XXII, 6, 1854, p. 405 (spec. 407), cf. Literary Gazette, 5. Aug. 1854, p. 707.

eingeführt. Die Kreisteilung in 360° ist viel später erfolgt; wir werden bei Hipparch darauf zurückkommen.

Auch die Ägypter haben zweifellos die Kreisteilung von Babylon entnommen. Denn die Ägypter rechneten sonst nicht nach dem Sexagesimalsystem, sie legten auch nicht den Winkel des gleichseitigen Dreiecks zugrunde, sondern den rechten Winkel und teilten diesen später, jener babylonischen Teilung entsprechend, in 90 Grade. Diese Zahl wäre gar nicht zu verstehen, wenn die Kreisteilung in Ägypten original erfunden wäre. Nun aber sollen nach einigen die Pyramiden, wie weiter unten noch erwähnt wird, schon Zeugen für die Winkelmessung gewesen sein, und darum glaubt man nicht fehlzugehen, wenn man die Ausbildung der babylonischen Kreisteilung in 360° vor der Erbauung der Pyramiden ansetzt. Würde diese Schlußweise angenommen werden, so hätten wir den Vorteil, an die ziemlich sichere ägyptische Zeitrechnung anschließen zu können, während die babylonische durchaus unsicher ist. Denn diese ist zurzeit noch auf die Königsnamen und die Angaben über Regierungsdauer begründet, während die ägyptische Zeitrechnung nach der Sothisperiode (Sirius) eine genaue astronomische Bestimmung zuläßt. Leider ist diese ganze Schlußweise unzutreffend. Die älteste Winkelmessung der Ägypter und Griechen geht gar nicht von 360° aus, sondern gibt Bruchteile des rechten Winkels an, z. B. $\frac{1}{12}$ von einem Rechten soll von einem Rechten abgezogen werden. Erst zu einer Zeit, wo durch Alexander die Verbindung mit Babylon den griechischen Gelehrten vermittelt war, tritt die Kreisteilung in 360° auf, wie wir unten nachweisen werden (s. Hipparch).

Ich meine, diese Entstehungsgeschichte des Sexagesimalsystems ist einfacher und natürlicher als die Vermutung von Kewitsch.[1] Alle Gründe, die Kewitsch gegen

[1] Kewitsch, Zeitschr. f. Assyr., Straßburg 1904/5, XVIII, S. 93.

die Herleitung aus dem Sonnenjahr und der Herleitung aus der 360-Teilung des Kreises anführt, billigen wir durchaus und halten dieselben für ausreichend, aber daß es Kewitsch nun gelungen wäre, eine plausible Erklärung für das 60er-System zu finden, scheint mir nicht richtig. Zunächst ist die Behauptung, daß das 60er-System als die Mischung des von zwei Völkern vertretene 10er- und 6er-Systems aufzufassen sei, so lange eine unwahrscheinliche Hypothese, als es nicht gelingt, irgendwo in der Welt ein 6er-System nachzuweisen. Selbst die Rudimente $6+1=7$ und $2 \times 6 = 12$ bei den Bolanern beweisen für ein Zählen mit der Grundzahl 6 nichts, denn 8, 9 usw. wird nicht aus 6 gebildet. Vor allem aber hat Cantor[1] mit Recht darauf aufmerksam gemacht, daß die Art, wie Kewitsch das 6-Zählen ableiten will, nicht zum 6er-System sondern zum 5er-System führt. Aber auch die Behauptung von Kewitsch, daß die geometrischen Beobachtungen ein höheres Maß von Kultur voraussetzen als das Zählen, muß ich bezweifeln. Gerade auf der niedrigsten Stufe der Kultur wird das Bedürfnis, eine Richtung und einen Richtungsunterschied zu bestimmen, ebenso früh hervortreten wie das Bedürfnis zu zählen. Dann braucht die Erfindung des Kreises, des Zirkels, des regelmäßigen Sechsecks oder der Sehnen im Kreise noch gar nicht gemacht zu sein; die drei gleichlangen Stäbe geben den Winkel, welcher in 10 Teile geteilt und sechsmal aneinandergelegt eine volle Umdrehung gibt. Dann wäre also die Zahl 60 als Grundzahl durch die beiden fundamentalen Fähigkeiten der Menschen, zu zählen und Richtung zu bestimmen, von selbst gegeben. Die Geometrie sowie die Astronomie konnte viel später einsetzen, und erst als diese ausgebildet wurde, teilt man nun nach der Grundzahl des lange vorher ausgebildeten Zahlsystems mit der Grundzahl 60 den normalen Winkel, d. h. den Winkel des gleichseitigen Dreiecks, in 60^0 und den Grad in $60'$ usw.

[1] Cantor, Gesch., S. 8 und 32.

Dem entspricht dann die Einteilung des Tages in 60 Stunden, die durch die Uhr von Schlagintweit aus Indien ja außer Zweifel gesetzt ist.[1]

Mir scheint diese meine Ansicht auch noch durch die Fig. 4 der von Sayce mitgeteilten Beschwörungs- oder Wahrsagerfiguren gestützt zu werden. Die Figur sieht nach der Sayceschen Darstellung[2] so aus (Fig. 1), daß man denken darf an ein mit Griff versehenes Dreieckbrett, das kleine Dreieck innerhalb des großen hat genau den Winkel 60°, das große ist freilich in den beiden gezeichneten Winkeln etwas zu spitz geraten, zirka 58°. Es ist dabei nun wohl zu beachten, daß in dieser alten Urkunde kein Kreis vorkommt und von Kreisteilung, die in späterer Zeit gerade in der Wahrsagekunst oft Verwendung fand, gar nicht geredet wird. Man kann dann freilich sagen: das 60er-System ist aus einer Vermischung des 10er-und 6er-Systems entstanden, doch nicht durch Zusammenschweißen zweier fertigen Zahlsysteme, sondern durch die Verbindung des Zählens bis 10 mit der Richtungsfestsetzung $^1/_6$ Umdrehung. Alle die verschiedenen Zahlworte, Bruchteilungen, Vervielfältigungen mit 10 ergeben immer neue Stützen für diese Entstehung.

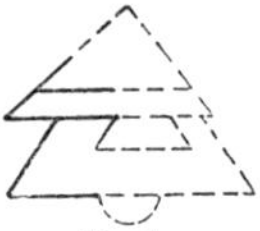
Fig. 1.

Würde das 60er-System auf andere Weise, als wie ich voraussetze, entstanden sein, so müßte erklärt werden können, wie 600 als besondere Zahleinheit in das System gekommen ist. Daß Kewitsch diese Begründung gelungen sei, darf man wohl mit Recht bezweifeln. Dagegen ergibt sich für uns die Zahl Ner = 600 ganz naturgemäß. Ebenso ergibt sich naturgemäß aus meiner Herleitung, daß $^1/_6$ eine besondere Bedeutung hatte, sussu, und erst aus dem Dual sussan = $^2/_6$ die selbständige Bezeichnung für $^1/_3$ gewonnen wurde. Aus dem sussu des Tages wird durch

[1] Akad. der Wissensch., München, Sitzungsberichte, 1871, S. 128.

[2] Transact. of the soc. of biblic. arch. IV, S. 305.

60-Teilung die Unterteilung imdu = 4 Zeitminuten, die Zahl 360 entsteht dann erst aus dieser Teilung 6 × 60 imdu. Sie ist also nicht der Ursprung des Systems, sondern erst die Folge, sie hat darum auch keinen besonderen Namen. Die Vermutung Zimmerns, daß sar ursprünglich 360 bedeutet habe, ist wirklich nur eine Hypothese zugunsten der unmöglichen Hypothese, daß das 60er-System aus 360 abgeleitet sei.[1] Es bedeutet sar überall $60^2 = 3600$, und darum heißt es «Abschluß», weil die Babylonier mit dieser Einheit ihr System abschlossen. Andererseits ergibt sich aus dem Bedürfnis, das Sechstel zu teilen, seine Hälfte = kasbu = $^1/_{12}$. Alles dies konnte ausgebildet sein, ehe eine wissenschaftliche Geometrie und eine Astronomie ausgebildet war. Sobald aber nun diese beiden Wissenschaften sich des Zahlsystems bedienten bei ihrer weiteren Ausbildung, so mußte der Fortgang entweder in dem einen 60er-System erfolgen, oder konnte die Bruchteilung in Sechstel und Zwölftel benützen. Daraus erklärt sich die Zwölfteilung des Tages und der Nacht, die 36 Teile der Windrose, die Zwölfteilung der Ekliptik. Für letztere ist wohl noch besonders maßgebend die Beobachtung, daß der Mond in einem Jahre etwa zwölfmal seinen Umlauf vollendet, aber keinenfalls kann diese Mondbeobachtung der Ausgangspunkt gewesen sein für die Teilung des Kreises in 360 Grade.

Es wird nun in neuester Zeit wieder versucht, die alte Theorie zu begründen, daß die Babylonier die Zahl 60 zur Grundzahl gewählt hätten, weil sie 2, 3, 4, 5, 6 als Faktoren enthalte. Eugen Löffler[2] beruft sich zur Stütze dieser Meinung auf die Multiplikations- und Divisionstabellen, welche Hilprecht in Nippur gefunden hat und die sich alle auf solche Zahlen beziehen, die als Produkte der Primfaktoren von 60 dargestellt werden können. Es ist nun nicht zu bezweifeln, daß diese zu einem Rechenbuch gehörenden Tabellen nach diesem Gesichtspunkte gearbeitet

---

[1] Bericht d. kgl. sächs. Gesellsch. d. W., 1901, S. 50.

[2] Archiv d. Mathem. u. Physik III, 17, 1910, S. 141.

sind. Löffler bemängelt freilich das Wort «Schulrechenbuch», welches ich hierfür gebraucht habe[1], aber da Hilprecht selbst nachweist[2], daß diese Tafeln für den Unterricht bestimmt waren, so weiß ich nicht, was an dem Ausdruck falsch sein soll. Dies Rechenbuch stammt etwa aus dem Jahre 2500 frühestens. Das Sexagesimalsystem aber ist sehr viel älter. Freilich ist in der altbabylonischen Zeit das Dezimalsystem mindestens neben dem Sexagesimalsystem gleichwertig benutzt.[3] Und der ursprünglichen Schreibweise entspricht nur das Dezimalsystem. Nun kann darüber doch kein Zweifel sein, daß wenn einmal das Sexagesimalsystem angenommen war, dem Rechner auffallen mußte, daß diese Zahl so viele Teiler habe, und darum konnte man sehr wohl zu einem solchen Multiplikationssystem nach den Primfaktoren von 60 kommen. Wenn man aber den umgekehrten Weg gehen will, wie Löffler es tut, so muß man voraussetzen, daß die Erfinder bereits sehr weitgehende arithmetische Kenntnisse besassen, daß sie die Zahlen schon in ihre Primfaktoren zerlegten und daß sie durch die Erkenntnis des Nutzens dieser Zerlegung zu dem 60er-System gekommen seien. Dann müßte das System sehr jungen Datums sein. Wir finden es aber in ältester Zeit bereits, wo uns von solchen arithmetischen Kenntnissen noch gar nichts bekannt ist. Um 2500 vor Christo, wo die Babylonier bereits mit geometrischen Reihen rechneten, ist es nicht auffallend, daß sie die Primfaktoren von 60 benutzen, aber zu einer Zeit, wo die Arithmetik noch gar nicht ausgebildet war, kann man dergleichen Faktorenzerlegungen kaum annehmen. Nun ist aber nachweislich, wie die zahlreichen astronomischen Tafeln beweisen, das Sexagesimalsystem in ältester Zeit stets in ganz konkreter Verbindung gebraucht, nämlich bei der Tageseinteilung. Nach Epping ist die

---

[1] Ich nannte es Rechenbuch. Archiv d. Mathem. u. Physik III, 15, S. 309.

[2] Cf. Simon, Gesch., S. 115.

[3] Kugler, Sternkunde u. Sterndienst in Babel II, 1909, S. 44.

älteste Tageseinteilung die in 6 Stunden, diese machte bei weiteren Fortschritten in der Sternbeobachtung der Einteilung in 60 Stunden Platz, und das ist bis auf die Zeit der Seleukiden die normale Einteilung. Woher diese also kam, ist durchaus nicht zweifelhaft. Die Ebene des Gnomon teilte man nach dem Winkel des gleichseitigen Dreiecks in 6 Winkel, wo die Stunden durch den Richtungsunterschied des Schattens gemessen wurden, nicht durch Bogen auf einem Kreise, denn der Schatten beschreibt keinen Kreis. Als diese Einheit dem Bedürfnis nicht mehr entsprach, teilte man die Einheit in 10 Teile, entsprechend dem Zahlsystem, und kam so zu 60 Teilen. Von hier aus übertrug sich die 6- und die 60-Teilung auch auf die Längenmaße, zunächst die 6 Teilung, welche durch Halbierung auf die 12 Teile führte und als Kasbu für die ganze babylonische Kultur bis zum Ende derselben eine wichtige Rolle spielt. Darum zeigen auch die astronomischen Tafeln bis zu Hipparchs Zeiten diesen auffallenden Unterschied. Wo es sich um Zeit handelt, teilt man den Tag in 6 · 60 Einheiten = Us, also 4 Minuten, wo es sich um Distanzen handelt, teilt man in Kasbu = 12 · 12 Amatu, und ein Amatu wird in 24 Ubanu zerlegt. Erst um 150 vor Christo vollzieht sich die Übertragung der Zeitteilung auf die Kreisteilung (s. Hipparch). Das alles steht nach den Tafeln fest; mir ist unverständlich, wie man gegen solche Tatsachen mit der Phrase: «die Babylonier waren keine Geometer, folglich konnten sie keinen Winkel messen», zu Felde ziehen will und dann reine Spekulation an die Stelle der Tatsachen setzt. Die ganze Kultur der ältesten Babylonier ist astronomisch oder besser nach Sternbeobachtungen orientiert. Wie kann man solche Beobachtungen ohne Winkelmessung anstellen? Kultus, Feste, Organisation des Staates usw. waren von den Himmelsbeobachtungen und den Positionen der Himmelskörper, so weit wir zurückgehen können, beeinflußt, und dann sollen die Babylonier keine Winkel haben messen können! Im übrigen verweise ich auf meinen oben zitierten Vortrag auf der Naturforscherversammlung von 1909. Es ist selbstverständlich, daß ein Volk oder eine Priesterkaste, die solche Winkelmessung zu leisten imstande war, auch dort, wo die Winkelmessung besondere Bedeutung hat, d. h. in der Astronomie, grundlegend tätig sein mußte. In der Tat werden wir weiter unten sehen, daß die Babylonier die Väter der Astronomie genannt werden müssen. Jetzt interessiert uns das von den Babyloniern auf dem Gebiet der reinen Mathematik Geleistete, sofern es den Griechen vorbildlich war.

Wir zählen zunächst die arithmetischen Resultate auf. Es ist beachtenswert, daß selbst bei Tafeln, die mit Sicherheit in die Zeit von 2400 vor Christo gesetzt werden, die Ausbildung des Sexagesimalsystems mit dem *Gesetz der Größenfolge* ausgebildet ist. Freilich soll nach Bezold[1] die Zahl 61 nicht 𒁹𒁹 geschrieben sein, weil dies Zeichen auch 2 heißen muß, sondern man schrieb 1 soss 1; aber man schrieb 𒁹𒌋 = 70; 𒁹𒌋𒁹 = 71 usw. Und für höhere Zahlen setzte man bei 60^2 wieder die gewöhnlichen Keile für die Zahlen, indem man zwischen den Einern und 60^1 und 60^2 je einen Zwischenraum ließ, so würde 𒁹𒁹 𒐊𒌋 𒁹𒁹𒁹 zu lesen sein $2 \cdot 60^2 + 5 \cdot 60 + 10 + 3 = 7513$. Diese Schreibweise ist gesichert durch die Tafeln von Senkereh und Kujundschik. Die ersteren sind Rechentabellen, sie geben die Quadrate und Kuben der ersten 60 Zahlen. Cantor empfiehlt, diese Tafeln als Quadratwurzel- und Kubikwurzeltabellen zu betrachten.[2] Dann würden sie durch Interpolation auch zur Wurzelausziehung zu benutzen gewesen sein. In Verbindung mit den zahlreichen Multiplikationstabellen, von denen Hilprecht berichtet[3], und den Verwandlungstabellen verschiedener

[1] Kewitsch, Zeitschr. f. Assyr. XVIII, 1905, S. 93; cf. Bezold, Ninive und Babylon, S. 96 usw.

[2] Cantor, Gesch. I, S. 28 ff.

[3] Hilprecht, Die Ausgrabungen der Universität von Pennsylvanien, 1903, S. 59 und The Babyl. Exped. of the Univ. of Pennsyl. I. A, XX, P. 1, 1906.

Maßstäbe geben uns diese Tafeln nun einen Begriff von dem Wert, welchen die Sumerier dem Rechnen beilegten. Dazu kommt, daß, wenigstens mit Sicherheit in späterer Zeit, dies Rechnen mit Sexagesimalbrüchen den Babyloniern ganz geläufig ist und ebenfalls mit Stellungswert geschrieben wird. Hier zeigt sich besonders eine Überlegenheit gegenüber dem Bruchrechnen der alten Ägypter. In dem Rechenbuch des Ahmes wird auch viel mit Brüchen gerechnet, aber wesentlich kommen nur Stammbrüche vor, dadurch wird sowohl die Schreibweise wie vor allem die Schnelligkeit des Rechnens sehr beeinträchtigt. Diese Überlegenheit ist so groß, daß Josephus[1] ausdrücklich behauptet, daß die Chaldäer die Rechenkunst erfunden hätten.

Von einem wirklichen Rechnen mit Positionswert ist jedoch nicht zu reden. Abgesehen davon, daß die Aneinanderfügung der Keile für die ersten 9 Einheiten etwas Erschwerendes hat für das einfache Positionsrechnen, so fehlt es in der Keilschrift an einem Zeichen für die Null. Freilich kommen auf jüngeren Tafeln Schriftzeichen dafür vor, das auch sonst gebräuchliche Trennungszeichen ⪡ wird bisweilen gesetzt, wenn von der nächsthöheren Einheit keine Zahl vorhanden ist, aber es wird nicht immer gesetzt, sondern oft stehen die Zahlen der vorhergehenden und folgenden Einheit nur durch einen Zwischenraum getrennt, vor allem aber war das Fehlen der untersten Einheit nicht durch dies Zeichen angedeutet. Jenes Trennungszeichen bedeutet also nicht mehr als das bei Ptolemaios in der Sehnentafel eingeführte o als Abkürzung von οὐδέν[2], oder das für «nichts» gebrauchte Hieroglyphenzeichen auf der Inschrift des Tempels zu Edfu. Das Fehlen der Null ist beim Positionsrechnen nun nicht auffallend, wenn das Rechnen auf einem Abakus stattfindet, d. h. mit Hilfe des Rechenbretts. Da wird die fragliche Kolumne einfach leer gelassen. Die Null ist

[1] Josephus, Antiquit. I, c. 8, 2.

[2] Ptolemaios, Μεγάλη σύνταξις I, c. 10. Ed. Heiberg, p. 48.

für das Positionsrechnen notwendig, wenn ohne Rechenbrett gerechnet wird, darum ist es nicht auffallend, daß die Null eine Erfindung der Inder ist, welche ohne Abakusrechnung arbeiteten. Doch ist diese Erfindung erst im 4. Jahrhundert nach Christo konstatiert.[1] Sie spielt also für die Mathematik der Griechen gar keine Rolle.

Aus gewissen Zahlenfolgen einzelner Tafeln kann man ferner den Schluß ziehen, daß die Babylonier auch bereits die arithmetischen und geometrischen Reihen gekannt haben, aber von einer Summation derselben ist bislang noch nichts bekannt geworden.

In bezug auf Geometrie sind wir erst recht im unklaren über die Kenntnis der Babylonier. Es ist aber selbstverständlich, daß ein Volk, welches die Astronomie so wesentlich ausbildete, in Geometrie nicht einfach unerfahren sein konnte. Daß bei Zugrundelegung des Winkels vom gleichseitigen Dreieck natürlich auch die Sechsteilung des Kreises vorgenommen wurde, versteht sich ja von selbst. Wir finden demnach auch die 6 Radspeichen bei den Darstellungen der Königswagen.[2] Ob daraus der Schluß gezogen werden darf, daß sie, wie es die Hebräer taten, den Kreisumfang = 6. Radius setzten, scheint mir nicht richtig; aber wie sie π berechneten, wissen wir nicht. Daß der rechte Winkel ihnen bekannt war, daß sie denselben auch durch Dreiecke mit den Seiten 3, 4, 5 konstruierten, ist ebenfalls nachzuweisen oder doch sehr wahrscheinlich. Daß sie Parallelen, Dreiecke und Vierecke konstruiert haben, ist unbezweifelt, aber wie weit sie in der Ausbildung der Lehrsätze gekommen sind, ist uns gänzlich unbekannt. Hier hat die Archäologie noch ein sehr weites Feld der Betätigung, denn Tausende von Tafeln sind unbearbeitet, und nur aus den astronomischen, die wir kennen, darf man einen Rückschluß auf die geometrischen Leistungen machen. Die bedeutende Einwirkung der Babylonier auf die griechische Mathematik,

[1] Cantor, Gesch. I, S. 609.

[2] Bezold, l. c. S. 22, 58, 66, 528.

welche mit den Leistungen in der Astronomie zusammenhängt, wollen wir bei Hipparch im Zusammenhang besprechen, weil wir erst für jene Zeit mit Sicherheit über die Tragweite der babylonischen Leistungen urteilen können. Hier sei nur darauf hingewiesen, daß schon zur Zeit des Königs Sargon (3700 vor Christo) für die Babylonier eine Art Mondverfinsterungskalender möglich war[1], daß bei den aus späterer Zeit bekannten Mondumlaufstabellen nicht nur mit arithmetischen Reihen erster Ordnung, sondern auch höherer Ordnung gerechnet wurde[2], daß der erste griechische Mathematiker gerade durch die Vorausberechnung einer Finsternis am meisten berühmt war. Danach wird man geneigt sein anzunehmen, daß schon in den Anfängen der griechischen Wissenschaft eine erhebliche Beeinflussung der Griechen durch die babylonische Wissenschaft stattgefunden habe. Vielleicht ist das indirekt geschehen durch die Ägypter; wir können die Entscheidung nicht treffen, aber daß Ägypten durch Babylon zum mindesten in astronomischer Richtung beeinflußt wurde, ist nachweisbar. Wir wenden uns daher zu den Leistungen der Bewohner des Niltales.

Die Ägypter.

Wenn wir von einer Beeinflussung redeten, so muß man sich davor hüten, jede Übereinstimmung ohne weiteres als eine Beeinflussung aufzufassen. Es gibt viele Dinge, welche durch die Unmittelbarkeit, mit der sie auf die sinnliche Wahrnehmung einwirken, überall dem Menschen Anlaß zur Erfindung und Benutzung geben. Wenn man also sieht, daß die Pyramidenseiten stets genau nach den Himmelsrichtungen orientiert sind, so ist nicht nötig, daß diese Übereinstimmung mit ähnlichen

[1] Sayce, Transact. of the soc. of bibl. arch. III, 1, 1874.
[2] Kugler, Die babylonische Mondrechnung, Freiburg 1900, S. 15.

Bauten der Babylonier durch eine gegenseitige Beeinflussung entstanden sei. Man müßte dann schon annehmen, daß auch jene alten Pfahlbauten im Zürichersee, welche den Himmelsrichtungen angepaßt sind, durch eine Unterweisung durch die Babylonier entstanden seien. Das wird natürlich kein Mensch annehmen wollen. Es ist ja auch selbstverständlich, daß die Festlegung der Himmelsrichtung überall primitiv gelernt werden konnte. Anders liegt aber die Sache, wenn solche Einrichtungen gemeinsam auftreten, die einem der Völker naturgemäß, dem anderen aber nur künstlich zugeführt werden konnten. Das ist der Fall bei der Winkelteilung der Babylonier und Ägypter. Ich habe gezeigt, wie der babylonische «Normalwinkel» die Ursache der Sexagesimalteilung geworden ist, und wie die Babylonier nun konsequent aus dieser Überlegung das Sexagesimalsystem ableiteten und neben dem dezimalen einführten. Für Babylon war also die Teilung des Kreises in 6 Teile, die Teilung des Winkels in 60 Grad, die Teilung des Grades in 60 Minuten usw. durchaus natürlich; für Ägypten war es eine Ungeheuerlichkeit! Wir finden dementsprechend auf älteren Bildern und Inschriften nirgends eine Sechsteilung des Kreises, sondern eine Viertelung oder Achtelung. Erst wo asiatische Tribute dargestellt werden, zur Zeit Ramses' II. und in der XVIII. Dynastie finden wir sechsteilige Kreise; z. B. Wagen mit sechs Speichen usw.; von da an, also von etwa 2000 vor Christo an, kommen diese babylonischen Figuren häufig vor[1]. Daraus erklärt sich dann, daß die 60 Teile des Normalwinkels stehen bleiben und nun der rechte Winkel 90^0 erhält. Von daher nahmen dann die Griechen die Winkeleinteilung, und so kann man sagen, sie erhielten indirekt diese Teilung aus Babylon.

Der Grund aber dafür, daß die Ägypter nun nicht auch das Sexagesimalsystem annahmen, ist nicht schwer zu entdecken. Als die geometrische Anregung von Babylon

[1] Steindorff, Die Blütezeit der Pharaonen, S. 44.

oder den mit Babylon verbundenen Völkern Vorderasiens auf Ägypten ausgeübt wurde, hatte man hier bereits eine große Arbeit in der Mathematik geleistet, speziell auch in der Geometrie, darum nahm man wohl das Neue auf, aber änderte dem zu Gefallen nicht mehr das dezimale Maßsystem, und so entstand die unangenehme Teilung des rechten Winkels in 90 Grade.

Ich sage, in Ägypten war man bereits selbständig vorangeschritten! Um dies auf geometrischem Gebiet zu zeigen, ist zunächst nötig, daß wir über die arithmetischen Leistungen uns kurz orientieren; denn die Geometrie der Ägypter ist wesentlich messend und rechnend. Über die Leistungen der Ägypter in der Rechenkunst zur Zeit ca. 2000 vor Christo sind wir durch den Papyrus Rhind sehr genau unterrichtet, mag man diesen nun als ein Schülerheft, wie Simon will[1], oder als ein Lehrbuch, wie Cantor[2] annimmt, halten. Es ist nicht nötig, auf den Streit um den Charakter dieses Buches näher einzugehen. Die tatsächlich darin enthaltenen Rechenfehler beweisen noch nicht, daß es ein Übungsheft war, welches in Rotschrift korrigiert war, denn auch, wo solche Korrekturen nicht vorliegen, ist die rote Farbe gebraucht. Und die fast nur den landbaulichen Verhältnissen entnommenen Aufgaben können immerhin ebensogut in einem Lehrbuch für eine Landwirtschaftsschule wie in einem Übungsheft für einen Bauernjungen vorkommen. Da wir keine Lehrbücher aus jener Zeit haben, an denen wir die Bedeutung dieses Heftes messen könnten, so halte ich die Frage für eine durchaus offene. Jedenfalls hat man damals in Ägypten so gerechnet, wie es in dieser Urkunde vorliegt. Da wir eine ganz vorzügliche Übersetzung dieses «mathematischen Handbuches» durch Eisenlohr besitzen[3],

---

[1] Simon, III. Mathematiker-Kongreß, 1904, S. 526.

[2] Cantor, Gesch. 1, S. 58 ff.

[3] Eisenlohr, Ein mathem. Handbuch der alten Ägypter, Leipzig 1875. Der erste Band bringt den Kommentar, der zweite die Tafeln. Im folgenden zitieren wir die Seiten des Kommentars.

ist es nicht nötig, in einer Geschichte ausführlich auf die Analyse dieses Buches einzugehen. Wir heben nur das heraus, was für die Beurteilung der griechischen Leistungen von Wert zu sein scheint. Zunächst ist äußerlich wichtig, daß bereits die Einteilung Arithmetik, Stereometrie und Geometrie dabei durchgeführt ist. Es muß also zur Zeit der Anfertigung dieses Buches (zwischen 2000 und 1700 vor Christo) bereits eine ziemlich fortgeschrittene mathematische Ausbildung stattgefunden haben. Da dies Handbuch sich an Landleute wendet (l. c. S. 3), gibt es einen guten Einblick in die allgemeine Volksbildung der Ägypter aus jener Zeit, und da jenen drei sachlich umgrenzten Teilen ein vierter mit «vermischten» Aufgaben oder Tabellen folgt, haben wir darin ein kulturgeschichtliches Dokument von großer Bedeutung, die noch dadurch erhöht wird, daß 1889 und 1890 zwei Papyrus in Kahun gefunden wurden, die noch um einige Jahrhunderte älter sind, da sie aus der Zeit der XII. Dynastie stammen, während der Papyrus Rhind aus der XVII. oder XVIII. Dynastie stammt, und doch in dem rechnerischen Teile mit den Vorschriften des Ahmesschen Rechenbuches übereinstimmen.

Auf den ersten 8 Tafeln enthält dies Rechenbuch (l. c. S. 36—45) die Zerlegung aller Brüche von der Form $\frac{2}{2n+1}$ von $\frac{2}{3}$ bis $\frac{2}{99}$ in Stammbrüche. Cantor vermutet, daß diese Tabelle allmählich entstanden sei und ohne einheitliches Bildungsgesetz mehr die nacheinander gefundenen Resultate zusammenfassend wiedergebe. Trotzdem gibt Cantor für eine Reihe von Zerlegungen zwei Bildungsgesetze an. Zunächst wird uns jedoch die Frage interessieren, warum wollte man diese Stammbruchzerlegung machen? Mit einziger Ausnahme von $^2/_3$, wofür ein einheitliches Zeichen geschrieben wird, sind alle Brüche mit dem Zähler 1 geschrieben, und dafür hatte man eine bequeme Schreibweise, indem man dem Nenner nur einen Punkt oben darüber zusetzte, um den Bruch zu bezeichnen. Sollte nun wirklich dieser bequemen Schreibweise zuliebe die Zerlegung in Stammbrüche erfolgt sein? Ich glaube es nicht; ein Volk, welches die Schrift so vorzüglich zu benutzen verstand, war sicher auch imstande, eine bequeme Schreibweise für Brüche zu erfinden. Mir scheint, die Zerlegung in Stammbrüche hat einen inneren Grund, und der scheint mir darin zu liegen, daß man tatsächlich nicht imstande ist, z. B. 2 Ganze in 7 gleiche Teile ohne weiteres zu zerlegen, sondern die Einheit in 7 Teile teilt und von diesen 2 zusammenlegt, um $^2/_7$ zu erhalten. Es würde dann die Schreibweise eine Folge dieser logischen Zerlegung der Operation sein und nicht umgekehrt.

Cantor[1] hat für diese Zerlegung in Stammbrüche zwei Gesetze nachzuweisen gesucht, für die Primzahlen findet er in 5 unter den 24 Primzahlen die Zerlegung nach der Formel $\frac{2}{p} = \frac{1}{\frac{p+1}{2}} + \frac{1}{\frac{p+1}{2} \cdot p}$ bestätigt, und für die zusammengesetzten Nenner findet er in zwei Fällen die Formel $\frac{2}{p \cdot q} = \frac{1}{q \cdot \frac{p+q}{2}} + \frac{1}{p \cdot \frac{p+q}{2}}$ bestätigt. Für die große Mehrzahl der zusammengesetzten Zahlen ist die Zerlegung jedoch offenbar nach folgender Formel gemacht:

$$\frac{2}{p \cdot q} = \frac{p+1}{\frac{p+1}{2} \cdot p \cdot q} = \frac{1}{\frac{p+1}{2} \cdot q} + \frac{1}{\frac{p+1}{2} \cdot p \cdot q}.$$

Diese Formel stimmt bei den Zerlegungen für die Nenner: 9, 15, 21, 25, 27, 33, 39, 49, 51, 57, 63, 65, 69, 72, 81, 85, 87, 93, 99. Diese gleiche Zerlegungsformel stimmt auch für die Primzahlen 3, 5, 7, 11, 23, d. h. bei allen Primzahlen, die in zwei Stammbrüche zerlegt sind, alle anderen Primzahlnenner sind in drei und mehr Stammbrüche zerlegt. Die Formel versagt überhaupt nur bei den Nennern 35, 45, 55, 75 und 91. Bei diesen handelt es

[1] Cantor, Gesch. I, S. 66.

sich um solche Zerlegung, daß ein Vielfaches von 10 in den Nenner kommt, darum ist dort eine andere Zerlegung beliebt. Obwohl aber diese Formel ausgezeichnet paßt, glaube ich doch nicht, daß nach derselben gerechnet ist, denn mit dieser Formel wäre es ein leichtes gewesen, alle Brüche in 2 Stammbrüche mit verhältnismäßig einfachen Nennern zu zerlegen. Wir finden aber in 13 Fällen 3 Stammbrüche und in 7 Fällen gar 4 Stammbrüche angegeben. Man kann auch nicht sagen, daß diese Zerlegung in 3 und 4 Stammbrüche dann beliebt sei, wenn die Nenner sehr groß geworden seien; denn Ahmes scheut sich nicht, einen Stammbruch $\frac{1}{890}$ zu schreiben. Wir werden vielmehr hier ein Näherungsverfahren experimenteller Art vor uns haben. Dies scheint mir mit Evidenz aus den beigefügten Faktoren hervorzugehen. Man nahm zunächst statt $\frac{2}{n} = \frac{1}{n}\left(\frac{\alpha+1}{\alpha} + \frac{\alpha-1}{\alpha}\right)$ und wählte das α so, daß $\alpha + 1$ ein Faktor von n war, z. B.:

$$\frac{2}{35} = \frac{1}{35}\left(\frac{7}{6} + \frac{5}{6}\right) = \frac{1}{30} + \frac{1}{42};$$

oder eine Zahl, die auch nach obiger Formel behandelt werden kann; $\frac{2}{33} = \frac{1}{33}\left(\frac{3}{2} + \frac{1}{2}\right) = \frac{1}{22} + \frac{1}{66}$, wobei natürlich nicht $\frac{7}{6}$ geschrieben wird, sondern $1\frac{1}{6}$. Es kam mir nur darauf an, die Zerlegung, welche der Ägypter dachte, zu charakterisieren. Wo diese Zerlegung mit der Reduktion des gemeinsamen Faktors nicht möglich war, nahm er zunächst einen Näherungswert, indem $\frac{2}{3}$, oder $\frac{3}{5}$ oder $\frac{6}{7}$ des Bruches genommen wurde, respektive eines benachbarten Bruches, der dann durch den erhaltenen Nenner des neuen Stammbruches ergänzt wurde, dadurch wurde es nötig, mehr als 2 Summanden herzustellen. Wenn z. B. 2 durch 73 geteilt werden soll, wird statt

73 der Nenner 60 genommen $=\frac{1}{70}\cdot\frac{7}{6}$, und die $\frac{3}{60}=\frac{1}{20}$ werden zu $\frac{7}{6}$ addiert: also zunächst $\frac{1}{73}\left(\frac{7}{6}+\frac{1}{20}\right)$ gebildet, der nun verbleibende Rest wird in $\frac{1}{3}+\frac{1}{4}+\frac{1}{5}$ des Bruches $\frac{1}{73}$ zerlegt und man hat demnach

$$\frac{2}{73}=\frac{1}{60}+\frac{1}{219}+\frac{1}{292}+\frac{1}{365}.$$

Dies Ergänzungsverfahren ist im 3. Abschnitt, der Seqemrechnung, des weiteren ausgeführt, bei der es sich nur um eine Ergänzung von Brüchen zu einer Zahl handelt, die meist darin besteht, daß man $\frac{7}{4}$ der ursprünglichen Zahl herstellen soll, oder auch, daß man durch Aufsuchen des Generalnenners eine Reihe von Brüchen zu einer ganzen Zahl ergänzen soll. Auch hier, besonders aber in den Aufgaben aus der Gesellschaftsrechnung, tritt das gleiche Verfahren ein, wie wir es bei der Zerlegung in Stammbrüche darstellten. Es wird bisweilen ein Näherungswert durch einen an die Methode des falschen Ansatzes erinnernden Näherungsnenner versucht, wobei dann der Fehler entsprechend ergänzt wird, wie ich das bei $\frac{2}{73}$ auseinandersetzte. Diese Näherungsmethode scheint mir in der Tat die Schwierigkeiten zu heben, welche Cantor in den verschiedenen Aufgaben findet und die zu der Diskussion mit L. Rodet die Veranlassung gab.[1]

Nach der gleichen Näherungsmethode wird auch in den im 4. Abschnitt auf den Tafeln 11—13 vereinigten Aufgaben der «Haurechnung» gearbeitet. Hā bedeutet Haufen, d. h. eine unbekannte Menge, und wird daher für «das Unbekannte» gebraucht. Die Aufgaben dieser

[1] Rodet, Les prétendues problèmes d'algeb. d. man. d. calcul. Égyptien, Paris 1882.

Art werden mit Hilfe dieses Wortes dann so geschrieben, wie es die Aufgabe 24 z. B. lehrt: Haufen sein Siebentel sein Ganzes, es macht 19, oder nach unserer Schreibweise $\frac{x}{7} + x = 19$. Die Rechnung wird so gemacht, daß man versucht, womit muß 8 multipliziert werden, um 19 zu bekommen, man erhält $2 + \frac{1}{4} + \frac{1}{8}$ als Quotienten, das wird mit 7 multipiziert, dann ist Hā also

$$7 \cdot \left(2 + \frac{1}{4} + \frac{1}{8}\right) = 16 + \frac{1}{2} + \frac{1}{8}.$$

Bei diesen Gleichungen ersten Grades kommen auch zum ersten Male Zeichen für + und — vor, es sind die in der Richtung des Lesens gestellten Beine: Λ für Addition und die entgegengesetzten Λ für Subtraktion, nur sind sie im hieratischen Text entgegengesetzt geschrieben, denn dort wird von rechts nach links gelesen. Auch kommt ein Gleichheitszeichen vor, während für Multipizieren und Dividieren die Worte geschrieben werden. Freilich ist, sobald Zahlzeichen, welche sowohl in der Hieroglyphenschrift wie in der hieratischen Schrift ausgebidet waren, gebraucht wurden, nach dem Gesetz der Größenfolge verfahren, allein man rechnete nicht nach Anleitung des Dezimalsystems in der vollkommenen Weise, wie wir es mit den arabischen Ziffern gewohnt sind, indem wir nach den dekadischen Einheiten gruppieren. Wenn der Ägypter mit 15 multiplizieren will, nimmt er nicht das 10fache + dem 5fachen, sondern er verdoppelt die Zahl, das Resultat verdoppelt er wieder und stellt durch fortgesetzte Verdoppelung eine Reihe von Produkten auf, aus deren Addition dann das gesuchte Vielfache sich ergibt, also das 15fache erhält er aus dem 1fachen + 2fachen + 4fachen + 8fachen. Das gleiche Verfahren ist dann auch beim Bruchrechnen angewandt. Man halbiert, halbiert wieder, und so fort, bis man aus der Summe dieser Halbierungen den gewünschten Bruch erhält. Übrigens findet sich solche Rechenmethode auch bei den Rechenlehrern des Abendlandes bis ins 16. Jahrhundert hinein.

Von größtem Interesse sind die Tunnu-Aufgaben, d. h. Aufgaben der arithmetischen Reihen, da Tunnu Unterschied heißt. Es werden die Glieder der Reihe gebildet und die Summation ausgeführt auf Tafel 14 und einigen Aufgaben von Tafel 19—23. Besondere Beachtung verdient aber die Tafel XX. Auf ihr ist ein Beispiel der geometrischen Reihe gegeben, und Rodet gelang es, den Sinn der aphoristischen Angaben festzustellen.

Die Aufgabe heißt: 7 Menschen besitzen je 7 Katzen, welche je 7 Mäuse fangen, die je 7 Gerstenähren fraßen, aus welchen je 7 Maß entstehen. Die Summe ist 19607. Diese Summe findet Ahmes, indem er 2801 mit 7 multipliziert. Das letzte Glied der Reihe gibt er mit 16807 an, wenn er nun $\frac{16807-1}{8}$ teilt, hat er 2801, d. h. Ahmes hat gewußt, daß die Summe der geometrischen Reihe $s = a \cdot \frac{t-1}{a-1}$ ist, wenn das erste Glied und der Faktor gleich sind. Oder wenn er diese allgemeine Behandlung der geometrischen Reihe nicht kannte, so wußte er jedenfalls die Summe von Potenzen zu bilden. Danach kann es nicht mehr überraschen, daß er auch Verhältnisteilungen ausführt und Reduktionstabellen verschiedener Maße ausrechnete.

Und nicht nur in der Arithmetik müssen wir die Leistungen der Ägypter um 1700 oder 2000 vor Christo bewundern, auch in der Geometrie haben sie Erhebliches geleistet. Freilich ist das Gebotene in dem Papyrus Rhind durchaus nicht systematisch. Es handelt sich aber auch nicht um ein geometrisches Lehrbuch, sondern eine Sammlung von Musteraufgaben, da werden also die systematischen Anleitungen, die Beweise, als bekannt vorausgesetzt. Zunächst tritt eine Gruppe von Aufgaben vor uns, welche dem Bedürfnis des ackerbauenden Volkes entsprechen, nämlich den Inhalt der runden Kornspeicher zu bestimmen; hier ist eine allgemeine Vorschrift der Quadratur des Kreises gegeben.[1] Von dem Durchmesser ist $\frac{1}{9}$ zu subtrahieren, also die Seite des gesuchten Quadrats $= \frac{16}{9}$ des Radius zu setzen, so daß $r^2\pi = \left(\frac{16}{9} r\right)^2$ ist, d. h. $\pi = \left(\frac{16}{9}\right)^2 = 3{,}1605$. Es ist wohl sehr wahrscheinlich, daß die Ägypter zu diesem Wert durch Ausprobieren gekommen sind, allein wenn sie diesen Wert auch nur experimentell bestimmt hatten, so hängt er mit ihrer Flächenmessung doch auch anderweit zusammen. Es ist auffallend, daß sie als Flächenmaß nicht das Quadrat über der Längeneinheit, sondern das Zehnfache dieses Quadrats anzuwenden pflegten. Dann aber ist die Seite eines solchen Quadrats $= \sqrt{10} = 3{,}162$. Man wird nun geneigt sein, den Zusammenhang dieser Quadratseite mit dem Kreis zu leugnen und die Fähigkeit, Quadratwurzeln auszuziehen, den Ägyptern abstreiten. Allein die Bekanntschaft mit den Wurzeln ist anderweit nachzuweisen, unabhängig von Papyrus Rhind.[2] Es scheint mir daher der Zusammenhang so zu liegen, daß man 3,16 für π zunächst experimentell bestimmte, dann aber als Flächenmaß das Quadrat dieser Zahl π festsetzte und so auf $3{,}16^2 = 10$ als Maßeinheit verfiel. Jedenfalls hat man sich mit Kreisberechnungen nicht nur im Interesse der Fruchtspeicher, sondern allgemein um 2000 vor Christo in Ägypten häufig beschäftigt, und jener Wert 3,16 ist für jene Zeit vorzüglich zu nennen, da wir bei den Juden und wohl auch bei anderen Völkern $\pi = 3$ als Rechnungswert finden.

Angesichts der verhältnismäßig guten Berechnung des Kreises und der ebenfalls vorhandenen Erkenntnis der Längenverhältnisse von Katheten und Hypotenuse

[1] Eisenlohr, Papyrus, Tafel XV, Nr. 41—47.

[2] Eisenlohr, l. c. S. 121.

im rechtwinkligen Dreieck (s. unten) ist es nun sehr auffallend, daß die Flächenberechnung gradliniger Figuren durch den Papyrus Rhind so wenig gelungen ist, um so auffallender, als Herodot[1] sein Urteil, daß die Ägypter die Geometrie erfunden hätten, wesentlich auf ihre Flächenmessungen gründet. In den Tafeln 49—55 der Eisenlohrschen Ausgabe werden Dreiecks- und Trapezberechnungen vorgeführt. Der Figur nach haben wir es mit gleichschenkligen Dreiecken zu tun, deren Basis a, deren Schenkel b genannt sind, und deren Fläche $= \frac{a \cdot b}{2}$ angegeben wird. Daß wir diese fehlerhafte Berechnung nicht dadurch richtig machen können, daß wir annehmen, der Abschreiber habe statt eines rechtwinkligen Dreiecks ein gleichschenkliges gezeichnet, geht daraus hervor, daß beim Trapez ganz analog verfahren wird. Beim gleichschenkligen Trapez setzt Ahmes die Fläche $= \frac{g + g^1}{2} \cdot a$, wo a der Schenkel, g und g^1 die beiden Grundlinien sind, und beim gewöhnlichen Trapez setzt er $\frac{g + g^1}{2} \cdot \frac{a + a^1}{2}$, wo a und a^1 die beiden Schenkel sind. Ja in einer Schenkungsurkunde, die etwa 100 vor Christo in Edfu ausgestellt ist und in Inschrift uns aufbewahrt wurde[2], ist die Flächenberechnung nach derselben Methode gemacht und sogar auf beliebige Vierecke ausgedehnt. Mag man noch so gern geneigt sein, diese Vorschriften als Normen für ungebildete Bauern anzusehen und darum milder zu beurteilen, das Auffallende bleibt bestehen angesichts der bei den Pyramiden und Grabdenkmälern gegebenen Volumenberechnungen in Nr. 56—60 der Eisenlohrschen Ausgabe des Papyrus Rhind. Hier wird stets mit der Höhe gerechnet, es wird sogar der Kosinus und die Tangente eines Winkels durch das Verhältnis der Nebenkathete zur Hypotenuse, respektive der

---

[1] Herodot, II, 109.

[2] Lepsius, Abhandl. d. Berliner Akad., 1855, S. 69 ff.

Höhe zur halben Grundkante angegeben. Freilich werden die Winkelfunktionen nicht benutzt, sondern nur mit dem Verhältnis der Strecken gerechnet, immerhin aber beweisen diese Proportionen eine geometrische Ausbildung, die weit über das Empirische hinausgehen mußte. Da endlich auch auf alten Inschriften von dem Seilspannen die Rede ist zur Herstellung von Richtungen, so wird vorausgesetzt werden dürfen, daß man den rechten Winkel mit Hilfe des Dreiecks 3, 4, 5 herzustellen wußte.

Wenn wir in dem Vorstehenden kurz die Hauptangaben über die mathematischen Kenntnisse der alten Ägypter zusammenstellten, so haben wir absichtlich vermieden, bis auf Heron herunterzugehen und dessen Vorschriften in Vergleich oder direkten Zusammenhang zu setzen mit ägyptischen Leistungen. Heron ist durchaus Grieche, und seine Beziehungen zur ägyptischen Mathematik sind nicht stärker ausgebildet als die der anderen Griechen, welche nachweislich mit Ägypten in Beziehung traten. Aus den Heronschen Vorschriften kann man also nicht die Kenntnisse Ägyptens rekonstruieren. Wir kommen darauf bei Heron zurück.

Die griechische Mathematik.

I. Die Mathematik von Thales bis Euklid.

1. Die Vorgeschichte.

Alle Quellen, welche uns zur Erforschung der Geschichte griechischer Mathematik zu Gebote stehen, nennen als den ersten Pfadfinder Thales von Milet, und es ist uns zum mindesten kein Name genannt für ältere Forschung. Und dennoch können wir nicht eigentlich mit Thales beginnen. Schon vor ihm waren mathematische Kenntnisse bei den Griechen vorhanden; daran kann nicht gezweifelt werden, wenn man dasjenige ansieht, was durch Thales hinzugebracht sein soll. Aber wenn wir schon über Thales' Leistungen sehr unvollkommen unterrichtet sind, da wir von ihm selbst keine Schrift aufbewahrt finden, ja nicht einmal wissen, ob er überhaupt irgendetwas geschrieben hat, so ist für die Zeit vor Thales nahezu gar nichts urkundlich erweisbar. Wir sind hier also nur auf die Kombination und einige fast sagenhafte Berichte angewiesen. Wir wollen nicht untersuchen, ob die Sagen von Danaos und Kekrops, welche diese beiden Städtegründer aus Ägypten einwandern lassen, wirklich geschichtliche Grundlage haben, ob also um das Jahr 1700 v. Chr., als die Hyksos aus Ägypten vertrieben wurden, einzelne Familien oder Stämme Griechenland besiedelten. Jedenfalls lag die Möglichkeit, um nicht zu sagen Wahrscheinlichkeit vor, daß schon um diese Zeit die Kultur Ägyptens nicht nur Phönizien und die Inseln, sondern auch das Festland Griechenlands befruchtete. Ob das direkt oder indirekt stattfand, etwa durch Vermittlung Kretas, ist für die Abhängigkeit der Kultur unwesentlich. Für eine vermittelte Übertragung scheint ja die Dädalos-Sage zu sprechen. Jedenfalls sind die Angaben des Plinius[1] über die Entstehung der griechischen Kultur durchaus irrig.

Wesentlich für die Frage würde sein ein Nachweis der ältesten griechischen Mathematik nach Umfang und Herkunft. Aber hier lassen uns sowohl die literarischen Quellen wie die Inschriften völlig im Stich. Naturgemäß würden Inschriften die arithmetischen Kenntnisse am ersten verraten, und es fehlt ja nicht an solchen. Wenn unsere Kombination richtig ist, wird man die Brücke zwischen Ägypten und Hellas in Kreta suchen. Hier haben die letzten Jahrzehnte ja ein reiches Material aus der Zeit zwischen dem ägyptischen Rechenbuche des Ahmes (1700) und der griechischen mathematischen Anfangsleistungen (600) geliefert, allein die Inschriften harren noch der Entzifferung, und damit ist die wichtige

[1] Plinius, Hist. nat. VII, c. 56.

Kulturfrage noch offen. Sie ist nicht nur offen für die Beantwortung der Frage, woher die ältesten mathematischen Kenntnisse kommen, sie ist auch offen für die ganze Entwicklungsperiode der Griechen bis 600 vor Christo hinab. Denn die griechischen Inschriften lassen uns hier auch vollständig im Stich! Wohl kommen Zahlworte auf Inschriften vor, aber keine Zahlzeichen und nichts, was auf arithmetische oder geometrische Kenntnisse in der Zeit vor 600 schließen ließe. Daß einmal auf einer Inschrift von Tralles in Karien[1] sieben vertikale Striche für die Zahl 7 gebraucht werden, ist nicht nur ein vereinzeltes Vorkommen, sondern es stammt auch aus einer viel späteren Zeit, etwa aus dem 4. Jahrhundert vor Christo. Die Inschriften, welche uns Zahlzeichen überliefern, liegen alle in der Zeit nach 600 vor Christo.

Um diese Zeit treten nun häufig Zahlzeichen auf, welche uns zunächst durch den Grammatiker Herodianus (um 200 nach Christo) vermittelt sind und die daher Herodianische genannt werden. Ihre weite Verbreitung ist jedoch durch zahlreiche Inschriften bestätigt.[2] In dieser Schreibweise sind die Zeichen, welche eingeführt wurden, wesentlich mit den Anfangsbuchstaben der Zahlworte bezeichnet. Man bezeichnete die Einer durch einen Strich und setzte bis zu 4 eine entsprechende Anzahl Striche nebeneinander, für 5 trat Π als Anfangsbuchstabe von πέντε ein, für 10 Δ als Anfang von δέκα für 100 = H; 1000 = X; 1000 = Mυ; oder auch M allein. Interessant ist nun, daß die Zahl 5 eine besondere Rolle spielte, so daß aus Π und Δ ein Zeichen für 50 = 𐅄 = 𐅄, aus Π und H das Zeichen für 500 = 𐅅 = 𐅅 und ebenso 5000 gebildet wurde. Aber es hat sich nach dem Zeugnisse Ritschls[3] auch bis in späte Zeiten die einfache Schreibweise der Nebeneinanderstellung erhalten;

[1] Cantor, Mathem. Beiträge zum Kulturleben, 1863, S. 111.

[2] Friedlein, Die Zahlzeichen u. d. elem. Rechnen d. Griechen, 1869, S. 8. (Dort sind auch die Quellen angegeben.)

[3] Cf. Ritschl, Die alexandrinisch. Bibliotheken, S. 123, Anm.

so daß 60 = ΔΔΔΔΔΔ geschrieben wurde. Diese Zahlzeichen sind so natürlich gebildet, daß man nicht nach der Quelle zu fragen braucht, es sind einfach Abkürzungen der Zahlworte, die für die Schrift bequemer waren, die aber auch ein Rechnen mit den Ziffern ermöglichten. Auch die auf den sogenannten Salaminischen Tafeln vorkommenden Bruchbezeichnungen für $\frac{1}{2}, \frac{1}{4}$ und $\frac{1}{8}$ sind nicht auffallend und brauchen keinen Zusammenhang mit den Stammbrüchen der Ägypter zu bedeuten. In späterer Zeit ändert sich das freilich. Wenn z. B. Hultsch[1] nachweist, daß neben den Zeichen für die Stammbrüche auch der Bruch $\frac{2}{3}$ ein eigenes Zeichen gehabt hat, so ist diese Nebeneinanderstellung eine an die Rechenmethode des Ahmes erinnernde und kann sehr wohl aus Ägypten entnommen sein, während sie für die griechische Schreibweise durchaus als Ausnahme gelten müßte. Nun ist aber kein Zweifel, daß man aus dem handschriftlichen Material keine Schlüsse ziehen darf auf die Schreibweise der alten Autoren selbst. Aus den handschriftlichen Aufzeichnungen würde sich nur ergeben, daß die Griechen überhaupt keine feste Bezeichnung für die Zahlen hatten, indem die Abschreiber ihre besonderen Zeichen nach Willkür setzten und jeder bald so, bald anders die Unterscheidungen traf. Wirkliche Auskunft können nur die Inschriften oder alten Papyri, wie z. B. die aus Herkulanum geben, aber schon diese Papyri zeigen eine große Willkür, indem neben Buchstaben-Zahlzeichen auch zwischen Punktreihen eingeschlossene Striche vorkommen, letztere jedoch nur bis zur Zahl 4.

Um das Bild der Zahlzeichen noch mehr zu trüben, ist nun im 5. Jahrhundert vor Christo die Bezeichnung der Zahlen durch die Buchstaben des Alphabets in Hellas eingeführt. Dadurch erleichterte man freilich die Schreib-

[1] Hultsch, Metrolog. script. reliq. I. 1864, S. 174.

weise sehr, aber das Rechnen wurde dadurch gewiß nicht befördert, wenn auch Tannery[1] behauptet, er habe nach einiger Übung die Rechnung mit den Buchstabenzeichen ebenso bequem gefunden wie unsere indischen Zahlzeichen. Gewiß ist für moderne Menschen, die das Rechnen mit 9 respektive 10 Zeichen, die mit Positionswert versehen sind, gewöhnt sind, die Schwierigkeit, sich in das Rechnen mit Buchstaben hineinzufinden, sehr viel größer, als für jemand, der keine andere Bezeichnung kannte. Aber die Griechen waren ja in der Lage, eine den Bedürfnissen des Rechnens mehr entsprechende Schreibweise zu besitzen: denn die Gesetze des Rechnens lassen sich zweifellos mit den herodianischen Zeichen einfacher und gleichmäßiger ausdrücken als durch die Buchstabenzeichen; dazu kommt, daß die 30 Buchstabenzeichen einzeln gelernt werden mußten, während die Zeichen der älteren Schreibweise durch die Zahlworte sich von selbst ergaben. Die Frage nach dem Eindringen der neuen Schreibweise gegenüber der alten ist gegenwärtig wohl so zu beantworten. Griechische Zahlzeichen vor 500 v. Chr. sind bisher nicht auf Inschriften gefunden. Papyri aus so alter Zeit gibt es nicht. Wie weit die Alphabetbezeichnung hinaufreicht, ist noch unsicher, bisher ist das erste systematische Zeugnis von ca. 425. Das herodianische System hält sich in den Freistaaten offiziell bis etwa 200, während die neuen Monarchien von vornherein die Buchstabenziffern offiziell verwenden. Athen geht offiziell erst gegen die Mitte des 1. Jahrhunderts zum neuen System über. Im privaten Gebrauch hat sich dagegen das Buchstabensystem von etwa 300 ab mit steigender Schnelligkeit durchgesetzt.[2]

Man hat nun gefragt, woher kommen die Buchstabenzeichen, und ohne Bedenken die Phönizier dafür als Erfinder ausgegeben. Diese Meinung hängt offenbar da-

---

[1] Zeuthen, Gesch. d. Mathem., 1896, S. 8.

[2] Nach freundl. briefl. Mitteil. von Herrn Prof. Br. Keil.

mit zusammen, daß man den Phöniziern die Erfindung des Alphabets zuschreibt. Freilich sind die 22 Buchstaben des phönizischen Systems gesichert durch viele Inschriften, aber nach Diodor[1] werden wir die Ägypter als die Erfinder anzusehen haben, von denen die Phönizier sie wohl erst entlehnt haben. Immerhin ist es nicht unwahrscheinlich, daß das Alphabet durch Vermittlung der Phönizier nach Griechenland kam, aber sicherlich haben die Griechen nicht daher die Benutzung des Alphabets für Zahlgrößen entnommen; denn nicht eine einzige phönizische Inschrift benutzt die Buchstaben für Zahlen, vielmehr hatten die Phönizier besondere Zahlzeichen, die aus geraden Strichen zusammengesetzt waren. Das Alphabet zur Zahlenbezeichnung verwendet finden wir freilich in Syrien und Palästina, allein es erscheint doch sehr zweifelhaft, ob diese Benutzung älter ist als die griechische. Die syrischen Buchstabenzahlen ragen freilich weiter hinauf als die bei den Juden, aber keine Quelle geht über das Jahr 300 vor Christo mit Sicherheit hinaus. Um diese Zeit hatten die Griechen aber schon die Alphabetziffern im Gebrauch. Verschiedentlich wird die Spielerei, daß die Buchstaben eines Namens mit Zahlwerten nach ihrer alphabetischen Reihenfolge als Symbole gedeutet werden, als Beweis betrachtet, daß die Buchstaben als Zahlzeichen überhaupt dienten.[2] Allein ich glaube nicht, daß ein solcher Schluß berechtigt ist: Wenn z. B. die Verse eines Psalmes nacheinander mit den Buchstaben des Alphabets in der natürlichen Reihenfolge beginnen, so brauchen das noch lange keine Zahlenwerte zu sein, die nun auch die Verse zählten, oder die Reihenfolge der in einer Sammlung vorhandenen Lieder, welche nach der Anweisung des Alphabets stattfand, beweist noch nicht den Zahlencharakter der Buchstaben. Und gerade, daß solche Anwendungen in prophetischen Stellen vorkommen, scheint mir darauf hinzuweisen, daß die Zahlenwerte der Buch-

[1] Diodor, I, c. 69.
[2] Cantor, Gesch. I, S. 44.

staben nicht allgemein anerkannt waren, denn dann wäre ihre Verwendung zu einem Namen nichts Mystisches mehr; es fehlte dann gerade der sibyllinische Charakter solcher Andeutungen, da jedermann sofort die Zahlen lesen würde. Es mag darum der Prophet wohl solche Zahlensymbolik getrieben haben, aber die große Menge verstand sie nicht, man kann also auch nicht die Juden als Erfinder dieser Alphabetzahlen bezeichnen. Später haben sie freilich die Buchstaben als Ziffern benutzt, wie Münzinschriften von 137 vor Christo beweisen[1], aber die gleiche Benutzung bei griechischen Münzen ist bis 266 vor Christo nachzuweisen[2], und auch auf Inschriften kommen die Buchstaben weiter hinauf vor.[3] So ergibt sich, daß die Griechen wohl das Alphabet mit seiner willkürlichen Ordnung von den Phöniziern entnommen haben, aber nicht die Zahlenwerte der Buchstaben, ebensowenig kann diese Methode aus Syrien oder Palästina dort eingedrungen sein. Aber es ist auch nicht nötig anzunehmen, daß diese Benutzung des Alphabets nur einmal in der Weltgeschichte erfunden werden konnte, so daß alle anderen Benutzer dieser Methode von jenen ersten entlehnen mußten. Diese Verwendung liegt ja so nahe für ein Volk, welches keine Ziffernschrift in kurzer Form hatte, daß man wohl annehmen kann, daß verschiedene Völker unabhängig voneinander zu derselben Methode kamen. Während aber die Juden kaum andre Zahlzeichen jemals besessen haben, tritt bei den Griechen die wunderbare Tatsache auf, daß sie eine systematische, für das schriftliche Rechnen bequeme Zahlbezeichnung aufgaben zugunsten einer freilich sehr bequem zu schreibenden Zahlenbezeichnung, die jedoch dem Rechnen viel weniger angepaßt war. Es ist also sicher nur die bequeme Schreibweise die Veranlassung gewesen zu diesem Übergang, der sich von den ionischen Kulturstätten Kleinasiens allmählich nach Attika und dem

[1] Hankel, Zur Gesch. der Mathem., 1874, S. 34.
[2] Cantor, Gesch. I, S. 125.
[3] Friedlein, Die Zahlzeichen usw., 1869, S. 9.

ganzen Hellas ausdehnte, und darum hängt die Einführung dieser Zahlschrift sehr eng zusammen mit der Ausbreitung der Literatur überhaupt, rückt daher aus dem mathematischen Interesse in das Gebiet literarischer Archäologie.

Was nun das Rechnen selbst angeht, so ist kein Zweifel, daß in Griechenland ziemlich frühzeitig auf Rechenbrettern gerechnet ist. Nach dem Zeugnis von Diogenes Laertius[1] muß schon zu Solons Zeiten die Rechnung auf dem Abax, dem Rechenbrett, sehr allgemein gebraucht sein. Steine wurden in Reihen und Kolumnen geordnet, und diese Kolumnenwerte umfaßten Talente einerseits, anderseits Chalkos. Da uns diese Größenwerte gegensätzlich genannt werden, fassen wir sie als die Extreme auf. Im übrigen sind es nur Vermutungen, die wir über die Einrichtung und Methode der Rechenbrettrechnung aufstellen können, da unsere Quellen für die Kenntnis dieser Einrichtung sehr späte Schriftsteller sind[2]. Die meisten Vermutungen schließen sich an die Einrichtung des römischen Abakus so eng an, daß man nicht wagt, dieselben ohne weiteres als für den griechischen Abax maßgebend anzusehen. Auch die Salaminische Tafel, eine 1,5 m lange und 0,75 m breite Marmortafel, bietet keine Gewähr für die Methode des Rechnens, sie hat nur die durch Striche angegebene Felderabteilung mit den entsprechenden Überschriften in herodianischen Ziffern, in welchen die besondere Bezeichnung der 5 eine Rolle spielt. Auch die Bemerkung des Herodot[3], daß die Griechen auf dem Rechenbrett die Steinchen von links nach rechts schieben, während die Ägypter dieselben von rechts nach links verschieben, beweist freilich einwandfrei, daß sowohl die Griechen wie auch die Ägypter zur Zeit des Herodot mit Rechenbrettern rechneten, aber bietet nichts über die Methode. Neben diesen soliden Rechen-

[1] Diogenes Laertius I, 59.
[2] Cantor, Beiträge z. Kultur, S. 136 ff.
[3] Herodot, II, 36.

tafeln, auf welchen mit Steinchen gerechnet wurde, hat sich dann später die Benutzung der Sand- oder Staubtafel eingebürgert, auf welcher nicht nur gerechnet wurde, indem man die Zahlen mit einem Griffel einschrieb, sondern auf welcher auch die geometrischen Zeichen abgebildet wurden. Leider wissen wir über die Zeit der Einführung gar nichts. Die Quellen sind sämtlich aus späterer Zeit[1], wenn auch von einigen schon die Bezeichnung Abax auf die Sandtafel zurückgeführt wird.[2] Es ist freilich aus dem Fehlen späterer Angaben zur Zeit der Entwicklung der wissenschaftlichen Mathematik bei den Griechen über die Rechnung mit der Rechentafel der Schluß berechtigt, daß verhältnismäßig früh das Rechnen auf dem Rechenbrette aufgegeben wurde und schriftlich gerechnet wurde. Daß man sich dabei eines Staubbrettes bedient, ist ebenfalls nicht wunderbar, und so kommt es, daß das, was über das Rechnen bekannt ist, durchaus mit der Benutzung des Staubbrettes vereinbar ist, aber zum Rechnen «mit den Steinchen» keine Beispiele vorliegen. Wir geben daher Nesselmann (l. c.) recht, daß die Griechen in der Zeit ihrer mathematischen Entwicklung nicht mehr mit dem eigentlichen Rechenbrett arbeiteten, sondern Zahlen schrieben. Diese verschwindende Bedeutung des Rechenbrettes bei den Griechen hängt natürlich mit ihrer schnellen und freien Entwicklung zusammen. Das Kind, welches schnell das Zahlenbild erfaßt und daher schnell Kopfrechnen lernt, bedarf der Rechenmaschine nicht mehr, findet dies Herüberschieben der Kugeln sogar höchst langweilig; so wird ein Volk, welches Fortschritte macht in der mathematischen Erkenntnis, den Jugendzustand, der im Rechnen mit dem Rechenbrett dargestellt ist, alsbald überwinden, und dann spielt dies Rechenbrett für seine geistige Entwicklung keine Rolle mehr. Aus dem umgekehrten Verhältnis

---

[1] Martianus Capella, B. VI 724; cf. Martin, Les signes numéraux etc., 1864, p. 34.

[2] Nesselmann, Algebra der Griechen, 1842, S. 107.

bei den Römern erklärt sich ebenso, daß dort der Abakus eine Hauptrolle spielt in der Publizistik und wir über seine Einrichtung und Benutzung aufs genaueste unterrichtet sind, als ob es eine große wissenschaftliche Leistung wäre.

Wenn schon der Abax in der wissenschaftlichen Entwicklung der Griechen keine große Rolle spielt, so ist das «Fingerrechnen» von noch geringerer Bedeutung. Daß die Griechen ihre Finger zum Abzählen gebrauchten, versteht sich von selbst, da sie das Dezimalsystem hatten, aber solange es ein aufsteigendes Volk war, hat es dieser «Rechenmethode mit Hilfsmitteln» keine besondere Beachtung geschenkt. Natürlich haben Kinder und Leute aus dem Volk immer sich des Rechnens mit den Fingern bedient, wie Aristophanes[1] in den Wespen trefflich schildert, aber weder hat man dieses Fingerrechnen bei den Griechen besonders ausgebildet, noch ist es von den Lehrern und wissenschaftlichen Männern angewendet. Dagegen zu einer Zeit, wo von griechischer Mathematik nur noch der Petrefakt übrig geblieben war, da fand man schöngeistiges Interesse daran, eine Fingersprache für die Zahlen zu erfinden. Die Schrift ἔκφρασις τοῦ δακτυλικοῦ μέτρου des Nikolaus von Smyrna[2] (Rhabdas) um 1340 nach Christo, welche Friedlein fälschlich in das 8. Jahrhundert versetzt, ist nicht ein Lehrbuch des Fingerrechnens, sondern der «Fingersprache» für Zahlen, wie es Rödiger[3] richtig bezeichnet, es wird darin gelehrt, wie man alle Zahlen von 1—9999 mit den Fingern schreiben kann. Es hat dies vielbesprochene Buch also weder mit den Leistungen im Fingerrechnen überhaupt, noch vor allem mit dem Fingerrechnen bei den Griechen als Kulturvolk irgend etwas zu tun. Es ist eine für das klassische Altertum

---

[1] Aristophanes, Wespen 656.

[2] Nic. Caussinus, De eloquentia sacra et humana, Paris 1636, p. 565—568.

[3] Rödiger, Über die im Orient gebräuchliche Fingersprache, Jahrb. d. deutschen morg. Ges., 1845, S. 111—129.

durchaus belanglose Spielerei eines mathematischen Schriftstellers ohne mathematische Bildung aus einer Zeit, wo mathematische Leistungen nicht mehr vorhanden sind. Solange uns daher aus der klassischen Zeit griechischer Kultur kein Zeugnis geboten werden kann, daß wirkliches Fingerrechnen dort geübt ist, halte ich mich für berechtigt zu behaupten, daß bei den Griechen ein Fingerrechnen über das beim ersten Rechenunterricht notwendige Maß von Fingerrechnen hinaus überhaupt nicht vorkommt.

Es ist notwendig, noch etwas über die Alphabetziffern zu sagen. Da auf einer Inschrift von Halikarnaß die Alphabetziffern neben den herodianischen Zahlzeichen vorkommen, diese Inschrift aber auf das Jahr 450 vor Christo hinweist, muß die Erfindung des Buchstabenalphabets vor diesem Jahre stattgefunden haben. Wann, wissen wir nicht.[1] In bezug auf die Schreibweise selbst habe ich schon nach Hultsch (l. c.) bemerkt, daß eine bestimmte Regel nicht existierte. In der Regel wurde freilich, wenn eine Zahl mit dem Buchstaben ausgedrückt werden sollte, ein horizontaler Strich über den Buchstaben gemacht. Es fehlen aber auch nicht Beispiele von Inschriften, wo dieser Strich nicht vorhanden ist. Ebenfalls wurde in der Regel die höhere Zahl vor die niedere gesetzt, aber es kommt auch umgekehrt vor, ja auf ein und derselben Inschrift findet sich beides nebeneinander, z. B. auf einer Akropolisinschrift.[2] Endlich sind die Zahlen über 10000 in der Regel durch ein Mυ oder M oder durch einen · von den folgenden getrennt. Die moderne Schreibweise ist bekanntlich ein kleiner Strich unten links vor dem Buchstaben. Die Brüche wurden in der Regel so geschrieben, daß der Zähler mit einem Akutus versehen wurde, der Nenner mit zwei Strichen dahinter zweimal geschrieben wurde, z. B. $\frac{5}{12} = \epsilon'\ \iota\beta''\ \iota\beta''$, oft wird der Nenner aber nur einmal geschrieben.

[1] Cantor, Gesch. I, S. 128.

[2] Corpus Inscript. Graec. III, Nr. 4503, 4516, 4518, 4519.

So müssen wir leider auch bei diesen Buchstabenzahlzeichen bekennen, daß keine feste Regel gegeben werden kann, weder im allgemeinen noch in bestimmten Zeitepochen. Die Entscheidung ist um deswillen so schwer, weil wir außer jüngeren Papyri mit griechischen Zahlzeichen nur auf die Inschriften bauen dürfen. In den Inschriften aber sind bis in späte Zeiten die herodianischen Zeichen bevorzugt, wohl wegen der markanteren Form (s. S. 50). Ganz verkehrt ist es natürlich, aus den Handschriften irgendein Urteil über die Schreibweise der Griechen bilden zu wollen und von einer Schreibweise des Heron oder des Archimedes zu reden, wo wir nur von der Schreibweise des Abschreibers, also eines Mannes aus dem 5. bis 15. Jahrhundert nach Christo, reden dürfen. Es kommt sonst das komische Resultat heraus, daß ein und derselbe Autor in der Ausgabe von Hultsch ganz anders schreibt wie in der von Nizze oder Heiberg.[1]

Die Sexagesimalbruchrechnung der Babylonier ist dagegen in den älteren griechischen Autoren nicht zu finden, erst durch die Astronomie kommt sie in die griechiche Wissenschaft hinein und breitet von da aus ihre Herrschaft auch auf das Bruchrechnen im allgemeinen aus. Bis zu der Zeit, d. h. bis etwa 200 vor Christo, ist die griechische Bruchrechnung vollständig der ägyptischen ähnlich. Es ist aber nicht ein bequemes Nachäffen, sondern die Griechen haben die logische Bedeutung der Stammbrüche voll gewürdigt, wie aus der Definition Euklids klar hervorgeht.[2] Man kann eben nicht fünf Äpfel in sieben gleiche Teile teilen, sondern nur einen Apfel in sieben glciche Teile, und das kann man fünfmal wieder-

---

[1] Solch ein Quidproquo siehe bei Tropfke, Geschichte der Elementarmathem. I, 1902, S. 75. Auch die Behauptung Tropfkes, daß die ägyptische Methode der Stammbruchrechnung zur Zeit Herons nur noch in der Feldmeßkunst gebraucht sei, ist irrig, selbst Diophant benutzt noch Stammbrüche und die Araber haben die gleiche Methode aus Ägypten entnommen.

[2] Euklid, Elemente VII, 3.

holen, darum definiert Euklid den Bruch als die kleine Zahl, welche eine größere mißt. Wenn Tropfke meint, die Erklärung, ein Bruch sei ein aliquoter Teil einer von 1 verschieden ganzen Zahl (l. c. S. 80), sei gewiß ebenso alt, vielleicht älter als die Euklidische, so muß das wohl bezweifelt werden, da sie weder bei Ahmes noch einem griechischen Autor vorkommt und um deswillen nicht vorkommt, weil sie für konkrete Aufgaben unlogisch ist. Erst nachdem die Algebra begründet ist, wird die Divisionsaufgabe erweitert, das wird sich unten in der Entwicklung bei Diophant zeigen, für die ältere Zeit ist das Bruchrechnen eine Aufgabe praktischen Rechnens, unabhängig vom mathematischen Bedürfnis, daher Gemeingut des Volkes. Wir mußten dieselbe darum vorwegnehmen, ehe wir uns zu der Entwicklung wissenschaftlicher Mathematik wenden.

2. Thales.

Bei dem schon beklagten Übelstand, daß uns die griechische Literatur nur so spärlich erhalten ist, ist es nicht wunderbar, daß dieser Mangel gerade bei den älteren Mathematikern besonders schmerzlich empfunden wird. Von den Mathematikern bis auf Euklid haben wir nichts Vollständiges. Aber seit 1903 sind wir für die Vorsokratiker wenigstens im Besitz einer vollständigen Sammlung der Fragmente und Notizen, welche in der griechischen Literatur von den Einzelnen erhalten sind. Es ist nur zu beklagen, daß dieses hochbedeutsame Werk von Diels[1] sich nur auf die Vorsokratiker bezieht. Für die Späteren macht sich das Fehlen einer solchen Sammlung überaus schmerzlich geltend.

Wir haben für die Vorperiode griechischer Mathematik darauf verzichtet, über die älteste Geometrie ein Wort zu sagen, weil wir über die älteste Geometrie so gut wie gar nichts wissen. Man könnte nun wohl auf den

[1] Diels, Die Fragmente der Vorsokratiker, Berlin 1903. 2. Aufl. 1906. Wir zitieren dies Werk stets als Diels.

Gedanken kommen, aus den Leistungen des Thales die seiner Vorgänger zu rekonstruieren. Das würde in der Tat ein aussichtsreiches Unternehmen sein, wenn wir über seine eigenen Leistungen annähernd einwandfrei unterrichtet wären und wenn nicht ein großer Teil dessen, was wir Thales zugeschrieben finden, von den Ägyptern stammte. Wir haben von Thales selbst gar nichts erhalten, sind also ganz auf das Zeugnis späterer Schriftsteller und Zitate aus Thales angewiesen. Erwähnt wird bei keinem der bald nach Thales schreibenden Gelehrten irgendeine mathematische Schrift des Thales, wir können also auch darüber kein Urteil abgeben, ob er überhaupt «etwas geschrieben» hat, was für die Mathematik von Bedeutung wäre. Dagegen werden bei Diogenes[1] als Gesamtleistung 200 Verse als von Thales herrührend aufgeführt, während Suidas[2] unbestimmter behauptet: er schrieb über Himmelserscheinungen in Versen, über Tag- und Nachtgleiche und vieles andere. In der Einleitung zu dem Bericht über Thales finden wir bei Diogenes Laertius die Mitteilung: nach den einen hat er nichts Schriftliches hinterlassen, denn die ihm zugeschriebene nautische Astronomie (Astrologie) soll von Phokos, dem Samier, herrühren. Dagegen rühmt Kallimachos von ihm die Erkenntnis des Polarsterns und der Sterne des kleinen[3] Wagens, nach welchen die Phönizier die Schiffahrt orientieren, nach den andern hat er nur zwei Sachen geschrieben: über die Sonnenwenden und die Tag- und Nachtgleichen. Wir sind also auf die Zeugnisse der Späteren angewiesen. Der erste, welcher von Thales berichtet, ist Herodot, der ausführlichste ist Diogenes Laertius.

Über das Leben des Thales läßt sich einiges aus den verschiedenen Angaben zusammenstellen. Diels setzt als sein Geburtsjahr das erste Jahr der 39. Olympiade an,

[1] Siehe Diels, l. c. S. 5, 34.

[2] Ibid., S. 6, 44.

[3] Achilles, Tat. isag. in Arati phaen.

also zirka 624.[1] Suidas, Apollodor und Eusebius geben die 35. Olympiade, also 640—637, als Geburtszeit an.[2] Seine Eltern waren Examyes und Kleobulina aus dem Geschlecht der Theliden, die aus Phönizien stammten, aber seit längerer Zeit in Milet wohnten. Hier war Thales als Kaufmann tätig. Salz und Öl werden als seine Handelsobjekte genannt von Plutarch.[3] In Ausübung dieses Handels kam er auch nach Ägypten.[4] Hier kam er mit den Priestern in Berührung und lernte von ihnen die Mathematik.[5] Nach seiner Rückkehr nach Milet beschäftigte er sich mit Mathematik, Naturwissenschaft und Astronomie. Doch hat diese Beschäftigung nach Themistios erst in späteren Lebensjahren begonnen, aber er behielt nebenbei die Sorge für sein Geschäft und wußte seine Naturkenntnis sogar praktisch dafür nutzbar zu machen, wie die von Aristoteles[6] und Hieronymus von Rhodus berichtete Geschichte von den Ölpressen, die er sämtlich pachtete, als er eine reiche Olivenernte vorhersah, beweist. Von überraschendem Erfolg war die Vorhersagung einer Sonnenfinsternis, wahrscheinlich der vom 28. Mai 585, weil sie während der Schlacht, in welcher die Lyder mit den Medern kämpften, stattfand. Der Eindruck dieser Vorhersagung war so groß, daß vermutlich dies Ereignis ihm den Beinamen eines «Weisen» eintrug. Jedenfalls hat in den späteren Jahren Thales auch in dem politischen Leben seiner Vaterstadt eine Rolle gespielt. Wenigstens berichtet Herodot[7], daß er den Milesiern geraten habe, sich zu einem Gesamtbund der Jonier zusammenzuschließen. Später zog er sich wieder nach Diogenes Laertius l. c. von dem öffentlichen Leben auf seine Studien

[1] Cf. Rheinisches Museum, N. F. 31, 16, 1876.
[2] Siehe Diels, Fragmente 9 und 10.
[3] Plutarch, Solon, 2 Schl.
[4] Zeller, Die Philosophie der Griechen I, 185, 1892.
[5] Diogenes Laert. I, c. 1 und 6.
[6] Aristoteles, Polit. I, c. 11.
[7] Herodot, I, c. 170.

zurück und starb bald nach dem Untergang des lydischen Reiches, also nach 548, nach einigen 78 Jahre alt, nach andern im 90. Jahre.

Uns interessiert weder die politische noch philosophische Stellung des Thales an dieser Stelle, aber wir würden sehr dankbar sein, wenn wir über seine mathematischen Leistungen etwas Genaueres aussagen könnten. Allein wir sind meist auf Vermutungen angewiesen. Man hat verschiedentlich viel Wesens gemacht von dem Verzeichnis der Geometer, welches Proklos[1] in seinem Kommentar zum 1. Buche des Euklid, wahrscheinlich aus der Geschichte der Geometrie von Eudemos entnommen, eingefügt hat. Es ist aber leider eben nur ein Verzeichnis, da mit Ausnahme von Pythagoras, Neokleides und Eudoxos, bei welchen positive Angaben gemacht sind, keiner der Männer mit Namhaftmachung auch nur seiner hauptsächlichsten Leistungen geehrt ist. Sie alle müssen sich mit ganz allgemeinen Phrasen begnügen, und was Proklos von jenen dreien berichtet, nämlich daß Pythagoras das Irrationale und die Konstruktion der regelmäßigen Körper erfand, daß Neokleides den Diorismus, d. h. die Determination in moderner Geometrie, einführte und daß Eudoxos außer einer Erweiterung der Proportionslehre auch die analytische Methode lieferte, ist so dürftig, daß wir keine Erweiterung unserer Kenntnis über die Bedeutung der Männer aus demselben schöpfen können. Das Verzeichnis hat demnach allein chronologischen Wert, und wir müssen um so mehr bedauern, daß wir von der Geschichte des Eudemos nichts erhalten haben. Ich werde dies Verzeichnis also nur benutzen, wo es sich um Feststellung der Lebenszeit handelt. Leider läßt es uns auch da oft im Stich, weil es sehr unvollständig ist.

Was nun die Angaben über Thales betrifft, so verzeichnen wir zunächst die einzelnen Angaben. 1. Thales soll zuerst bewiesen haben, daß der Durchmesser den Kreis

[1] Prokli Diadochi i. pr. Eucl. elem. lib. comm., 1873, p. 64 ff. (Friedlein).

halbiert. 2. Er soll die Gleichheit der Basiswinkel im gleichseitigen Dreieck bewiesen haben. 3. Er hat die Gleichheit der Scheitelwinkel erkannt. 4. Er hat aus einer Seite und den beiden anliegenden Winkeln das Dreieck (die beiden anderen Seiten) zu berechnen gelehrt.[1] Letztere Methode wandte er an, um die Entfernung der Schiffe auf dem Meere vom Land aus zu bestimmen. Nach Angabe der Pamphila[2] hat Thales zuerst das rechtwinklige Dreieck dem Kreise eingeschrieben und darum einen Stier geopfert, aber nach Apollodor soll dies Pythagoras erfunden haben. Endlich hat Thales nach Hieronymus von Rhodos die Höhe der Pyramiden aus der Schattenlänge, wenn die Sonne 45° Höhe hatte, zu messen gelehrt.[3] Nach Plutarch[4] ist Thales aber nicht bei dem gleichschenklig rechtwinkligen Dreieck stehen geblieben, sondern hat seinen Stab bei irgendeiner Sonnenhöhe in den Endpunkt des Schattens der Pyramide gesteckt und nun gelehrt, daß die Schattenlänge des Stabes sich zur Schattenlänge der Pyramide verhalte wie die Länge des Stabes zur Höhe der Pyramide.

Von den astronomischen Kenntnissen des Thales habe ich schon einige erwähnt, hier seien sie im Zusammenhang nochmals aufgezählt. Außer der Erwähnung bei Herodot ist zunächst das Zeugnis von Ps. Plutarch[5] von Bedeutung. Danach hat Thales die Himmelskugel in die fünf Zonen der Erde durch die Wendekreise und Polarkreise geteilt. Er lehrt die Entstehung der Sonnenfinsternis durch das Zwischentreten des Mondes, der Mond wird von der Sonne erleuchtet, und die Erde ist eine Kugel in der Mitte der Welt. Diese Angaben werden ergänzt durch Zitate anderer Schriftsteller aus der Geschichte des Eudemos, die uns ja leider verloren ist.

---

[1] Ibid., p. 157, 250, 299, 352.
[2] Diogenes Laert. 1, c. 1, cp. 3; cf. VIII, 12.
[3] Cf. Plinius, Hist. nat. 36, 82.
[4] Plutarch, Conv. VII sapient. 2. p. 147 a.
[5] Ps. Plutarch, De plac. phil. II, c. 12, 28, III, 10, 11.

Danach hat Thales auch gewußt, daß die Sonne nicht mit gleichmäßiger Geschwindigkeit vorrückt[1], daß aber die Dauer eines Jahres 365 Tage betrage und daß der Sonnendurchmesser der 720. Teil der Sonnenbahn sei (Diogenes Laertius l. c.). Endlich wird er von Stobaios mit Anaxagoras und Platon zusammen genannt als derjenige, welcher die Mondfinsternis richtig durch den Eintritt des Mondes in den Schattenkegel der Erde erklärt und die Schiefe der Ekliptik gelehrt habe.[2]

Was nun den Wert dieser Einzelangaben angeht, so ist es gewiß nicht richtig, aus diesen Kenntnissen nun auch durch Kombination alle Konsequenzen, die man daraus heute ziehen kann und gezogen hat, auch schon dem Thales zuzuschreiben; denn es ist durchaus nicht nötig und in Wirklichkeit auch niemals vorgekommen, daß die Kenntnis eines Spezialfalls durch die Kenntnis der allgemeinen Regel gewonnen wurde. Vielmehr ist der Gang der Forschung immer so gewesen, daß zunächst spezielle Fälle erkannt werden und erst in oft viel späterer Zeit die allgemeine Beziehung entdeckt wird. Aber es ist auch sicher nicht richtig zu behaupten, daß die allgemeinen Verhältnisse nicht bekannt sein konnten, weil Spezialfälle erwähnt werden. Zunächst ist alles, was wir über das astronomische Wissen von Thales angegeben haben, nach dem, was wir über die Leistungen der Ägypter und Babylonier gesagt haben, durchaus nicht auffallend. Wenn Thales wirklich in Ägypten alles lernte, was die Priester dort wußten, so war er durchaus imstande, die obigen Angaben zu machen. Denn schon vor Thales haben die Babylonier alle diese Kenntnisse längst gehabt, und von da sind sie sicher auch in Ägypten bekannt geworden. Es liegt also gar kein innerer Grund vor, die Angaben Plutarchs als «romanhafte» Übertreibungen unglaubwürdig zu nennen, wie Bretschneider es tut,[3] viel-

[1] Theon Smyrn. de astron. 198, 14.
[2] Stobaios, Eccl. phys. I, 26.
[3] Bretschneider, Geom. vor Euklid, S. 46.

mehr passen dieselben durchaus in den Rahmen der ägyptischen Studien des Thales hinein. Auch braucht man sich nicht den Kopf darüber zu zerbrechen, wie Thales nach Babylon hätte kommen sollen, um dort bei den Priestern zu lernen. Er fand die Kenntnisse in Ägypten bereits vor, und so kann sehr wohl das Zeugnis des Diodor, daß alle jene astronomischen Kenntnisse den Ägyptern seit langer Zeit bekannt gewesen seien, neben der andern Tatsache bestehen, daß sie ursprünglich in Babylon gefunden waren.

Zunächst wird man geneigt sein, an der Hand jener positiven Angaben über die Kugelgestalt der Erde, die Entstehung der Mondfinsternissen und der Größenangabe der Sonne als $^1/_{720}$ der Kreisbahn, Thales eine ziemlich weitgehende Kosmologie zuzuschreiben, welche viele Berührungspunkte mit der modernen Weltanschauung besitze. Es muß aber nicht übersehen werden, daß wir bei Aristoteles[1] zwei Notizen haben, die fast das direkte Gegenteil von Thales' Kosmologie aussagen. Demnach hätte sich Thales die Erde als auf dem Wasser «schwimmend» gedacht, wie gewöhnlich übersetzt wird. Aus diesen dürftigen Angaben hat Tannery[2] eine ganze Entstehungslehre für den Kosmos ableiten zu können geglaubt. Allein von einer weitgehenden Weltentstehung findet sich bei Aristoteles gar nichts. Im Gegenteil ist die Angabe bei Aristoteles durchaus verklausuliert durch ein «soll», dann aber kann man beide Stellen auch so auffassen, daß Aristoteles nicht ein Ruhen der Erde auf dem Meere, sondern vielmehr ein Entstehen der Erde aus dem flüssigen Aggregatzustande gemeint habe. Jedenfalls findet sich nichts von dem sogenannten «antiken Weltbild», eine Halbkugel, als deren Grundfläche die Erde zu gelten hätte, bei Aristoteles. Dagegen würde die Annahme der Kugelgestalt sehr gut zu den übrigen Lehren des Thales passen. Da auch gar kein Grund vorliegt, anzunehmen, daß die Kugel-

[1] Aristoteles, Metaphys. I, 3; De caelo II, 13.
[2] Tannery, Pour l'histoire d. l. scien. Hell., 1887, p. 70.

gestalt der Erde nicht schon in Ägypten um jene Zeit dem studierenden Thales bekannt geworden sei, denn sie war um jene Zeit sicher in Babylon bekannt, so dürfen wir die oben angegebenen Quellen, daß Thales diese Lehre vertreten habe, als zuverlässig betrachten. Die Vorhersagung der Finsternisse ist freilich auch ohne eine solche Weltanschauung möglich. Es konnte das Eintreffen einer Finsternis angenähert richtig aus einer längeren Beobachtungsreihe erschlossen werden, sobald die Periode von 18 Jahren 11 Tagen, in welcher sich die Finsternisse nahezu wiederholen, gewonnen war. Diese Erkenntnis konnte Thales nun freilich nicht aus eigenen oder aus griechischen Beobachtungen gewinnen; denn von derartigen Tabellen von Finsternissen ist in Griechenland nichts bekannt bis auf Hipparch. Wohl aber mußten die Ägypter längst mit den Tabellen der Babylonier vertraut sein und konnten daher nach Diodors[1] Notiz ebenfalls die Vorausbestimmung der Finsternis leisten, ohne erst durch griechische Mathematik dazu befähigt zu werden.[2] Wir werden bei Hipparch den Nachweis erbringen können, daß er auf babylonischer Forschung fußt, es ist daher keine Unwahrscheinlichkeit, für die Kenntnisse des Thales die gleiche durch Ägypten vermittelte Quelle anzunehmen.

Eine weitere Streitfrage ist die nach der Verwendung des Gnomons durch Thales. Die älteste Nachricht hierüber finden wir bei Diogenes Laertius[3], danach hätte Hieronymus, aus der Schule des Aristoteles, in seinen Denkwürdigkeiten erzählt, Thales habe die Schattenlänge gleich der Länge des Gnomons abgewartet und dann die Höhe der Pyramiden gleich der Schattenlänge gemessen, wie ich oben schon erwähnte. Da Ps. Plutarch nun eine weitergehende Kenntnis für seine Erzählung voraussetzt, indem er behauptet, daß Thales bei jeder beliebigen Schattenlänge die Höhe der Pyramide aus dem Verhältnis

---

[1] Diodor, 1, c. 50.
[2] Bretschneider, l. c. S. 51.
[3] Diogenes L. I, c. 1, 27.

der Gnomonlänge zu seinem Schatten berechnet habe, so ist natürlich, daß man sich entschließen muß, eine der beiden Quellen als ungenau zu bezeichnen. Bretschneider[1] hat zuerst wohl daran Anstoß genommen und meint, Plutarch habe die einfachere und darum glaubwürdigere Erzählung des Hieronymus ausgeschmückt und erweitert; ihm folgt Hankel[2], und die große Mehrheit der Geschichtschreiber hat die gleiche Ansicht geäußert. Allein mir will scheinen mit Unrecht. Wenn man nämlich meint, vor Pythagoras sei auch nicht eine Spur von einer Bekanntschaft der Griechen mit den Proportionen nachzuweisen, so ist zu bemerken, daß überhaupt über die Zeit zwischen Thales und Pythagoras fast nichts sicher nachweisbar ist, weil wir nur sehr sporadische Zitate aus jener Zeit kennen, aber keine einzige Schrift auch nur bruchstückartig uns von da her überliefert ist. Also dieser negative Grund verschlägt sehr wenig. Aber wir haben durch Eudemos[3] sichere Kenntnis über eine Methode, bei welcher Thales zweifellos Proportionen anwenden mußte, um Winkel zu messen, auch wenn die Auffassung dieser Aufgabe bei Bretschneider und den späteren Geschichtsschreibern richtig ist. Eudemos sagt: bei der Art, auf welche Thales die Entfernung der Schiffe auf dem Meere gefunden haben soll, bedürfe er des Theorems (daß ein Dreieck durch eine Seite und zwei anliegende Winkel bestimmt ist) ganz notwendig. Bretschneider meint nun, es habe sich dabei um die Messung der Distanz durch ein rechtwinkliges Dreieck gehandelt, indem Thales von der Spitze einer hohen Meereswarte das Schiff anvisiert habe und nun die Distanz aus der Höhe der Warte und dem Depressionswinkel konstruiert habe. Um die Distanz in Zahlen anzugeben, mußte Thales aber doch unzweifelhaft Proportionen anwenden, indem sich die gesuchte Schiffs-

[1] Bretschneider, l. c. S. 40.

[2] Hankel, Zur Gesch. d. Mathem., 1874, S. 90; siehe auch Cantor, Gesch., I, S. 145.

[3] Proklos, Comm. in Euclid., Prop. 26.

distanz zur Höhe der Warte verhält wie die Horizontal- zur Vertikalprojektion der Visierlinie. Nach dem Eudemosschen Bericht kann aber doch nicht bezweifelt werden, daß Thales die Distanz in Stadien oder sonst einem Längenmaß angeben und nicht etwa nur eine Zeichnung machen wollte. Die Unbekanntschaft mit Proportionen kann also sicher nicht aufrecht erhalten werden. Ich meine aber, diese Geschichte mit der hohen Warte ist überhaupt nicht mit der Eudemos-Stelle vereinbar. Hätte Eudemos wirklich ein rechtwinkliges Dreieck gemeint, so hätte er nicht das allgemeine Theorem 26 des Euklid dem Thales zugeschrieben, sondern würde, wie er es bei der Winkelsumme im Dreieck tat, darauf hingewiesen haben, daß in älterer Zeit dies Theorem nur für rechtwinklige Dreiecke bekannt gewesen sei. Es muß sich also bei Thales sicher auch um den allgemeinen Fall gehandelt haben, d. h. er wählte eine horizontale Standlinie, maß an beiden Enden die Winkel und fand die Distanz des Schiffes zur Standlinie in demselben Verhältnis wie die Höhe zur Grundlinie des auf dem Meßtisch gezeichneten ähnlichen Dreiecks. Um die Proportionen kommt man also in keinem Falle herum, die muß Thales gekannt haben, wenn anders Eudemos nicht als gänzlich unzuverlässig bezeichnet werden soll. Das hat aber noch kein Geschichtschreiber zu behaupten gewagt; denn dann wären wir überhaupt in der mißlichen Lage, gar nichts Sicheres aussagen zu können. Unter allen Umständen verdient Eudemos mehr Beachtung als Hieronymus, denn letzterer hat nach dem, was wir von ihm wissen, keinerlei mathematische Leistung aufzuweisen. Es ist sonach kein Grund vorhanden nicht anzunehmen, daß Hieronymus die Sache falsch aufgefaßt habe, vielleicht weil er selbst sich den allgemeinen Fall des Gnomon nicht klar gemacht hatte und darum meinte, auch Thales habe nur das gleichschenklig-rechtwinklige Dreieck behandeln können. Wir ziehen es daher vor, dem Eudemos zu folgen und darum von Thales zu behaupten, er habe diesen einfachen Fall der Proportionalität gekannt.

Das paßt auch sehr gut zu der oben angegebenen Messung der Sonnenbreite, wo Thales ebenfalls das Verhältnis von Sonnendurchmesser zu Monddurchmesser benutzt. Ob Thales dies selbst erfunden oder aus Ägypten mitgebracht habe, läßt sich nicht entscheiden, da wir über die Kenntnisse der Ägypter auch nur mutmaßen können, daß sie die Proportionalität der Schenkelabschnitte bei gleichen Winkeln kannten, wegen der Gleichheit der Neigungswinkel der Pyramiden. Wenn man aber Eudemos in seinen weiteren Angaben folgen will, daß Thales die Gleichheit der Scheitelwinkel und der Basiswinkel im gleichschenkligen Dreieck bewiesen habe, so ist kein Grund vorhanden, ihm hier die Fähigkeit, für den allgemeinen Fall die Auflösung zu geben, abzusprechen.

Um uns über den Inhalt der «Beweise» bei Thales eine Vorstellung zu machen, sind wir wesentlich auf Kombination angewiesen, denn das, was Proklos[1] darüber sagt, ist sicher nicht ohne weiteres auf Thales zu beziehen. Wenn er den Satz, daß der Durchmesser den Kreis halbiere, auf Thales zurückführt, so ist doch sicher, daß der apagogische Beweis, welchen er hinzufügt, nicht von Thales stammt, schon aus dem Grunde, weil Euklid einen Beweis für den Satz nicht kennt, vielmehr denselben mit der Definition des Durchmessers selbst verbindet. Aber auch abgesehen davon, ist für diese älteste Zeit nicht anzunehmen, daß damals schon apagogische Beweise bekannt gewesen seien. Diese scheinen vielmehr erst seit Platon gebraucht zu sein. Wir werden den Satz bei Thales also lediglich als einen induktiv aus der Figur erschlossenen Behauptungssatz ansehen müssen, den er vermutlich schon in Ägypten kennen lernte. Etwas anders liegt die Sache bei dem Beweise über die Gleichheit der Basiswinkel im gleichschenkligen Dreieck. Hier scheint Proklos[2] ausdrücklich andeuten zu wollen, daß Thales das

---

[1] Proklos, Comment. in Eucl. Def. 17, p. 157 (Friedlein).

[2] Proklos, Comment. in Eucl., Prop. V, p. 250.

eine Dreieck als zwei angesehen und so die Basiswinkel gegenseitig zur Deckung gebracht habe (ἡμᾶς δυνατὸν ἐν τῷ ἑνὶ τούτῳ παρὰ τὴν λῆψιν τὰ δύο τρίγωνα θεωροῦντας). Beachtenswert ist dabei, daß Proklos ausdrücklich hervorhebt, Thales habe nicht ἴσαι, sondern ὁμοῖαι gesagt. Es fehlt bei Thales eben noch der Begriff der Kongruenz.

Damit stimmt auch die Art, wie Thales sich die Kenntnis von der Winkelsumme im Dreieck verschaffte. Bretschneider[1] hat nachgewiesen, daß der Ausspruch des Eutokios[2] über diesen Beweis sich auf Thales beziehen muß; danach hätte Thales zunächst beim gleichseitigen Dreieck die Wahrheit erkannt, dann habe er für das gleichschenklige Dreieck und endlich für das ungleichseitige Dreieck den Nachweis erbracht, während der allgemeine Beweis erst von Pythagoras oder dessen Schule geführt ist. Hankel[3] hat die Form dieses alten Beweises rekonstruiert, die nur eine induktive Erkenntnis aus der geometrischen Figur darstellt, ohne den Bedürfnissen deduktiver Beweisführung zu genügen. Damit würde aber ein sehr wahrscheinlicher Anschluß an die Ägypter gegeben sein, so daß Thales auch diese Kenntnis nur importiert, aber nicht erfunden habe. Zum mindesten wird man nach dem, was ich oben über die Winkelteilung bei den Babyloniern auseinandergesetzt habe, die Überzeugung gewinnen, daß für das gleichseitige Dreieck die Winkelsumme schon in Babylon bekannt gewesen sein muß. Thales' Verdienst würde dann vielleicht darin bestehen, diese Erkenntnis auf das gleichschenklige und ungleichseitige Dreieck ausgedehnt zu haben, da es ja von ihm gerühmt wird, daß er die in Ägypten erworbenen Kenntnisse verallgemeinert habe.[4] Mag man den Anteil des Thales an diesen Entdeckungen nun so gering schätzen wie möglich (so tut es Bretschneider), so wird doch immer

[1] Bretschneider, l. c. S. 15.
[2] Apollonii Pergaei quae graece exstant, Heiberg II, S. 170.
[3] Hankel, Gesch., S. 96,
[4] Proklos, l. c. S. 65.

das Verdienst bestehen bleiben, daß er der erste Grieche war, der sich mit Mathematik beschäftigte, der der späteren Zeit den Weg zur Quelle mathematischer Kenntnisse, nämlich Ägypten, wies und der Schüler heranzog, die für Mathematik von ihm interessiert wurden.

Solche Schüler werden uns aufgeführt, ohne daß wir über deren Leistungen im einzelnen unterrichtet seien, von einigen wissen wir nur die Namen, z. B. Mandrolytos von Priene[1], dem Thales die Größe des Sonnendurchmessers gezeigt haben soll, und Mamerkos oder, wie er auch genannt wird, Ameristos[2], der sich nach Hippias als Geometer Ruhm erworben haben soll.

Etwas mehr ist von Anaximandros[3] bekannt. Er war der Sohn von Praxiades zu Milet, nach Apollodor war er in dem 2. Jahre der 58. Olympiade 64 Jahre alt, also 547/46, und starb kurz darauf. Danach wäre er 611 geboren. Von vielen Seiten wird ausdrücklich betont, daß er Schüler und Freund des Thales gewesen sei. Wenn Suidas ihm außer der auch anderweit erwähnten Schrift περὶ φύσεως noch mehrere andere zuschreibt, so wissen wir von deren Inhalt nichts. Von seinem Leben ist nur noch bekannt, daß er nach Älian eine milesische Kolonie nach Apollonia führte, und daß er nach Diogenes in Lakedämon zuerst eine Sonnenuhr (Gnomon) aufstellte. Wenn Diogenes (und diesem folgend Eusebius) ihn den Gnomon erfinden lassen, so ist das eine irrtümliche Kombination. Der Schattenzeiger war längst in Babylon bekannt, und von Herodot wird ausdrücklich gesagt[4], daß die Griechen ihn von dort bekommen hätten. Von seinen Leistungen in der Mathematik und Astronomie haben wir nur wenig zu berichten, er spielt hauptsächlich als Philosoph durch die Erfindung des ἄπειρον als Quelle alles Seins eine wichtige Rolle. Suidas berichtet von ihm, er

[1] Apulejus, Florida, 18, 31.
[2] Proklos, l. c. S. 65.
[3] Ausführlicher Nachweis der Fragmente bei Diels l. c. S. 12.
[4] Herodot, II, 109.

habe einen Abriß der Geometrie geschrieben (ὑποτύπωσιν), aber was dieser Abriß enthalten habe, erfahren wir nicht. Wahrscheinlich ist es dasselbe Buch, welches Diogenes nach dem Zeugnis des Apollodor die nach Kapiteln geordnete Darstellung seiner Lehrsätze nennt. Mehr erfahren wir von seinen astronomisch-geographischen Kenntnissen. Nach Strabon (I c. 1. S. 7) hat Anaximander zuerst eine Erdkarte gezeichnet und die Griechen die Einteilung des Tages in 12 Stunden gelehrt. Vor allem ist aber seine Kosmologie von Bedeutung.[1] Danach hat sich aus dem flüssigen Weltstoff die Erde, die Luft und die Sphäre der Gestirne abgesondert. Auf diesen Sphären drehen sich die Gestirne, Mond, Planeten, Sonne, vermutlich getrieben durch die Luftströmungen. So ist Anaximander der eigentliche Begründer der Sphärentheorie, die in der griechischen Astronomie eine so große Bedeutung hatte. Darum berichtet auch Simplicius[2], daß er der erste gewesen sei, der die Größe und den Abstand der Planeten zu bestimmen nötig fand (nach Eudemos), er fand den Ring des Mondes 19-mal so groß als den der Erde und den Sonnenring 27-mal so groß als den Mondring. Die Erde aber dachte sich Anaximander als eine Walze, deren Höhe ein Drittel des Durchmessers betrage, die frei in der Luft schwebe und den Mittelpunkt der Welt bilde. Es wird ihm auch die Entdeckung der Schiefe der Ekliptik zugeschrieben (Simplicius), allein die hat Thales schon gekannt (s. oben). Wenn auch das meiste von dem, was Anaximander an Entdeckungen zugeschrieben wird, schon vor ihm bekannt war, so hat er doch das Verdienst, die Kenntnisse dem praktischen Leben dienstbar zu machen.

Nur mit wenigen Worten brauchen wir des Anaximenes[3] zu gedenken. Für die Mathematik hat er gar keine Bedeutung, dagegen werden ihm in der Astronomie allerlei Entdeckungen zugeschrieben. Über seine Lebens-

[1] Zeller, Gesch. I, 196.
[2] Simplicius, De caelo 471, 1; cf. Hippolytus, Ref. I, 6, 1—7.
[3] Diels, Vorsokratiker, S. 21.

zeit[1] steht soviel fest, daß er um die Zeit der Zerstörung von Sardes durch Cyrus gelebt haben muß, nach Diels[2] würde er um diese Zeit seine Wirksamkeit entfaltet haben und wäre in der 63. Olympiade gestorben. Er war Milesier, Freund oder Schüler des Anaximander. Uns interessieren seine naturphilosophischen Phantasien nicht, auch nicht seine Vorstellung von der Erde und den Gestirnen, aber wir beachten, daß Anaximenes die Beleuchtung des Mondes durch die Sonne lehrte und ihm jedes Eigenlicht absprach[3], um die Mondfinsternis auf diese Weise erklären zu können. Er hielt die Sonne und die Planeten für flache Körper wie die Erde, frei in der Luft schwebend. Wir sehen, es ist nichts Neues; denn schon Thales lehrte dies, aber wir erwähnen es, um zu zeigen, daß die Vorstellungen, welche Thales aus Ägypten mitbrachte und selbst weiterentwickelte, auch nach seinem Tode noch wirksam waren. Sie wirkten auch auf den Mann ein, der für die griechische Mathematik der älteren Periode von größter Bedeutung war, auf den Samier Pythagoras.

3. Pythagoras.

Wenn wir über Pythagoras' Leben und Lehre ein Urteil bilden sollten, so sind wir vor eine Überfülle widersprechendster Angaben gestellt. Von ihm selbst haben wir keine Schrift, und schon die ältesten Zeugnisse beklagen, daß Pythagoras nichts geschrieben, sondern in dem von ihm gestifteten Bund nur mündlich seine Lehren vorgetragen habe. Wir sagen: Bund und nicht Schule, da seine Anhänger als ein festgeschlossener Bund auftraten und eine politische Rolle spielten, die zu einem Kampf gegen diesen Bund führte, in welchem der Bund gesprengt wurde.[4] Es darf als allgemein anerkannt betrachtet werden, daß Pythagoras als Sohn des Mnesarchos

[1] Zeller, Gesch. I, S. 239.
[2] Diels, Rheinisches Museum 31, 27.
[3] Zeugnis des Eudemos bei Theon Smyrn., S. 198, 14.
[4] Zeller, Gesch. I, S. 331 ff.

in Samos geboren war, weite Reisen machte, um zu studieren, bei diesen Reisen nach Ägypten kam, nach seiner Rückkehr aus Samos nach Süditalien auswanderte, in Kroton lebte und hier seinen Bund gründete. In Italien ist er auch gestorben, wahrscheinlich in Metapont. Die Feststellung der Zeit ist schon schwieriger, da wir aus ältester Zeit keine Angaben haben. Vielleicht ist das wichtigste dies, daß Xenophanes [1] und Heraklit [2] von ihm als von einem Verstorbenen reden. Danach müßte Pythagoras bald nach 500 vor Christo gestorben sein. Da er nach einigen 80, nach andern 90 oder nahezu 100 Jahre alt geworden sein soll, müßte er um 580 geboren sein oder etwas früher. Nach Jamblichos würde er 510 nach Kroton gekommen sein, aber die Angaben finden viel Widerspruch.

Von Bedeutung scheint nur zu sein, daß Porphyrius sich auf das Zeugnis des Dikäarchos beruft bei der Angabe, daß Pythagoras erst nach dem Tode des Pherekydes aus Samos ausgewandert sei. Das heißt aber nach 513 vor Christo; dann würden wir seinen Tod etwa um 480 ansetzen dürfen und kämen damit etwa zu 570 als Geburtsjahr. Nimmt man dagegen 540 als das Jahr der Auswanderung, so würde er wohl früher als 570 geboren sein. Denn für das Lebensalter des Auswandernden wird uns als kleinste Grenze 40 Jahre, als höchste 56 angegeben. Die vollständige Literatur gibt Zeller [3], ohne daß dabei eine feste Begrenzung herauskäme. Wenn aber Zeller gegen die ägyptische Reise eifert, so scheint mir das mit Unrecht zu geschehen. Daß wir unmittelbar nach Pythagoras darüber nichts erfahren, beweist in der Tat gar nichts, denn wir erfahren auch über das übrige Leben dieses Mannes bei seinen unmittelbaren Nachfolgern gar nichts. Daß Herodot nicht auch den Aufenthalt in Ägypten erwähnt, ist durchaus nicht auffallend; denn Herodot [4] gibt

[1] Diels, Vorsokratiker, S. 47, 15. — [2] Ib., S. 68, 40.
[3] Zeller, Gesch. I, S. 296 ff.
[4] Herodot, II, 81; IV, 95.

über den Lebenslauf des Pythagoras überhaupt keine Auskunft. Ein Fehlen der Erwähnung des ägyptischen Aufenthaltes würde doch erst etwas Beweiskraft haben, wenn Herodot das Leben des Pythagoras schildern wollte. Aber er bringt ihn doch an der ersten zitierten Stelle ausdrücklich mit den Orphikern und den Ägyptern in Verbindung. Von Isokrates[1] an haben aber alle, welche etwas mehr als nur eine gelegentliche Notiz über Pythagoras bringen, den Aufenthalt des Pythagoras in Ägypten bezeugt. Wenn wir auch gern zugeben, daß die Angabe des Jamblichos[2], er habe 22 Jahre lang in Ägypten zugebracht, ebenso unhistorisch ist wie die andern Angaben dieses Autors, so zwingen doch auch innere Gründe dazu, eine Verbindung des Pythagoras mit jenem alten Kulturlande anzunehmen. Nachdem Thales gelehrt und erweitert hatte, was er aus Ägypten mitgebracht hat, sehen wir die Mathematik bei den Joniern wieder verkümmern. Statt exakt weiter zu forschen, sehen wir die Jonier in naturphilosophische Phantasien versinken, das ist immer ein Zeichen des Niederganges. Nun fehlt es freilich nicht an Angaben, die Pythagoras in direkten Verkehr mit Thales bringen, aber leider heißt dieser Gewährsmann wieder Jamblichos! Unmöglich ist es ja nicht, daß der Samier Pythagoras als Jüngling nach Milet gegangen wäre, um bei Thales zu lernen, allein erweislich ist das sicher nicht. Nun finden wir aber in den mathematischen Leistungen des Pythagoras eine ganze Reihe von Anklängen an ägyptische Wissenschaft, die bei Thales noch nicht vorhanden waren, ja wir finden neue Gebiete erschlossen, von denen Thales, soweit wir urteilen können, keine Ahnung hatte, die aber in Ägypten schon in früher Zeit wenigstens nicht fernab von dem Wege der Forschung lagen, so daß wir schon aus diesem Grunde annehmen müssen, daß Pythagoras in Ägypten Anregung hierzu fand, und zwar durch einen längeren Aufenthalt, bei dem er gründlicher, als es bei Thales der Fall war, in die Kenntnisse der Ägypter

[1] Isokrates, Busiris 11, 28. — [2] Jamblichos, Vita Pythag. 4.

eindringen konnte. Nur so ist der gewaltige Fortschritt und die Richtung, in welcher er erfolgte, zu verstehen. Wenn wir also auch nicht die Zeugnisse des Kallimachos, des Antiphon, des Plutarch, des Porphyrius, des Strabo usw. anführen könnten, müßten wir doch aus inneren Gründen die Beziehung des Pythagoras zu Ägypten annehmen. Ob auch seine Anwesenheit in Babylon[1] sicher ist, mag immerhin bezweifelt werden, seine Bekanntschaft mit der astronomischen Wissenschaft der Babylonier ist dagegen kaum zu leugnen, doch kann diese Kenntnis sehr wohl eine durch Ägypten vermittelte gewesen sein, wie wir oben nachgewiesen haben.

Wenn wir uns nun den Leistungen des Pythagoras zuwenden, so müssen wir auch hier bekennen, daß wir nicht mit Sicherheit angeben können, was auf seine Rechnung zu setzen ist und was auf die seiner Schüler. Da von ihm selbst nichts Schriftliches hinterlassen ist und der erste seiner Schüler, welcher eine Darstellung der Pythagoreischen Lehren gegeben hat, Philolaos[2], wenigstens 30 Jahre nach dem Tode des Meisters schrieb, da aber auch dessen Werk nur in Bruchstücken erhalten ist, so sind wir für die Leistungen des Pythagoras wiederum nur auf Zitate angewiesen. Dabei ist es immer möglich, daß etwas als Leistung des Gründers zitiert wurde, was erst ein Schüler fand. Aber bei der Neuheit des Stoffes, welcher von Pythagoras der griechischen Mathematik zugeführt wurde, wird man nicht fehlgreifen, wenn man die fundamentalen Sätze dieses neuen Gebietes dem Gründer der Schule selbst zuweist und statt des Sammelbegriffs der Pythagoreer das persönliche Subjekt Pythagoras einführt.[3] Es darf dabei freilich nicht

---

[1] Diogenes, VIII, 3; Porphyrius, Vita Pythag. 1, 6, 11; Strabo, XIV, p. 638; Hippol., Ref. I, 2, 11.

[2] Bœckh, Philolaus, D. Pythag. Lehren nebst den Bruchstücken s. Werkes, Berlin 1819.

[3] Die gegenteilige Meinung vertritt H. Vogt, Bib. math. 3 flg. IX, p. 15, 1909.

übersehen werden, daß durch die Sprengung des Bundes der Pythagoreer die Verbreitung seiner Lehren über ganz Griechenland gesichert wurde. So lehrte Philolaos in Theben, wo er mit Platon in Verbindung stand.[1] Auch ist es wahrscheinlich, daß Pythagoras schon vor seiner Übersiedelung nach Kroton von Samos aus in Jonien und den nördlichen Kolonien wirksam war[2], so daß die Philosophen des fünften Jahrhunderts mehr oder weniger mit Pythagoreischen Gedanken bekannt waren.

Etwas Neues tritt mit Pythagoras in die griechische Mathematik ein, es ist die Zahlenlehre, welche, wenn sie nur den Eigenschaften der Zahlen gewidmet ist, Arithmetik genannt wird, wenn es sich aber um Anwendung des Rechnens auf praktische Aufgaben handelt, Logistik heißt.[3] «Die Arithmetik scheint Pythagoras vor allem wert gehalten und hauptsächlich dadurch gefördert zu haben, daß er sie aus dem kaufmännischen Geschäftsbedürfnisse hervorzog und alle Dinge unter der Form der Zahl betrachtete», so berichtet Aristoxenos[4], der Musikschriftsteller und Schüler des Aristoteles. Damit weist Aristoxenos wohl auf die Zahlenmystik hin, welche sich bei den späteren Pythagoreern in großartiger Weise ausgebildet hat, aber will doch auch wohl auf die wissenschaftliche Zahlenlehre hinweisen, die Pythagoras zuerst von allen Griechen trieb. Diese interessiert uns in erster Linie, und sie ist es, um derentwillen wir erklärten, daß Pythagoras, auch wenn man die vielen Zeugnisse für seinen Aufenthalt in Ägypten als zu jungen Datums nicht anerkennen will, mit der Mathematik der Ägypter vertraut gewesen sei. Zunächst unterscheidet Pythagoras die ἄρτιοι von den περισσοί, die geraden von den ungeraden Zahlen[5], wie es schon die

[1] Platon, Phäd. 61.
[2] Herodot, IV, 95.
[3] Platon, Gorgias 451; Euthydemos 290 b; Proklos, Comm. 38.
[4] Stobaeus, Eclogae phys. I, 1, S. 20,3 (Wachsm).
[5] Literatur siehe Zeller, Gesch. I, S. 350, Anm. 2.

Ägypter bei ihren Stammbruchzerlegungen taten. Daraufhin zerlegte Pythagoras die Zahlen in Faktoren und nannte die Zahlen, welche, durch zwei geteilt, ungerade Zahlen geben, ἀρτιοπέρισσοι. Da die Zahlen die Ursachen aller Dinge sein sollen, so wurde mit dieser Einteilung der Gegensatz: begrenzt und unbegrenzt, verbunden, indem die ungeraden Zahlen den Begrenzten entsprechen, weil sie keine Zweiteilung zuließen. Diesen Zahlen gegenüber wird die Einheit als Ursprung aller Zahlen, aber nicht selbst als Zahl bezeichnet.[1] Die Faktorenzerlegung mußte naturgemäß auch zur Auffindung der Quadratzahlen führen, wie wir das schon bei den Tafeln von Senkereh für die babylonische Rechenkunst fanden. Auch dies konnte Pythagoras in Ägypten gelernt haben, wenn er nicht in Babylon selbst diese Quadratzahltabellen kennen lernte. Aber Pythagoras blieb nicht bei den Tabellen stehen, sondern erkannte die Quadratzahl als Summe der ungeraden Zahlen: $1 + 3 + 5 + 7 \ldots + (2n - 1) = n^2$, und damit ging er über das hinaus, was wir von Ägypten und Babylonien wissen.[2] Da diese Summierung schon von Aristoteles bezeugt wird, dürfen wir annehmen, daß die von Späteren[3] bezeugten einfacheren Summierungen, die schon den Ägyptern bekannt waren, Pythagoras auch geläufig waren. Es handelt sich dabei um die Summierung arithmetischer Reihen.

Zunächst lieferte die Addition der ganzen Zahlen bis n die Summe $\frac{n(n+1)}{2}$ und die bildliche Darstellung dieser Summe gab die Dreieckszahlen; hatte die Summierung der ungeraden Zahlen zu den Quadratzahlen geführt, so lieferte die Summierung den geraden Zahlen die Reihe 2, 6, 12, 20 usw., wo alle einzelnen Glieder darstellbar sind als Produkte zweier um 1 verschiedener Faktoren, für diese wurde der Name Heteromeken eingeführt. Freilich

[1] Nikomachos, Eisagoge, S. 84.
[2] Aristoteles, Phys. III, 4.
[3] Theon Smyrn., S. 27 ff.

behauptet Theon, der hierüber ausführlich berichtet, nicht, daß dies alles von Pythagoras selbst schon gelehrt sei, aber da nach Aristoteles[1] die zehnte Kategorie der Gegensätze bei Pythagoras: Quadrat und Heteromekie heißt, sind wir berechtigt, diese Reihen nicht erst den Schülern, sondern dem Meister selbst zuzuschreiben. Dagegen scheint uns die Auffindung der Polygonalzahlen nicht auf Pythagoras selbst zurückzugehen, da dieselben meines Wissens erst nach Platon bei Philippos Opuntios behandelt sind. Daß Pythagoras die Primzahlen von den zusammengesetzten unterschied, versteht sich von selbst; denn das war schon in Ägypten bekannt. Von dort her mußte Pythagoras auch die Kenntnis der geometrischen Reihen mitgebracht haben, aber er blieb nicht dabei stehen. Nach Jamblichos' Angabe hat Pythagoras außer der arithmetischen und geometrischen Proportion (ἀναλογία) aus Babylon auch die harmonische, wie sie von Archytas genannt ist, oder die entgegengesetzte (ὑπεναντία) in Griechenland eingeführt. Er unterschied aber die mittlere Proportionale für alle drei Fälle: $a - b = b - c$; $a:b = b:c$; $\frac{1}{a} - \frac{1}{b} = \frac{1}{b} - \frac{1}{c}$; diese letztere Schreibweise erklärt den Namen bei Pythagoras, wir schreiben gewöhnlich $\frac{a - b}{b - c} = \frac{a}{c}$. Aus diesen mittleren Proportionalen setzt sich dann die musikalische zusammen $a : \frac{a + b}{2} = \frac{2ab}{a + b} : b$. Man hat das Zeugnis des Jamblichos um deswillen als wertlos bezeichnet, weil es erst mehrere Jahrhunderte nach Pythagoras geschrieben ist[3], allein nach einem Ausspruch des Philolaos[4], der bei Nikomachos zitiert wird, ist dies harmonische Verhältnis beim Würfel vor-

[1] Aristoteles, Metaphys. I, 5, 6; cf. XIV, 4.

[2] Jamblichos, Comment. in Nicomach. arith. Tennulius, S. 168 und 141.

[3] Zeller, Gesch. I, S. 307.

[4] Nikomachos, Eisagoge II, 26, 2.

handen in der Zahl der Flächen, Ecken und Kanten, nämlich $\frac{1}{6} - \frac{1}{8} = \frac{1}{8} - \frac{1}{12}$. Es ist daher kein Grund vorhanden, diese Bemerkung des Jamblichos in Frage zu stellen, zumal Jamblichos mit den Kenntnissen der Babylonier durchaus vertraut gewesen ist. Schon wegen der in der Philosophie der Pythagoreer überragenden Bedeutung der «Harmonie» würde man geneigt sein, gerade diesen Teil der mathematischen Leistungen der Schule dem Meister selbst zuzuschreiben; einen bündigen Beweis wird man vielleicht erbringen können, wenn unsere Kenntnisse der babylonischen Kultur so erweitert sind, daß wir dort die Vorgeschichte dieser mathematischen Leistungen finden. Denn das ist doch nicht zweifelhaft, daß diese Proportionslehre, wie sie zu Platons Zeiten ganz ausgebreitet war, weder das Werk eines einzigen Menschen ist, noch auch in kurzer Frist entsteht. Uns, die wir durch die zwölfjährigen Schulen gegangen sind, erscheint die Bedeutung dieser Erkenntnis nicht eben groß, aber man erinnere sich des Eindruckes, als das Licht der Proportionalität zum ersten Male uns eine neue Welt der Erkenntnis beleuchtete, so wird man zugeben, daß nicht Pythagoras und seine unmittelbaren Schüler dies alles erfunden haben. Die Vorgeschichte dieser Proportionalität ruht meines Erachtens unter dem Sand und Schutt der Hügel von Nippur oder Babylon, vielleicht auch schon in den Kisten ungelesener Tontafeln in den Museen. Das Verdienst des Pythagoras bleibt aber immer noch ein sehr großes, wenn wir ihn auch, statt an den Anfang der Proportionslehre, mehr an das Ende rücken. Auch die mittleren Proportionalen eingeführt zu haben, ist wahrlich ein Verdienst. Über ihn hinaus führt erst Platon, der nach dem Zeugnis des Nikomachos[1] die bei Euklid VIII, prop. 11 und 12 verzeichneten Lehrsätze fand, daß zwischen zwei Quadrat-

[1] Nikomachos, l. c. II, 24, 6.

zahlen eine, zwischen zwei Kubikzahlen zwei mittlere Proportionalen fallen. Platon teilt die Sätze ohne Beweis mit: εἰ μὲν οὖν ἐπίπεδον μέν, βάθος δὲ μηδὲν ἔχον ἔδει γίγνεσθαι τὸ τοῦ παντὸς σῶμα, μία μεσότης ἂν ἐξήρκει τά τε μεθ' ἑαυτῆς συνδεῖν καὶ ἑαυτήν· νῦν δὲ — στερεοειδῆ γὰρ αὐτὸν προσῆκεν εἶναι, τὰ δὲ στερεὰ μία μὲν οὐδέποτε, δύο δὲ ἀεὶ μεσότητες συναρμόττουσιν·[1] D. h. also: zwischen zwei Flächen a^2 und b^2 gibt es eine mittlere Proportionale, nämlich ab, zu zwei Körpern a^3 und b^3 gibt es zwei, nämlich a^2b und ab^2, indem $a^3 : a^2b = ab^2 : b^3$ ist.

Diese Audrucksweise des Platon ist ganz pythagoreisch, denn das ist bei Pythagoras charakteristisch, daß seine Zahlengesetze alsbald geometrische Deutung erfuhren oder, dürften wir besser sagen, geometrisch bewiesen oder erkannt wurden. Wir haben nicht die Möglichkeit, absolut sicher über die Art der Ableitung der Sätze bei Pythagoras zu entscheiden. Aber aus der Richtung, welche die weitere Forschung genommen hat, dürfen wir schließen, daß auch Pythagoras wesentlich Geometer war in dem Sinne, daß die Zahlen ihm als räumliche Bilder vorschwebten. So kommt es, daß er nicht von Potenzen der Zahlen redet, sondern von Quadraten und Kuben, aber nicht über die dritte Potenz hinausgeht, so erscheint das Produkt zweier Zahlen stets als Fläche, das Produkt dreier Zahlen als Körper. Auch diese Eigentümlichkeit weist auf babylonische Lehrmeister hin. Würde wirklich Pythagoras unbeeinflußt von jenen alten Leistungen die Zahl als das Element des Denkens gesetzt haben, so ist nicht zu verstehen, daß er in der Behandlung der Zahl, die doch den wesentlichen Inhalt seiner philosophischen Spekulation bildete, bei der dritten Potenz stehen blieb und nicht auch höhere Potenzen bildete. Ein rein arithmetisch aufgebautes Lehrsystem bietet keinen Grund für solche Beschränkung. Wenn

[1] Platon, Timaios p. 32 a.

aber Pythagoras seine Anregung aus Babylon oder vermittelt aus Ägypten empfing, so ist diese Richtung durchaus verständlich. Dort hatte man Mathematik getrieben nicht aus philosophischem Bedürfnis, sondern aus praktischen Gründen. Die räumlichen Gebilde der Welt suchte man zu erkennen, daraus entstand die messende Geometrie und die messende Astronomie, aus den Bedürfnissen dieser Aufgaben war das Sexagesimalsystem entstanden, diesen Bedürfnissen dienten die Quadrat- und Kubiktabellen. Dort lernte Pythagoras auch die durch gemessene Strecken beschaffte Herstellung eines rechten Winkels mit den Seiten 3, 4, 5 des Dreiecks. Dort fand er auch die praktische Anwendung des Gnomon, des senkrecht aufgestellten Stabes, um auch einen rechten Winkel zu konstruieren. Aus der Verbindung dieser astronomischen Einrichtung mit dem Bedürfnis der Handwerker und Baumeister, Maße für rechte Winkel zu besitzen, entstand die Bezeichnung Gnomon für ein solches Winkelmaß, wie es schon in alten Tischlerwerkstätten abgebildet ist.[1] Sind die Schenkel eines solchen Winkelmaßes gleich lang und gleich breit, so versteht man, daß Aristoteles[2] sagen kann, die Pythagoreer legten nur das Quadrat eines Gnomon an, um wieder ein Quadrat zu bekommen. Damit ist uns der Beweis geliefert, daß die Methode, wie Pythagoras jenes Resultat erhielt, daß die Summe der ungeraden Zahlen die Quadratzahlen liefern, eine geometrische war; er legte um ein Quadrat drei gleiche und erhielt so das Quadrat über der Seite 2, in derselben Weise, mit fünf Quadraten fortfahrend, das Quadrat über der Seite 3. Dies Zeugnis ist um so wertvoller, als Aristoteles ein abgesagter Feind der Verbindung von Geometrie mit Arithmetik ist, er wendet sich sogar gegen die Anwendung der Zahl auf die geometrischen Figuren, indem er einem gewissen Eurytos, von dem wir sonst nichts wissen, vor-

[1] Wilkinson, Manners and cust. of anc. Egypt. III, 144.
[2] Aristoteles, Physika III, 4 (Prantl, S. 46).

wirft, daß er für die Dinge (Mensch, Pferd usw.) Zahlen setze, «wie die, welche die Zahlen anwenden auf die Figuren vom Dreieck und Viereck und auf diese Weise mit den Steinchen (Rechensteinen) die Gestalten der Pflanzen (Zeller will statt φυτῶν : τοιούτων setzen) zusammensetzen».[1]

Diese Überlegungen zwingen uns, der allgemeinen philosophischen Frage näher zu treten: Ist Pythagoras von dem Begriff der Zahl ausgegangen und hat «mit sinnendem Geiste» bei der Betrachtung der Welt nun die aus den Verhältnissen der Zahlen erschlossenen Wahrheiten auf die Dinge der Welt angewandt? So will es Zeller.[2] Er erkennt freilich an, daß Aristoteles sagt, die Pythagoreer haben die Zahlen als Raumgrößen behandelt, aber er meint, wenn Pythagoras wirklich von der Betrachtung der Raumgrößen ausgegangen wäre, so hätte er nicht die Zahl als das Ursprüngliche zum Aufbau des Systems der Welt gefunden, sondern würde zu einer atomistischen Ansicht gekommen sein. Nun gebe ich gerne zu, daß Aristoteles an der betreffenden Stelle dem Pythagoras etwas unterschiebt, was er nicht gemeint hat. Die Schlußweise des Aristoteles ist nämlich diese: «Alle Dinge können nur durch wesensgleiche Dinge gemessen werden, sollen also die Körper durch Zahlen gemessen werden, so müssen die Zahlen körperlich sein.» Da hat Aristoteles die Pythagoreer einfach nicht verstanden; bei ihnen sind nicht die Zahlen substantielle Elemente der Körper, sondern Symbole, und darum können dieselben Zahlen für sehr verschiedene Dinge Symbole sein, die Aristotelische Verspottung der Zahl 7 (die 7 von Theben, Plejaden usw.) ist daher völlig verfehlt. Aber mir scheint doch das 14. Kapitel der Metaphysik auch für diese

[1] Aristoteles, Metaphys. XIV, 5 (S. 1092 b 11). Ich vermute, daß Cantor, Gesch. I, S. 169, Anm. 2, diese Stelle meint, aber ἄγοντες εἰς kann doch nicht wohl übersetzt werden durch «zurückführen auf».

[2] Zeller, Gesch. I, S. 378 ff.

Frage wichtiger zu sein als das 13., insofern man aus den Gründen, mit welchen Aristoteles die Pythagoreer bekämpfen will, schließen darf, was jene wirklich abgeleitet haben. Danach ist gar kein Zweifel, daß die Gründe, welche Pythagoras für seine Behauptungen anführt, durchweg aus den geometrischen Darstellungen entnommen sind. Schon die bekannte Geschichte, daß jemand 1, 2, 3, 4 zählt und Pythagoras ihn korrigiert mit der Bemerkung, statt 4 solle er 10 sagen, beweist, daß er das Dreieck mit den 10 Punkten oder Steinchen im Auge hat. Die Pythagoreer sahen die Zahlen geometrisch, aber ihre Geometrie bestand zunächst in einer Ausmessung, so waren die geometrischen Beziehungen ihnen klar geworden durch die Beziehungen der Maßzahlen, sie drückten daher die figürlichen Eigenschaften in Zahlen aus. Da nun die sinnliche Wahrnehmung durch das Auge zunächst Figuren der Dinge erkennen läßt, so war auch für die Dinge und deren Verhältnis zueinander die Zahl das maßgebende. Kommt nun die weitere Entdeckung hinzu, daß auch die sinnliche Wahrnehmung durch das Ohr, d. h. die akustischen Verhältnisse, sich durch Zahlen darstellen, so lag es wirklich nicht so fern, den Schluß zu machen, daß die Zahl für alles Seiende das Bestimmende ist und darum der Ausgangspunkt für alles Seiende. Schon hieraus war dann das philosophische System des Pythagoras wohl zu konstruieren, und es konnte in diesem nun die Zahl an die Spitze gestellt werden, um von da aus deduktiv die Bedingungen des Seins zu entwickeln. Daß jemand, der nur Zahlen betrachtet und deren Gesetze rein arithmetisch behandelt, überhaupt auf die Idee kommen kann, diese Verhältnisse als die konstituierenden Elemente für alles Sein anzusehen, scheint mir nahezu unmöglich, denn es fehlt da jede Brücke zwischen dieser absoluten Geistesarbeit der Zahlenbeziehungen und der durch die sinnliche Wahrnehmung gebotenen Weltanschauung. Mir scheint die Ursache der unhaltbaren Ansicht bei Zeller darin zu

6*

liegen, daß er Pythagoras von allen Beziehungen zu früheren, besonders auch zu Ägypten loslöst. Er betrachtet ihn als einen von der ganzen Welt unbeeinflußten Einsiedler, der sich lediglich mit seiner Phantasie beschäftigt und nun ganz spekulativ an die Arbeit geht, von einem willkürlich gefaßten Prinzip aus eine umfassende Philosophie zu schaffen. Eine solche Figur paßt aber gar nicht in das 6. Jahrhundert vor Christo hinein. Dagegen erscheint die oben gegebene Hypothese über die Entstehung des Pythagoreischen Systems durchaus wahrscheinlich, wenn man Pythagoras mit Ägypten in Verbindung bringt. Denn hier in Ägypten fand sich das alles in naiver, elementarer Weise vor. Man mag gern die Geschichte von den Nilüberschwemmungen bei Herodot[1] als Urgrund der Geometrie bestreiten, mag gern behaupten, daß nicht Sesostris der Schöpfer der Geometrie war, das gebe ich gern zu, aber alles, was wir von Ägypten wissen, von dem Ahmesschen Rechenbuch bis zur Alexandrinischen Periode hin, zeigt uns die Geometrie immer nur als eine Figuren messende Tätigkeit. Nirgends tritt eine Raumanschauung, eine Raumwissenschaft hervor, darum fehlt den Ägyptern die Perspektive. Ihre Messungen sind ausschließlich in der Ebene ausgeführte Längenmessungen. Auch die Volumenberechnungen liefern keine Raumanschauung. Ein Grieche, der in solcher Umgebung seine mathematischen Studien machte, verband aber damit die den Griechen eigentümliche Raumanschauung und mußte so weiter kommen als seine Lehrmeister, mußte ein geometrisches System schaffen und die Objekte der Geometrie als Elemente des Raums erfassen und so die Grundlage wissenschaftlicher Geometrie geben, und darum mußte sich hier eine viel größere Fruchtbarkeit entwickeln als auf dem Gebiet der reinen Arithmetik. Das ist in der Tat der Fall, und wir entnehmen daraus einen Beweis, daß unsere Auffassung richtig ist.

[1] Herodot II, 109.

Die geometrischen Leistungen des Pythagoras lehnen sich zunächst an die ägyptischen resp. babylonischen Aufgaben an; wir folgen dabei der von Proklos (wohl wesentlich nach Eudemos) gegebenen Reihenfolge. Als erste geometrische Erkenntnis rühmt Proklos[1] jenen uns aus Babylon bekannten Satz, daß die Ebene durch sechs um einen Punkt gelegte gleichseitige Dreiecke ausgefüllt sei: der wird dadurch erweitert, daß es auch vier Quadrate oder drei reguläre Sechsecke sein können, so daß durch Aneinanderlegen solcher Figuren stets die ganze Ebene ausgefüllt werde, während alle anderen regelmäßigen Vielecke die Summe von vier Rechten nicht erreichen oder überschreiten. Pythagoras hat also die Addition der Winkel durch Anlegen vollzogen. Dieselbe Methode verwendet er auch in dem von ihm herrührenden Beweise[2], daß die Winkelsumme in einem Dreieck = zwei Rechten sei, indem er durch die Spitze eine Parallele zur Basis zieht, zunächst zwei Winkel addiert und den dritten als Nebenwinkel diese Summe zu zwei Rechten ergänzen läßt. Als drittes Problem, welches Pythagoras gelöst habe, nennt Proklos die Aufgabe: an eine gegebene Gerade ein Parallelogramm unter gegebenem Winkel anzulegen, so daß es einem gegebenen Dreiecke inhaltsgleich ist. Er sagt: es sind alte Entdeckungen der Pythagoreer, sowohl das Anlegen der Flächen wie das Überschießen und das Fortlassen.[3] Daß aber damit nicht etwa die Entdeckung der Kegelschnitte selbst gemeint sei, sagt Proklos ausdrücklich indem er hinzufügt, daß diese Namen von den «Jüngeren» übernommen seien, als sie die Kegelschnitte erkannt hätten. Es muß sich also bei dieser Aufgabe um eine Flächenverschiebung oder Messung gehandelt haben, die nicht nur für den einzelnen Fall eine

[1] Proklos, Comm., p. 304.

[2] Proklos, l. c. 379.

[3] Ib. 419: ἔστι μὲν ἀρχαῖα καὶ τῆς τῶν Πυθαγορείων μούσης εὑρήματα ταῦτα, ἥ τε παραβολὴ τῶν χωρίων καὶ ἡ ὑπερβολὴ καὶ ἡ ἔλλειψις. (Vogt, Bib. math. 3, IX, 15 ff leugnet die Flächenanlegung).

Lösung gab, sondern die allgemein zu den Kurven führte, die später diesen Namen behielten, als man sie als die Schnittflächen eines Kegels erkannte. Nun sind ja diese Aufgaben schon als den Ägyptern längst bekannt von uns aufgeführt, es kann sich in der Notiz des Proklos also entweder nur um ein Übertragen der ägyptischen Kenntnisse nach Griechenland handeln oder um eine besondere Lösungsmethode. Wir meinen, es wird das letztere sein, was Proklos sagen will, denn es paßt das, was er vorher von Flächenteilung gesagt hat, sehr wohl zu dieser durch Flächenverschiebungen zu lösenden Aufgabe. Das nämlich wird uns auch von anderer Seite als wesentliches Verdienst der Pythagoreer genannt, daß sie Figuren teilten und aus Dreiecken zusammensetzten. Freilich legt Platon diese Erkenntnis dem Timaios in den Mund[1], allein da das Schlußergebnis wieder auf Figuren, resp. Körper führt, die wir bei Pythagoras sicher als bekannt nachweisen können, so dürfen wir diese Angaben als Pythagoreisch bezeichnen. Wenn wir von der allegorischen Beziehung auf die Elemente der Welt zunächst absehen, ist der Inhalt dieser: «Die geradlinigen Figuren sind aus Dreiecken zusammengesetzt. Jedes Dreieck aber besteht aus zwei rechtwinkligen Dreiecken. Wenn diese beiden rechtwinkligen Dreiecke gleich sind und so beschaffen, daß das Quadrat der einen Kathete dreimal so groß ist wie das Quadrat der andern, so entsteht das gleichseitige Dreieck (darum nennt Timaios das rechtwinklige Dreieck das schönste). Aus gleichseitigen Dreiecken bildet man aber die Körper, und zwar den ersten aus vier gleichseitigen Dreiecken, von denen drei in einer Ecke zusammenstoßen; den zweiten aus acht Dreiecken, von denen vier in einer Ecke zusammenkommen; den dritten aus zwölf Ecken, wo immer fünf gleichseitige Dreiecke zusammenliegen, so daß zwanzig Dreiecke die Begrenzung bilden. Dann entsteht aber auch aus zwei gleichen,

[1] Platon, Timaios 20, p. 53 f.

rechtwinklig-gleichschenkligen Dreiecken, welche mit den Hypotenusen aneinander gelegt werden, das Quadrat, und aus sechs solcher Quadrate entsteht der Würfel mit drei Flächen in einer Ecke.» Wenn wir diese Worte des Timaios als Kenntnis von Pythagoras ansehen, so berechtigt uns dazu der Bericht des Eudemos. Nach Proklos[1] fand Pythagoras auch die Konstruktion der «kosmischen» Körper. Diese Benennung hatten die fünf regelmäßigen Körper durch die Symbolisierung der Elemente, aus denen die Welt bestehen sollte: das Feuer = Tetraeder, die Luft = Oktaeder, das Wasser = Ikosaeder, die Erde = Kubus.[2]) Freilich wird diese Beziehung dort Philolaos zugeschrieben, doch wird sie sich auch auf Pythagoras zurückbeziehen, wie Ps. Plutarch ausdrücklich sagt. Der fünfte Körper, das Dodekaeder, fehlt an dieser Stelle im Timaios wunderbarerweise. Nach Ps. Plutarch (l. c.) soll der fünfte Körper Symbol gewesen sein für «τὴν τοῦ παντὸς σφαῖραν». Die entsprechende Stelle im Stobäus ist sehr umstritten wegen des ὁ τᾶς σφαίρας ὁλκάς. Zeller[3] hält sich wegen der Unsicherheit dieser Zeugnisse daher für berechtigt, an die Stelle der Weltkugel als Ganzes die kleinsten Teile dessen, was die Weltkugel füllt, nämlich des Aethers zu setzen und findet dafür Stützen in den Stellen aus Simplicius, Xenokrates, Speusippos und der Epinomis, welche mit Philolaos dem fünften Körper das fünfte Element der Welt zuordnen. Immerhin würde es danach noch möglich sein, trotz des Zeugnisses von Eudemos den fünften Körper bei Pythagoras noch zu leugnen und dessen Entdeckung erst seinen Schülern zuzuweisen, wenn wir nicht noch in der Lebensbeschreibung von Jamblichos ein direktes Zeugnis dafür hätten, daß bereits Pythagoras das Dodekaeder der Kugel einbeschrieben habe.[4]

---

[1] Proklos, l. c. p. 65.
[2] Stobaios, I, 10; Ps. Plutarch, Plac. II, 6.
[3] Zeller, Gesch. II_1, 951. cf. I_1, 407.
[4] Jamblichos, Vita Pyth. 88.

Wir werden gleich sehen, daß noch manche Momente dafür sprechen, daß Pythagoras sich mit dem aus Fünfecken gebildeten Körper beschäftigt haben wird. Zunächst interessiert uns daran zu erinnern, wie im Timaios die Entstehung der regelmäßigen Körper aus der Ecke abgeleitet ist. Bringen wir damit in Verbindung, was ich als ersten Punkt hervorhob bei den Leistungen des Pythagoras, daß er die Ebene ausfüllt mit Dreiecken und Quadraten und ausdrücklich sagt, daß von andern Polygonen entweder die vier rechten überschritten oder nicht erreicht wären, so, meine ich, liegt darin der vollgültige Beweis, daß Pythagoras gewußt hat, daß es keinen sechsten regelmäßigen Körper geben kann. Welche Gründe Cantor[1] für eine so entschiedene Abweisung dieser Kenntnis hat, weiß ich nicht.

Ich sagte, es gibt noch mehrere Momente, welche dafür sprechen, daß Pythagoras sich auch mit dem Dodekaeder beschäftigt haben wird. Das ist in erster Linie die Vorliebe für das regelmäßige Fünfeck. Bretschneider[2] führt das Zeugnis des Lucian und des Scholiasten zu Aristophanes' Wolken (609) dafür an, daß das Pentagramm, die aus den Diagonalen des regelmäßigen Fünfecks gebildete Figur, als Zeichen für «sei gesund» oder «Gesundheit» das Begrüßungswort für die Pythagoreer auf Geheiß des Meisters gewesen sei. Wenn aber das Fünfeck in so hervorragender Weise ausgezeichnet war, so setzt das voraus, daß Pythagoras hier Erfinderrechte geltend machte, und das stimmt vortrefflich mit der ganzen Kulturentwicklung überein. Weder in Babylon noch Ägypten haben wir bisher Verwendung des Fünfecks gefunden. Wo tritt es zuerst künstlerisch verwertet auf? In Italien! Wenn auch die Zeit dort auf das 7. Jahrhundert verlegt wird[3], so ist eine solche Zeitbestimmung immer nicht ganz sicher, es könnte auch wohl das

[1] Cantor, Gesch. I, S. 174.
[2] Bretschneider, Geometrie vor Euklid, S. 85, 86.
[3] S. Cantor, Gesch. I, S. 178.

6. sein, und damit wäre der Anschluß an Pythagoras erreicht. Dazu kommt, daß die Konstruktion des Fünfecks die Kenntnis der stetigen Teilung voraussetzt, das aber ist wieder eine Leistung, die durchweg dem Pythagoras zugeschrieben wird und deren Entdeckung alsbald die weiteste Verbreitung fand, so daß die hervorragenden Bauten Athens aus jener Zeit in dem Verhältnis der Länge zur Breite zur Höhe dem Verhältnis der stetigen Teilung entsprachen. Danach dürfen wir kein Bedenken tragen, die stetige Teilung Pythagoras zuzuschreiben. Diese aber setzte die Kenntnis des Pythagoreischen Lehrsatzes voraus, und zwar in der Beweisform, daß das Verhältnis der Hypotenuse zur Kathete gleich dem der Kathete zu ihrer Projektion. Zunächst ist hierbei festzustellen, daß dieser Satz in seinem allgemeinen Ausspruch, nicht etwa nur für spezielle Fälle, bereits dem Pythagoras zugehört. Zunächst das Zeugnis des Proklos[1]: τῶν μὲν ἱστορεῖν τὰ ἀρχαῖα βουλομένων ἀκούοντας τὸ θεώρημα τοῦτο εἰς Πυθαγόραν ἀναπεμπόντων ἐστὶν εὑρεῖν καὶ βουθύτην λεγόντων αὐτὸν ἐπὶ τῇ εὑρέσει. (Diejenigen, welche auf die Quellenforscher hören, werden finden, daß das Theorem [Prop. 47, Theor. 33 bei Euklid] auf Pythagoras zurückgeführt wird, und daß er wegen dieser Erfindung ein Stieropfer gebracht habe.) Dies Stieropfer spielt auch eine Rolle bei Plutarch, doch weiß er nicht, ob es aus Freude über diesen Satz oder über die Auffindung der Flächenanlegung in Parabel, Ellipse und Hyperbel gebracht sei.[2] Wir erinnern daran, daß ein solches Stieropfer auch Thales von der Pamphile zugeschrieben wurde wegen der Entdeckung des rechten Winkels im Halbkreise.[3] Bei Thales wäre das immerhin möglich gewesen, bei Pythagoras aber nicht, da nach dem übereinstimmenden Zeugnis das blutige Opfer und Fleischspeisen

[1] Proklos, Comm. S. 426.

[2] Plutarch, Non posse suav. viv. 11.

[3] Diogenes Laert. I, 24.

bei den Pythagoreern verboten waren.[1] Aber es kann sich bei der Frage nach diesem Satze eigentlich gar nicht um das «Ob», sondern nur um das «Wie» handeln. Wir hatten schon gesehen, daß das Dreieck 3, 4, 5 schon den Ägyptern und wahrscheinlich auch den Babyloniern längst bekannt war. Wenn also Pythagoras nur etwa dieses Dreieck oder vielleicht noch ein oder das andere dazu gefunden hätte, so wäre sein Verdienst recht gering. Das, was ihn über jene Praktiker erhebt, war die wissenschaftliche Erkenntnis, daß das Hypotenusenquadrat gleich der Summe der Kathetenquadrate sei in allen Fällen. Nun ist nach der Fortsetzung aus jener Proklosstelle ersichtlich, daß der Euklidische Beweis nicht von Pythagoras herrührt, sondern sicheres Eigentum des Euklid selbst war. Es entsteht die Frage: wie hat Pythagoras also den Satz bewiesen? Daß er ihn nicht etwa nur empirisch aus den Zahlenbeispielen gefunden habe, also auf arithmetischem Wege durch Addition zweier Quadratzahlen, die wieder eine Quadratzahl bilden, geht mit Sicherheit aus der Bemerkung des Eudemos[2] hervor, daß Pythagoras auch die Behandlung der ἀλόγων, der irrationalen Größen, gefunden habe; denn die irrationalen Größen konnten ihm nur in dem rechtwinkligen Dreieck bekannt werden, da noch lange nach ihm diese Irrationalität immer nur geometrisch behandelt wird, bis auf Platon. Es muß demnach ein geometrischer Beweis vorhanden gewesen sein, wenn auch gern anerkannt werden mag, daß jenes Dreieck 3, 4, 5 für Pythagoras der Wegweiser zu seinem Satze war. Es ist verschiedentlich versucht worden, die Beweismethode des Pythagoras zu rekonstruieren. Bretschneider[3] will den Beweis durch Verschieben des rechtwinkligen Dreiecks in

[1] Porphyrius, V. P. 7; Strabo, XV, p. 761; Diogenes VIII, 37 und zahlreiche andere.

[2] Proklos, Comm., S. 65. (Durch eine Konjektur will Vogt l. c. auch dies Zeugnis beseitigen.)

[3] Bretschneider, l. c. S. 82.

die Ecken des Quadrats über der Summe der Katheten führen. Zeugnisse aus dem Altertum für diesen Beweis gibt es nicht; aber es muß anerkannt werden, daß die Dreiecksverschiebungen bei Platon (s. oben) eine Rolle spielen. Cantor[1] will den Satz zunächst nur aus dem gleichschenklig-rechtwinkligen Dreieck ableiten, indem er sich auf eine Stelle in Platons Menon beruft, allein ich sehe nicht ein, wie man von diesem optischen Beweis dann zur Ableitung für ein ungleichseitiges rechtwinkliges Dreieck kommen will. Und daß die Irrationalität für $\sqrt{3}$, $\sqrt{5}$ usw. zum mindesten bei Theodoros von Kyrene nach dem Zeugnis Platons[2] bekannt und bewiesen war, fordert doch diesen Übergang, wenn man nicht annehmen will, daß für diese Zahlen nur eine rein arithmetische Ableitung gewählt sei. Nun liegt meines Erachtens aber der Pythagoreische Beweis gar nicht so fern, wenn man bedenkt, daß seit Thales der Gnomon bekannt war, daß Thales schon die Proportionalität bei seinen Entfernungsmessungen anwandte (s. oben), daß ferner nach dem oben mitgeteilten Zeugnis Platons die Zerlegung des Dreiecks durch die Höhe in rechtwinklige Dreiecke in weitestgehender Weise zur Größenvergleichung benutzt wurde. Danach scheint mir durchaus nicht unwahrscheinlich, daß Pythagoras eben durch die Höhe das Dreieck zerfällte und nun durch Proportion der entsprechenden Stücke fand, daß die Kathete mittlere Proportionale zwischen der Hypotenuse und der Projektion sei. Diese Ableitung paßt durchaus zu den bei den regelmäßigen Körpern durch Platon als pythagoreisch nachgewiesenen Ableitungen z. B. das schönste rechtwinklige Dreieck, bei welchem das Quadrat der Höhe dreimal so groß ist als das Quadrat über der Projektion. Es paßt diese Ableitung auch zu der Auffindung des Goldenen Schnittes (s. oben). Ich meine darum Zeuthen[3] recht geben zu müssen, der auch auf die mittlere Proportionale hinweist. Aber die Be-

[1] Cantor, Gesch. I, 185. — [2] Platon, Theätet 147 d.
[3] Zeuthen, Gesch. d. Mathem., S. 50.

schränkung auf kommensurabele Fälle kann ich nicht zugeben, da ja schon das «schönste» Dreieck nicht kommensurabele Seiten hatte. Immerhin war es bei der Neuheit irrationaler Größen von Interesse, rationale Verhältnisse zu finden, und Proklos gibt uns die Methode des Pythagoras für diese rationalen Seitenzahlen neben der des Platon. Pythagoras[1] geht von einer ungeraden Zahl aus, diese macht er zur Kathete, nimmt das Quadrat der Zahl, subtrahiert davon 1 und teilt den Rest durch 2, diese Strecke wählt er zur zweiten Kathete, dann ist die Hypotenuse um 1 größer als diese Kathete. Z. B. 7, 24, 25, oder in Buchstaben β, $\frac{\beta^2-1}{2}$, $\frac{\beta^2-1}{2}+1$, denn $\beta^2+\left(\frac{\beta^2-1}{2}\right)^2=\left(\frac{\beta^2+1}{2}\right)^2$. Platon, um das gleich hier abzuhandeln, geht von einer geraden Zahl für die kleinere Kathete aus, halbiert dieselbe, quadriert diese Hälfte und zählt 1 hinzu, um die Hypotenuse zu erhalten, zählt 1 ab, um die andere Kathete zu bekommen. Z. B. 8; 16 — 1; 16 + 1, oder 4; 3, 5. In Buchstaben würde die platonische Formel also so heißen β, $\left(\frac{\beta}{2}\right)^2-1$; $\left(\frac{\beta}{2}\right)^2+1$. Beide Vorschriften entspringen natürlich der Kenntnis von der Quadrierung des Binoms. Natürlich wird diese Quadrierung wirklich am geometrischen Quadrat erkannt und bewiesen sein, darauf weist die Fassung bei Euklid[2] ja mit Sicherheit hin.

Alles dies zwingt wohl zu der Ansicht, daß die pythagoreische Methode als eine messende Geometrie bezeichnet werden muß und nicht als eine Arithmetik, die gelegentlich auf Geometrie angewandt wird. Daß die Verhältnisse der Strecken das Wesentliche in der Beweismethode war, habe ich mehrfach betont; diese Meinung

[1] Siehe Proklos l. c. S. 428.

[2] Euklid II, prop. 4.

findet eine Stütze in der Tatsache, daß die Lehre von den Brüchen sich erst sehr viel später ausbildete. Bei Archytas[1] kommen nur Verhältnisse vor und nirgends etwas der Bruchrechnung Entsprechendes. Eine weitere Stütze ist[2] die sonst ganz unverständliche Unterscheidung von Zahl und Einheit. Wäre der arithmetische Gesichtspunkt maßgebend, so kann gar kein Grund angegeben werden, warum 1 nicht auch als Zahl betrachtet worden wäre, sobald aber die Sache geometrisch angesehen wird, ist 1 das Maß, und die Zahl gibt an, wie oft dieses Maß in der gegebenen Länge enthalten ist, dann kann man mit Recht zwischen Zahl und Einheit unterscheiden, denn hier ist die Einheit eine Strecke, die Zahl aber eine Anzahl.

Wenn man diese Auffassung der pythagoreischen Entwicklung anerkennt, dann wird auch eine Angabe des Plutarch[3] verständlich, die sonst kaum annehmbar wäre. Es ist die, daß Pythagoras die Konstruktion gefunden habe, zu zwei gegebenen Figuren eine dritte zu zeichnen, die der einen ähnlich, der andern gleich sei. Hieran knüpft Plutarch die Bemerkung: «Nach dieser Erfindung soll Pythagoras ein Opfer dargebracht haben. Denn viel eleganter und wissenschaftlicher ist dies Theorem als das, wonach das Hypotenusenquadrat gleich der Summe der Kathetenquadrate ist». Die Weite der Perspektive dieses Satzes hat wohl schon oft die Veranlassung gegeben, daß man des Plutarch Angaben mißtraute, aber doch mit Unrecht, denn bald nach Pythagoras finden wir die Kenntnis des Satzes, daß ähnliche Flächen sich wie die Quadrate homologer Seiten verhalten, so allgemein bekannt, daß derselbe als Beweisgrund unbedenklich angewandt wird. Wir haben nämlich aus der Geschichte des Eudemos außer bei Proklos einen beachtenswerten Auszug bei

[1] Siehe Gruppe, Über die Fragmente des Archytas usw., S. 94.
[2] Boethius, De institutione musica III.
[3] Plutarch, Symp. VIII, 4. cf. Bretschneider l. c. S. 84.

Simplicius. Es ist das große Verdienst Bretschneiders[1], diese Stelle des Simplicius wieder ausgegraben und damit für viele Fragen eine wichtige Quelle erschlossen zu haben. Da wird in § 82 ausdrücklich dieser Satz als bekannt vorausgesetzt und von Hippokrates benutzt, um den Satz zu beweisen, daß die Kreise (Halbkreise) sich verhalten wie die Quadrate der Durchmesser. Da Hippokrates seine Mathematik von den Pythagoreern hatte, darf also angenommen werden, daß jener Satz dort abgeleitet war, so daß damit jene Nachricht des Plutarch sehr an Wahrscheinlichkeit gewinnt. Wir haben daraus Pythagoras als einen ganz außerordentlichen Geometer kennen gelernt und verstehen es, wenn man ihn als den Vater der Geometrie pries, und diese schlechthin «die Forschung nach Pythagoras» nannte.[2] Wenn trotzdem von einigen die Verdienste Pythagoras' um die Arithmetik höher geschätzt werden, so hat dies insofern seine Berechtigung, als hier zum ersten Male auf griechischem Boden eine Wissenschaft geboten wird, die bisher nicht vorhanden war, die aber, so weit wir sie bei Pythagoras verfolgen können, in ihren wesentlichen Punkten bereits in Ägypten ausgebildet war.

Es erübrigt, daß wir über das Astronomische bei Pythagoras noch einige Notizen anfügen, ohne uns auf die philosophischen Spekulationen über «Entstehen» und «Dauer» der Welt einzulassen. Uns interessiert nur die Vorstellung des Pythagoras über den gegenwärtigen Zustand der Himmelskörper. War schon im Gebiet der reinen Mathematik das Fehlen jeder authentischen Mitteilung über das, was dem Gründer und das, was den Genossen des Bundes zugehöre, schmerzlich zu beklagen, so ist auf dem Gebiet der astronomischen Vorstellungen diese Unterlassung noch viel bedauerlicher. Schon Platon gibt nicht an, was von ihm selbst, was von Pythagoras stammt.

---

[1] Bretschneider, l. c. S. 100 ff.
[2] Jamblichos, Vita Pythag. 9, 89.

Aber vollends unangenehm wird die Sache dadurch, daß wir im wesentlichen auf das Zeugnis des Aristoteles angewiesen sind, der zwischen dem, was von Pythagoras selbst und dem, was von seinen Schülern herrührt, gar nicht unterscheidet, in vielen Punkten sogar platonische Ideen mit den pythagoreischen konfundiert und vor allem viel zu wenig Mathematiker ist, um Platons Andeutungen wirklich zu verstehen.[1] Da nun die meisten späteren Nachrichten durchweg auf Aristoteles zurückgehen, so wären wir in einer ganz verzweifelten Lage, wenn man nicht imstande wäre, aus dem, was Platon selbst geschrieben, und dem, was über Philolaos berichtet wird, wenigstens mit einiger Sicherheit die Hauptmomente der pythagoreischen Weltanschauung festzustellen. Zunächst wird von allen Zeugen ausnahmslos berichtet, daß Pythagoras die Erde, Sonne, Mond und Planeten als Kugeln betrachtet. Aber schon die Frage nach der Stellung der Erde zu den übrigen Planeten ist eine strittige. Es fehlt nicht an Gelehrten, welche die Erde im System des Pythagoras in den Mittelpunkt des Weltalls setzen wollen.[2] Nach allgemeiner, jetzt angenommener Darstellung soll aber schon Pythagoras in die Mitte des Weltalls das Zentralfeuer gesetzt haben und nicht erst Hippasos, ein Pythagoreer des 5. Jahrhunderts.[3] Dann würde die Auffassung folgende gewesen sein: in der Mitte das Zentralfeuer, darauf die Gegenerde, dann die Erde, der Mond, die Sonne, die Planeten, der Fixsternhimmel. Das ganze System, aus zehn Größen bestehend, soll sich von West nach Ost um das Zentralfeuer drehen. Die «Gegenerde» wird angenommen lediglich zur Erklärung dafür, daß wir dies Zentralfeuer nicht sehen, sie steht also dauernd zwischen uns und dem Zentralfeuer, und wir haben beides auf der uns abgewandten Seite zu suchen. Die

[1] Görland, Aristoteles und die Mathematik, Marburg 1899.

[2] Gruppe, Das kosmische System der Griechen, 1851; Wolf, Geschichte der Astronomie, 1877.

[3] Zeller I, 422.

Sonne, der Mond und die Planeten reflektieren aber das Licht des Zentralfeuers. Nun ist zunächst zu bedenken, daß zur Erklärung der Unsichtbarkeit des Zentralfeuers gar nicht nötig ist eine Gegenerde anzunehmen; wenn die beim Mond erkannte Unbeweglichkeit der uns zugewandten Seite auch für die Erde angenommen wird, ist die Unsichtbarkeit des Zentralfeuers von selbst gegeben. Es bliebe also als alleiniger Grund für die Annahme dieses unsichtbaren Weltkörpers lediglich das Bedürfnis, die Zahl 10 zu bekommen übrig. Bei einem so überragenden Geiste, wie wir ihn in Pythagoras kennen lernten, fällt es aber doch sehr schwer, anzunehmen, derselbe sei bereit gewesen, einer Zahlenmystik zuliebe einfach einen sonst ganz unbekannten Weltkörper zu setzen. Viel eher traut man solche perverse Logik einem Epigonen zu, der des Meisters wirkliche Gedanken nicht verstanden hat. Nun haben wir aber vielfache Zeugnisse dafür, daß tatsächlich erst unter den Schülern des Pythagoras solche Motive Beachtung fanden. Zunächst erklärt Diogenes[1] ausdrücklich, daß die Erde in der Mitte des Weltalls stände, daß sie als Kugel r u n d u m bewohnt sei, daß es also Antipoden gebe. Ferner wird in den fälschlich Plutarch zugeschriebenen philosophischen Lehren[2] ausdrücklich gesagt, daß erst Philolaos das Feuer in die Mitte setze, um welches sich die übrige Welt drehe, dann fährt er fort: οἱ μὲν ἄλλοι μένειν τὴν γῆν. Diese anderen sind natürlich nicht die späteren, sondern die anderen Pythagoreer oder die vor Philolaos. Und Aristoteles[3] spricht ü b e r a l l nur von den Pythagoreern im allgemeinen, wenn er die Lehre vom Zentralfeuer mit den zehn Himmelskörpern behandelt. Es scheint mir danach nicht richtig, die oben genannten positiven Zeugnisse mit der Bemerkung an die Seite zu schieben, sie seien spätere mißverständliche Umdeutungen der altpythagoreischen Lehre, wie es Zeller l. c. will, und

[1] Diogenes L. VIII, 25.
[2] Ps. Plutarch, Plac. III. 11, 3 und 13.
[3] Aristoteles, De caelo II, 13 u. a.

es scheint die Ansicht mehr Gründe und Zeugnisse für sich zu haben, daß Pythagoras einfach ein geozentrisches Weltsystem gelehrt habe. Wenn man bedenkt, daß Pythagoras in Ägypten ein solches System schon vorfand, und wenn er in Babylon war, sogar die Achsendrehung der Erde hätte lernen können, so scheint mir Gruppe mit dem geozentrischen System der Wahrheit in der Tat näher zu stehen, als die sich ausschließlich auf Aristoteles berufenden Historiker. Diese Annahme paßt auch viel besser zu der auch von Pythagoras gekannten Schiefe der Ekliptik.[1] Wenn behauptet wird, er sei der erste gewesen, der sie gefunden, so verweise ich auf das, was ich bei Thales und Anaximander nachgewiesen habe, aber jedenfalls hat Pythagoras diese Neigung auch gekannt. Danach dürften wir also bei Pythagoras selbst das geozentrische System mit allen den Konsequenzen annehmen, welche sich für Verfinsterungen daraus ergaben. Dann wird es auch verständlich, daß Pythagoras das sogen. «große Jahr», d. h. den Zyklus von 59 Sonnenjahren = 59 Mondsjahren und 21 Monaten[2] gekannt hat, wonach sich die Konstellationen wiederholten. Fügen wir weiter hinzu, daß Pythagoras auch die Bemerkung gemacht hat, daß die Venus zugleich Morgen- und Abendstern sein kann[3], so haben wir das astronomische Wissen des Meisters charakterisiert.

Erst mehr als hundert Jahre später hat dann Philolaos dies System ersetzt durch die Annahme des Zentralfeuers und der Gegenerde, damit verband sich dann die Annahme, daß sich die Erde schneller um das Zentralfeuer als die andern Körper drehe, nämlich in 24 Stunden, und so konnte die Erde selbst durch ihre Bewegung um das Zentralfeuer Tag und Nacht erzeugen.[4] Der Mond hatte dann $29^1/_2$ Tage zu seinem Umlauf nötig, die

[1] Placit. II, 12, 2.
[2] Placit. II, 32, 2.
[3] Diogenes L. VIII, 14; IX, 23.
[4] Aristoteles, l. c.

Sonne ein Jahr usw., am langsamsten drehte sich die Sphäre der Fixsterne. Aus dieser Bewegung um das Zentralfeuer entstand dann die Harmonie der Sphären, da die Bewegung mit Geräusch verbunden, also die Körper Töne erzeugten. Wolf erklärt diesen «Fortschritt» des Philolaos, welchen Aristoteles schlankweg als das System der Pythagoreer behandelt, mit Recht als einen Rückschritt, der nur unternommen sei, um eine Erklärung der täglichen Bewegung zu geben. Die Annahme des unsichtbaren Zentralfeuers und der ebenso unsichtbaren Gegenerde mußten natürlich zu Widerspruch treiben. Es war daher nicht auffallend, daß die Gegenerde mit der Erde selbst vereinigt wurde zu einer Hohlkugel, welche das Zentralfeuer umschloß, und daß dann die so zusammengesetzte Erde sich um ihre eigene Achse drehen mußte, wenn sie sich um das Zentralfeuer drehte, war eine selbstverständliche Konsequenz. Als diejenigen Pythagoreer, welche diese Korrektur an Philolaos' System anbrachten, werden uns Hiketas aus Syrakus und Ekphantos genannt.[1] Daß dann die Meinung, daß die Sonne und die Sterne nur Reflektoren des vom Zentralfeuer ausgehenden Lichtes seien, fallen mußte, war selbstverständlich. Es war dann offenbar nur noch ein Schritt, die Sonne als selbstleuchtende Kugel zu betrachten und das Mondlicht als reflektiertes Sonnenlicht anzuerkennen. Dieser Schritt wurde denn auch bald gemacht, und wir werden uns eingehend mit demselben zu beschäftigen haben. Zunächst wenden wir uns der Fortführung der mathematischen Studien zu.

Ich hatte oben gesagt, wir könnten mit Sicherheit schließen, daß Pythagoras sich in eingehender Weise mit dem Fünfeck und dem aus Fünfecken gebildeten Dodekaeder beschäftigt habe. Der Pythagoreer Hippasos soll nach Jamblichos[2] um deswillen ins Meer gestürzt sein, weil er die Methode der Einschreibung eines Dodekaeders

[1] Placit. III, 9, 13, 3.
[2] Jamblichos, Vita Pythag. 88.

in eine Kugel und umgekehrt als seine Erfindung bezeichnet habe, während sie doch dem Meister selbst zugehöre. Man hat nun des Jamblichos Zeugnis als unglaubwürdig hinstellen wollen, weil er etwa 800 Jahre später lebte und bisweilen allerdings Geschichten erzählt, die nicht ganz wahrscheinlich klingen. Aber mich wundert, daß man diese Erzählung von Hippasos nicht in Verbindung bringt mit einer in den vor 50 Jahren wieder aufgefundenen Scholien des Proklos[1] aufbewahrten Geschichte, die sich wahrscheinlich auf Archytas bezieht. «Derjenige, welcher die Lehre des Irrationalen aus dem Verborgenen zuerst der Öffentlichkeit übermittelt, sei durch einen Schiffbruch umgekommen.» Es ist doch die Seite des Fünfecks, d. h. die Kante des Dodekaeders mit dem Radius der unbeschriebenen Kugel inkommensurabel und diente die Auffindung des Radius aus gegebener Seite oder umgekehrt zweifellos in hervorragender Weise zur Verbreitung der Lehre vom Irrationalen. Es wird sich also in beiden Geschichten um ein und denselben Vorgang handeln. Hippasos ertrank bei einem Schiffbruch, und da sahen die Pythagoreer in diesem Schicksal die rächende Hand der Gottheit für den Frevel, heilige Wahrheiten des Meisters der Öffentlichkeit preiszugeben.

Dieser Hippasos hat meines Erachtens aber noch eine wichtigere Rolle gespielt. Während wir bei den Quellen, welche sich bemühen, des Pythagoras Lehre von späteren Vermischungen rein zu erhalten, nichts von dem Zentralfeuer hören, hat, wie ich oben auseinandersetzte, seit Philolaos dieses die Bedeutung, der Mittelpunkt und die Energiequelle der Welt zu sein, so daß Aristoteles die Pythagoreer stets mit der Auffassung des Philolaos identifiziert. Ist Philolaos selbst auf diese «rückschrittliche» Idee verfallen? Ich glaube nicht. Nach Aristoteles[2]

[1] Knoche, Untersuchungen über die neu aufgefundenen Scholien des Proklos usw., Herford 1865, S. 23.

[2] Aristoteles, Metaphys. I, 3.

wird Hippasos aus Metapont in engste Beziehung gesetzt zu Heraklit. Damit stimmen die Zeugnisse des Simplicius[1] und Clemens[2] überein, vermutlich, weil sie von Aristoteles abhängig sind. Heraklit aber war, unabhängig von Pythagoras, wohl im Anschluß an Anaximenes, zu der Überzeugung gekommen, daß der Grund für das Fließen aller Dinge in einer Bewegungsursache, in einer treibenden Kraft zu suchen sei; so hatte er das Feuer als das Fundamentalprinzip der Weltentstehung und Weltveränderung gesetzt.[3] Nun lebte Heraklit etwa um 500, sein Todesjahr wird etwa 470 gewesen sein.[4] Hippasos war um etwas jünger. Wenn nun Aristoteles (l. c.) ausdrücklich sagt: Ἵππασος δὲ πῦρ ὁ Μεταποντῖνος καὶ Ἡράκλειτος ὁ Ἐφέσιος ἀρχὴν τιθέασιν, so kann meines Erachtens kein Zweifel sein, woher diese Lehre vom Zentralfeuer stammt. So wenig sie zu Pythagoras' sonstigen Lehren paßt, so gut erklärt sie sich, wenn man annimmt, daß Hippasos, durch Heraklit beeinflußt, eine Umbildung des pythagoreischen Systems vorgenommen habe. Da er ja auch nach obigen Zeugnissen des Meisters Vorschriften nicht so heilig hielt wie die andern Pythagoreer, so darf es nicht wunder nehmen, wenn er auch in diesem Punkte fremde Elemente in die pythagoreischen Anschauungen hineintrug. Dann würde Hippasos die Brücke bilden zwischen Pythagoras und Philolaos, wobei dem letzteren dann nur die Hinzufügung der Gegenerde und der Ausbau des nunmehr zehn Elemente enthaltenden Weltsystems zufiele. Diese Auffassung stimmt auch gut zu der Stellung Platons zu dem Weltsystem des Philolaos. Denn in den frühesten Schriften Platons finden wir ihn in engstem Anschluß an Philolaos, aber nach seinem zweiten (und dritten?) Aufenthalt in Italien und der umfassenden Kenntnisnahme der altpythagoreischen Lehren

---

1 Simplicius, Phys. 23, 33.
2 Clemens, Protr. 5, 64.
3 Hipp. IX, 24. cf. Diels. Fragm. 65.
4 Zeller, I_3, 623 ff.

verläßt Platon das System des Philolaos mehr und mehr und kommt dadurch zu einer wesentlichen Fortbildung der Weltanschauung, auf deren Bedeutung wir weiter unten eingehen werden.

Über das Leben des Philolaos wissen wir sehr wenig, er muß um das Jahr 389 gestorben sein.[1] Die Fragmente seiner Schriften sind von Bœckh gesammelt.[2] An mathematischen Leistungen wird ihm außer der Behandlung zusammengesetzter Verhältnisse die Einschreibung der fünf regelmäßigen Körper in eine Kugel zugeschrieben. Seine hinterlassene Schrift soll von Platon im Timaios benutzt worden sein.

4. Von Pythagoras zu Platon.

Die wesentlich außerhalb der pythagoreischen Schule verlaufende Fortentwickelung der Mathematik in den etwa 100 Jahren dieses Zeitraums ist durch das Problem der Quadratur des Kreises charakterisiert, insofern die Philosophen dieser Periode, soweit sie sich mit Mathematik beschäftigt haben, entweder das Problem selbst zu lösen versuchten, oder doch durch dasselbe zu ihren Untersuchungen veranlaßt wurden. Ich sage, wesentlich außerhalb der pythagoreischen Schule sei diese Mathematik getrieben, aber meine damit nicht, daß die Mathematiker nicht etwa mit den Resultaten des Pythagoras bekannt geworden seien; bei einigen wird es uns ausdrücklich gesagt, daß sie von den Pythagoreern gelernt hätten, bei andern ist es wahrscheinlich, daß sie Berührung mit jenem Bunde hatten. Da nach dem politischen Untergang des Bundes in Italien, etwa um 470, viele seiner Anhänger genötigt waren, ins Ausland zu gehen und dort durch Unterrichten ihren Lebensunterhalt zu suchen, so waren die Bedingungen gegeben, daß an vielen Orten pythagoreische Lehren verbreitet werden konnten. Wenn

[1] Jamblichos, Vita Pythag. 31 (Kießling S. 403).

[2] Bœckh, Philolaus, Berlin 1819; cf. R. Newbold im Archiv f. Gesch. d. Philos. XIX, S. 176, 1905.

wir der Reihenfolge des Eudemos folgen, so ist als erster zu erwähnen:

Anaxagoras von Klazomenai[1], geboren in der 70. Olympiade, also etwa 500, als Sohn eines reichen Mannes, Hegesibulos, studierte bei Anaximenes (Zeller will in der Schule des Anaximenes) und machte dann Reisen, nach einigen[2] soll er auch in Ägypten gewesen sein, doch ist das sehr wenig wahrscheinlich, da sein Name bei Diodor fehlt und die Heranziehung des Nil als Beispiel für Ablagerung der festen Stoffe aus dem Wasser[3] wirklich nicht fordert, daß er den Nil selbst gesehen hat. Im Alter von etwa 40 Jahren kam er nach Athen und lehrte dort 30 Jahre lang. Zu seinen Schülern hat eine Reihe der bedeutendsten Männer gehört: Perikles, Euripides, Thukydides, Empedokles[4] u. a. Nachdem er wegen seiner Freundschaft mit Perikles durch dessen Feinde angegriffen und in einem Prozeß ins Gefängnis geworfen worden war, ist er durch Perikles' Vermittlung wieder befreit, ob auf Grund einer Freisprechung oder einer Flucht ist nicht festzustellen. Jedenfalls verließ er kurz vor Ausbruch des Peloponnesischen Krieges, etwa 431, Athen und starb bald nachher, etwa 428, in Lampsakos. Besonders erfolgreich soll Anaxagoras als Astronom gewesen sein. Es wurde bei Klazomenai ein Berg gezeigt, auf dem er die Sterne beobachtet habe. Doch sind die meisten seiner Bemerkungen mehr astrophysikalischer Art als astronomischer und beschäftigen uns darum hier nicht, sie müssen in der Darstellung der Physik berücksichtigt werden. Er vertrat das geozentrische System, meinte aber, daß

---

[1] Anaxagoras s. Diels, l. c. S. 293.

[2] Cedren, I, 165.

[3] Hippol., Ref. I, 8.

[4] Zeller, I_2, S. 822, 2 u. 975, 2, will beweisen, daß entgegen dem Zeugnis des Alkidamas (Simplic., Phys. 25, 19) Empedokles nicht Schüler des Anaxagoras gewesen sei, er verweist bei Empedokles auf Anaxagoras, wo der Beweis kommen solle, und bei Anaxagoras auf Empedokles, wo er erbracht sei, ich habe ihn bei beiden nicht gefunden.

zwischen Erde und Mond noch dunkle Himmelskörper seien, die ebenso wie der Erdschatten Mondfinsternisse erzeugen könnten, dagegen sei der Mond die alleinige Ursache für die Sonnenfinsternisse. Die Sterne sind glühende Massen wie die Sonne, aber so weit, daß wir ihre Wärmewirkung nicht merken. Bemerkenswert ist vor allem, daß er die Entstehung der Himmelskörper auf die Ausscheidung durch die wirbelnde Bewegung des Urstoffes zurückführt, infolge der Wucht und Schnelligkeit. Ihre Schnelligkeit läßt sich aber nicht mit der Schnelligkeit irgendeines jetzt in der Menschenwelt vorhandenen Dinges vergleichen, sondern ist durchaus sehr vielemal schneller. (Diels, Fragm. 9.) Diese Einführung der Zentrifugalkraft in die Kosmologie scheint mir das Wichtigste aus dieser ganzen Periode zu sein. Natürlich wird die Zentrifugalkraft ja schon vorher in terrestrischen Problemen bekannt und angewandt gewesen sein, aber irgendeine Andeutung, daß Mond, Sonne, Planeten und Sterne infolge der Zentrifugalkraft sich aus dem Klumpen, welcher die Erde bildete, abgesondert haben, ist vor Anaxagoras unerhört. Und er hat diese Lehre mit vollem Bewußtsein ausgesprochen; denn er sagt bei Erwähnung des Meteorsteinfalles von Aigospotamoi ausdrücklich, so wie dieser Stein aus der Sonne auf die Erde gefallen sei, so würden alle Gestirne auf die Erde fallen sobald die Zentrifugalkraft aufhöre.[1] Der Mond verdankt sein Licht lediglich der Sonne[2], dadurch erklären sich die Phasen. Die Sterne bewegen sich gleichmäßig um eine feste Achse, so daß eine Reihe von Sternen unter der Erde durchgeht, während andere nur um den Pol kreisen. Anaxagoras ist der erste, welcher die Milchstraße als das Licht vieler Sterne bezeichnet, deren schwaches Scheinen am Tage durch die Sonnenstrahlen überstrahlt wird. Gewöhnlich[3] wird diese Entdeckung Demokrit zugeschrieben, allein

[1] Plutarch, Lys. 12.

[2] Platon, Kratylos 409a.

[3] Wolf, Gesch. d. Astronomie, 1877, S. 62, 318.

Aristoteles, der hauptsächlich hierfür Quelle ist, nennt Anaxagoras ausdrücklich an erster Stelle.[1] Die Kometen rechnet er zu den Planeten. Das sind eine Reihe sehr wichtiger Entdeckungen, die es begreiflich erscheinen lassen, daß Anaxagoras einen bedeutenden Ruf als Astronom und Mathematiker hatte; um so weniger will mir die Angabe des Aristoteles[2] und der von dessen Zeugnis abhängigen Gelehrten wahrscheinlich erscheinen, daß Anaxagoras mit Demokrit resp. Empedokles übereinstimmend gelehrt habe, die Erde sei eine flache Scheibe, oder dünner Zylinder, der auf der Luft ruhe. Ich kann mir nicht denken, daß ein Mann von solchen Kenntnissen bei der Vorstellung des Anaximenes stehengeblieben sein sollte, allein ein sicheres Zeugnis gegen die Aristotelische Nachricht ist nicht vorhanden. Wir müssen uns also dabei genügen lassen, auf diesen Widerspruch hinzuweisen.

In der reinen Mathematik hat Anaxagoras zunächst das Verdienst, die Quadratur des Kreises als Problem gestellt und, wenn wir dem Zeugnis des Plutarch[3] folgen dürfen, durch eine geometrische Darstellung gelöst zu haben. Über diese geometrische Lösung wissen wir nichts. Nach dem Wortlaut des Plutarch hat er ein inhaltsgleiches Quadrat gezeichnet; nichts wird darüber gesagt, ob er die Konstruktion als eine Näherungslösung betrachtet hat. Etwas besser ist die Schilderung, welche uns gegeben wird über die Einführung der Perspektive.[4] Sie wurde durch die Herstellung einer Szene für das Theater durch einen Baumeister Agatharchos veranlaßt und er löste diese Aufgabe so glücklich, daß die dargestellten

---

[1] Aristoteles, Meteorol. I, 8.

[2] Aristoteles, De caelo II, 13 (Prantl, S. 162).

[3] Plutarch, De exilio 17.

[4] Vitruv, de architect. VII, Prooem. 11. (Nach Aristoteles Poet. 4 wäre die Szene erst von Sophokles eingeführt, aber da Vitruv behauptet, eine Schrift darüber in Händen gehabt zu haben, so darf wohl die Angabe des Aristoteles nicht als Quelle bezeichnet werden.)

Objekte wirklich in verschiedenen Entfernungen zu liegen schienen. Nach der Schilderung Vitruvs ist Anaxagoras dabei ganz systematisch von der Benutzung der perspektivischen Strahlen ausgegangen. Es kann darum kein Zweifel sein, daß Anaxagoras weitgehende Kenntnisse über Ähnlichkeit hatte.

Neben Anaxagoras wird als gleichwertiger Mathematiker Oinopides genannt.[1] Er wurde in Chios bald nach Anaxagoras Geburt geboren[2], studierte in Ägypten[3] und lehrte später hauptsächlich Astronomie. Theon schreibt ihm zum Überfluß nochmals die Erfindung der Schiefe der Ekliptik zu[4], aber Aetius sagt, er habe sich diese Erfindung des Pythagoras nur angemaßt.[5] Die Länge des Jahres rechnete er zu 365,2681[6] Tagen, die Milchstraße soll er als eine alte Sonnenstraße betrachtet haben, ehe sie in den Tierkreis gekommen sei.[7] Von rein mathematischen Sachen berichtet Proklos[8], daß Oinopides die Beweise für die Konstruktion, von einem Punkt das Lot auf einen Strahl zu fällen und an eine Linie einen Winkel anzutragen, nach dem Zeugnis des Eudemos gefunden habe in der Form, wie sie von Euklid angegeben worden. Das ist freilich recht wenig, was uns von Oinopides bekannt ist. Erheblich mehr wissen wir von seinem Landsmann Hippokrates von Chios. Ehe wir uns mit diesem bedeutenden Geometer beschäftigen, müssen wir noch eine Bemerkung über einen Eleaten einschieben. Die Schule der Eleaten ist für die Mathematik wie für die Astronomie gleich unfruchtbar gewesen, nur von Parmenides wird uns in bezug auf die Kosmologie eine An-

[1] Siehe die fälschlich unter Platons Name gehende Schrift über die Nebenbuhler, Erast., S. 132a.

[2] Proklos, S. 65, 21.

[3] Diodor, I, 41 und 98.

[4] Theon Smyrn., S. 198.

[5] Aetius, II, 12, Diels p. 341.

[6] Censorinus, 19, 2.

[7] Achill., isag. ad Arat. 24 und Aristoteles, Meteorol. I, 8.

[8] Proklos, in Euclid, S. 283 und 333.

gabe gemacht, die interessiert, das ist die Behauptung des Diogenes, daß Parmenides der erste gewesen sei, der die Erde als eine Kugel im Mittelpunkt der Welt gedacht habe.[1] Daß diese Angabe, sofern sie das πρῶτος betrifft, falsch ist, wissen wir schon. Immerhin ist es aber interessant, daß um diese Zeit auch schon außerhalb des Bundes der Pythagoreer diese Vorstellung Boden gefunden hatte. Auch im übrigen bietet seine Weltvorstellung nichts Neues; nur innerhalb der eleatischen Schule kann Parmenides als ein fortgeschrittener Denker betrachtet werden, für die unter dem Einfluß der Pythagoreer stehende Griechenwelt gab er nichts von Bedeutung.

Hippokrates von Chios wird uns von Proklos im Anschluß an Oinopides genannt. Glücklicherweise haben wir nun aber aus der Geschichte des Eudemos eine ausführliche Darstellung der Leistungen des Hippokrates bei Simplicius in seinem Kommentar zu Aristoteles aufbewahrt, welche durch das Verdienst von Bretschneider der völligen Vergessenheit wieder entrissen ist.[2] Von den Lebensumständen des Hippokrates wissen wir nur, daß er infolge des Verlustes seines Vermögens durch Beraubung seines Schiffes nach Athen kam, nach Angabe des Philoponos, um dort die Räuber gerichtlich zu belangen, während er nach Aristoteles seines Geldes durch die Zolleinnehmer von Byzanz verlustig gegangen sein soll. Dies Ereignis muß um 440 erfolgt sein und veranlaßte Hippokrates, längere Zeit in Athen zu bleiben, wo er mit der Pythagoreerschule Verbindung suchte und dort mit Mathematik vertraut wurde. Als er aber, wohl aus Not, seine mathematischen Kenntnisse nun verwertete, um bezahlten Unterricht zu geben, wurde er aus der Pythagoreer Gemeinschaft ausgeschlossen[3], da es den Pythagoreern nicht erlaubt war, gegen Bezahlung zu unterrichten. Für diesen Unterricht schuf er das erste Lehr-

[1] Diogenes Laert. VIII, 48 und IX, 21.
[2] Bretschneider, l. c. S. 100 ff.
[3] Jamblichos, Vit. Pyth. 3.

buch der Geometrie unter dem Titel στοιχεῖα[1]. Leider haben wir von diesem Werke nicht eine Spur erhalten, es scheint durch die Euklidischen Elemente ganz verdrängt zu sein. Dagegen hat sich Hippokrates' Ruhm durch seine Quadratur der «Möndchen» durch das ganze Altertum erhalten. Jener von Bretschneider dem Interesse der Mathematiker empfohlene Bericht des Simplicius enthält alles, was wir über diese Frage wissen, er gehört zu den wertvollsten Fragmenten, die wir haben, und es ist daher kein Wunder, daß er eine ganze Literatur veranlaßt hat.[2] Es stellte sich sehr bald nach der Veröffentlichung von Bretschneider heraus, daß dessen Übersetzung sehr unzulänglich sei, daß auch der von ihm benutzte Text in vielen Punkten verderbt war. Nach beiden Richtungen ist dem Übel abgeholfen durch die Ausgabe des Textes von Diels.[3] In der Gesamtausgabe der Berliner Akademie über die Kommentare zu Aristoteles ist der Text mustergültig hergestellt, und durch die schon zitierte Rudiosche Übersetzung mit vorzüglichem kritischen Apparat ist der Inhalt allgemein zugänglich gemacht. Ohne in allen Einzelheiten Rudios Bemerkungen zuzustimmen, folgen wir dieser Arbeit im wesentlichen. Simplicius berichtet nach zwei Quellen, einmal nach dem um 200 n. Ch. in Athen wirkenden Kommentator des Aristoteles, Alexander von Aphrodisias, und zweitens nach der Geschichte der Mathematik von Eudemos. Zu beiden Quellen fügte Simplicius von sich aus noch Bemerkungen hinzu, die freilich wertvoll sind, die aber bei der unvollkommenen Hervorhebung die Ursache bilden, daß man an verschiedenen Punkten zweifelhaft sein muß, ob der betreffende Satz von Eudemos, von Alexander oder von Simplicius selbst herrührt. Im wesentlichen wird die Scheidung, welche Diels vorgenommen hat, wohl das Richtige treffen, doch ist in

[1] Proklos, Comm. S. 66.
[2] Rudio, Bibl. mathem., 3. Folge, III, 7 ff.
[3] Diels, Simpl. in Arist. phys. l. q. pr. Comm., 1882.

einzelnen Punkten die Ansicht Tannerys[1] für uns maßgebend. Die Auseinandersetzungen des Simplicius sind veranlaßt durch eine Notiz des Aristoteles[2]: οἷον τὸν τετραγωνισμὸν τὸν μὲν διὰ τῶν τμημάτων γεωμετρικοῦ διαλῦσαι. Simplicius fragt sich, welche Quadratur Aristoteles damit meint, vielleicht die des «Möndchen» durch Hippokrates, vielleicht aber auch andere, und Rudio läßt es (l. c., S. 62, Anm. 115) auch zweifelhaft, ob Aristoteles wirklich Hippokrates des ψευδογράφημα, des Trugschlusses, beschuldigen wollte. Es kann meines Erachtens kein Zweifel sein, daß Aristoteles diese Anschuldigung, die freilich unberechtigt war, erhoben hat, sie findet sich nämlich noch einmal und hier unter ausdrücklicher Erwähnung des Hippokrates[3] «οὐδέ γ' εἴ τί ἐστι ψευδογράφημα περὶ ἀληθές, οἷον τὸ Ἱπποκράτους». Nach dem, was uns nun von Simplicius über den Versuch des Hippokrates bekannt wird, ist kein Zweifel, daß Aristoteles diesen Vorwurf zu Unrecht erhoben hat, denn jener sagt ausdrücklich, daß Hippokrates nicht gemeint habe, das Ziel, die Quadratur zu finden, auch erreicht zu haben.[4] Der Bericht des Simplicius gibt uns aber neben der Darstellung dieses Versuches einen ungemein lehrreichen Einblick in die geometrischen Leistungen zur Zeit des Hippokrates, und darum ist er von so großer Bedeutung.

Die von Hippokrates versuchte Quadratur des Kreises knüpft zunächst an die Quadratur des auf der Quadratseite stehenden Mondes an, indem er in einem Halbkreis das gleichschenklig-rechtwinklige Dreieck einbeschreibt, über dessen Katheten die Halbkreise beschreibt und die so entstandenen Monde gleich der Dreiecksfläche findet. Schon hierbei treten uns in dem Bericht des Simplicius die Bezeichnungen τμῆμα für Segment und

[1] Tannery, Mém. d. l. soc. d. sc. d. Bordeaux, Ser. II, T. V., p. 211 ff.; cf. La géométrie grecque I, Paris 1887.

[2] Aristoteles, Phys. (Prantl), p. 3 (Bekker 185 a).

[3] Aristoteles, Soph. el. 11, 171 b.

[4] Rudio, l. c. S. 26.

μηνίσκος für Mondsichel als bisher nicht vorkommende Begriffe neu entgegen; ob sie von Hippokrates gefunden oder von den Pythagoreern entnommen sind, ist nicht auszumachen. Nach Rudio[1] soll τμῆμα auch Sektor heißen können, in dieser Stelle aber wird es nur für Segment gebraucht. Als neuen Lehrsatz finden wir, in der Ableitung benutzt, den Satz: Die Kreisflächen (Halbkreise) verhalten sich wie die Quadrate der Durchmesser.

Nach der Auffassung Rudios, und wohl mit Recht, rührt diese Quadratur der Möndchen über den Quadratseiten von dem Bericht Alexanders her, der dann noch über eine weitergehende Quadratur als von Hippokrates herrührend berichtet, wo er einen Halbkreis vermehrt um die drei Möndchen über den Sechseckseiten in einem Halbkreis mit doppeltem Durchmesser gleich der Fläche des Trapezes aus diesem doppelten Durchmesser und den drei Sechseckseiten, findet. Dagegen hat Eudemos eine andere Methode der Möndchenquadratur berichtet, und bei dieser Konstruktion benutzt Hippokrates nun die «ähnlichen» Segmente. Abgeleitet werden diese aus der Ähnlichkeit der Sektoren mit gleichen Winkeln. Da Kreise sich verhalten wie die Quadrate der Durchmesser, so verhalten sich die ähnlichen Sektoren ebenso; bezeichnet man ähnliche Segmente dann als die Segment ähnlicher Sektoren, so verhalten sich auch die ähnlichen Segmente wie die Quadrate der Durchmesser. Da aber die ähnlichen Sektoren durch die gleichen Zentriwinkel definiert sind, so war es für Hippokrates gegeben, die ähnlichen Segmente durch die gleichen Peripheriewinkel zu definieren. Das berichtet Eudemos in der Tat, und so ist nachgewiesen, daß der Peripheriewinkelsatz bei Hippokrates bekannt war, daß auch die bei Euklid[2] gegebene Definition ähnlicher Segmente von Hippokrates herrührt. Nach Eudemos stellt nun Hippokrates ein Möndchen auf folgende

[1] Rudio, l. c. S. 19 und 41. Da Simplicius auch für die Möndchen die Bezeichnung τμῆμα zuläßt, hat das kein Bedenken.

[2] Euklid III, Def. 11.

Art dar: er beschreibt in einem Halbkreis das rechtwinklig-gleichschenklige Dreieck und über dem Durchmesser ein den Segmenten über den Katheten ähnliches Segment, das zwischen diesem Segmentbogen und dem Halbkreis liegende Möndchen ist gleich dem Dreieck.

Die zweite Konstruktion ist folgende: ein gleichschenkliges Trapez wird aus drei gleichen Seiten a und einer vierten, welche $a\sqrt{3}$ ist, hergestellt[1], der um dies Trapez beschriebene Kreis konstruiert und über der größeren Parallelen ein den Segmenten über den drei andern Seiten ähnliches Segment konstruiert. Das aus diesem Segmentbogen und dem um das Trapez geschriebenen Kreisbogen gebildete Möndchen ist gleich dem Trapez[2], hierbei ist der äußere Bogen des Möndchens größer als ein Halbkreis, der in diesem Bogen liegende Winkel also kleiner als ein rechter.

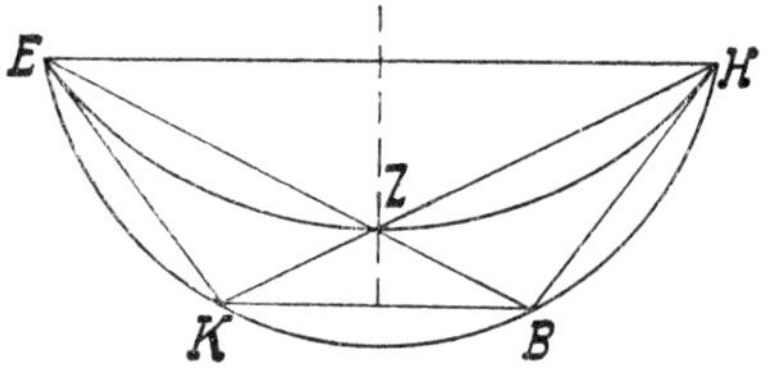

Fig. 2.

Die dritte Quadratur ist schon etwas weitläufiger, ohne die Zutaten des Simplicius und Eudemos läßt sie sich nach Hippokrates' Worten, die im wesentlichen an der altertümlichen Bezeichnungsweise (für AB zu sagen, die Strecke, an welcher AB stehen) erkannt werden[3], kurz folgendermaßen charakterisieren. Er konstruiert ein

[1] Natürlich kennt weder Hippokrates noch Simplicius diese kurze Bezeichnung, da heißt es, die größere Seite ist dreimal so groß als jede der kleineren δυνάμει (in der 2. Potenz).

[2] Der Beweis fehlt bei Eudemos, er ist von Simplicius ergänzt.

[3] Hierauf hat schon Bretschneider S. 114, nicht erst Allman, hingewiesen; cf. Rudio l. c. p. 50.

gleichschenkliges Trapez über der Seite KB als Basis (s. Fig. 2) mit den Schenkeln = KB und einer Diagonale, deren größerer Abschnitt $= KB\sqrt{\frac{3}{2}}$ ist. Dies Trapez heiße EKBH und Z sei der Diagonalenschnittpunkt, dann hat dies Trapez einen umbeschriebenen Kreis, ferner beschreibt er den um EZH beschriebenen Kreis. Das zwischen diesen beiden Kreisen liegende Möndchen quadriert er, indem er nachweist, daß dasselbe gleich den drei Dreiecken $BZH + BZK + EKZ$ ist. Denn das Segment EZ und ZH ist ähnlich den Segmenten EK, KB und BH; da aber $EZ^2 = \frac{3}{2}EK^2$, so ist Segment $EZ + ZH$ = Segment $EK + KB + BH$. Daraus aber folgt, daß das Möndchen $EKBHZ$ = den drei Dreiecken $EKZ + KZB + BZH$ ist. Nun ist EKH ein stumpfer Winkel, da $EK^2 > 2KZ^2$, denn $BK^2 > 2KZ^2$, da der Winkel bei Z sicher ein stumpfer ist, folglich $EZ^2 > EK^2 + KZ^2$. Zu dieser für Hippokrates, der den Peripheriewinkelsatz und den allgemeinen Lehrsatz des Pythagoras kannte, so überaus klaren und einfachen Ableitung, hat Simplicius, wahrscheinlich aber auch schon Eudemos, höchst umständliche Beweise für die Zwischenstationen eingefügt. Bei Simplicius kann das nicht wunder nehmen, es entspricht diese Gepflogenheit durchaus dem Zeitalter, in welchem er schrieb; denn es war damals notwendig, alle Etappen durch Berufung auf Euklids Elemente zu belegen. Wenn auch gern anerkannt werden soll, was Rudio mehrfach betont, daß Simplicius nicht verständnislos diese Konstruktion gegeben hat, so ist der Abstand zwischen dem genialen Hippokrates und dem Kommentator Simplicius doch ein überall in die Augen springender.

Damit hatte Hippokrates also nicht nur das Möndchen im Halbkreis, sondern auch in einem Bogen, der größer und kleiner sein konnte, als ein Halbkreis quadriert. Es lag nahe, daß daraus die Mär enstand, Hippokrates habe alle Möndchen zu quadrieren gelehrt und damit, entsprechend der zweiten von Alexander berichteten Quadratur, auch den Kreis. Dagegen wendet sich Aristoteles an der zitierten Stelle, indem er, ohne auf die Ableitung des Hippokrates einzugehen, die dem Hippokrates zugeschriebene Quadratur als nicht richtig bezeichnet.

Nun hatte Alexander in seinem Kommentar noch angeführt, daß Hippokrates die Quadratur der Möndchen über der Sechseckseite gelehrt habe, und nach der Übersetzung Bretschneiders war daraus geworden, daß, wenn Hippokrates die Quadratur dieses Möndchens gelöst habe, er damit die Quadratur des Kreises gefunden haben würde, allein durch den restituierten Text ergibt sich, daß davon nicht die Rede war. Vielmehr zeigt Simplicius, daß die Nachricht Alexanders falsch war, indem derselbe eine vierte Konstruktion, die Eudemos berichtet, nicht richtig verstanden hatte. Die vierte Konstruktion ist nach den Worten des Eudemos, die wahrscheinlich wieder dem Wortlaut des Hippokrates entsprechen, kurz folgende[1]: Hippokrates zeichnet einen Kreis (s. Fig. 3) mit dem Radius $r = AK$, in demselben das reguläre Sechseck, ΑΒΓΔΕΖ, dazu einen konzentrischen Kreis mit dem Radius $r\sqrt{6}$ und darin die Sechseckseiten

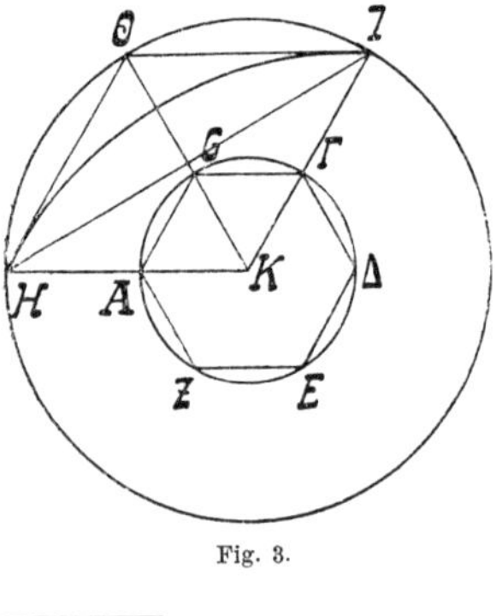

Fig. 3.

[1] In bezug auf diese Konstruktion scheint mir Rudio (und Diels) in der Zuweisung der Worte an Eudemos viel zu weit zu gehen. Die weitläufigen Wiederholungen sind nicht Sache des Eudemos, der nach dem Vorbilde der ersten drei Konstruktionen auch hier prägnant gewesen ist, sie entsprechen vielmehr durchaus dem Bedürfnis des Simplicius, der sich durch dieselben die einzelnen Ergebnisse der Ableitung gewissermaßen erst einprägen muß.

H Θ und Θ I sowie die Dreiecksseite H I. Über H I beschreibt er ein Segment ähnlich den Segmenten über H Θ und Θ I. Nun ist $HI = H\Theta\sqrt{3}$, ferner ist $H\Theta = AB\sqrt{6}$, also ist das Segment H I ebenso groß wie die Segmente H Θ + Θ I + den sechs Segmenten A B. Wenn nun der Teil des Dreiecks H Θ I, welcher außerhalb des Segments H I liegt, beiderseits zugefügt wird, so ist das Dreieck H Θ I gleich dem Möndchen H Θ I + den sechs Segmenten A B, wird nun auf beiden Seiten noch hinzugefügt das Sechseck, so ist Dreieck H Θ I + Sechseck = Möndchen H Θ I + Kreis.[1]

Daran anschließend bemerkt Simplicius sehr richtig, wie aus der irrigen Meinung, daß Hippokrates alle Möndchen quadriert habe, nun die Schlußfolgerung entstehen konnte, er habe auch den Kreis quadriert, das aber habe Hippokrates gar nicht gemeint. Natürlich hatte Hippokrates dies gar nicht gemeint, er erscheint vielmehr nach diesen Konstruktionen als ein ganz hervorragender Geometer. Vergleichen wir diese Ableitungen mit dem, was uns Eudemos eben vorher von Oinopides berichtet hatte, so ist der Fortschritt ganz unerhört groß, er wird verständlich durch den Zusammenhang des Hippokrates mit der Schule des Pythagoras. Hier verbindet sich zum ersten Male die rechnende Geometrie der Italiker mit der konstruktiven der Jonier und so entstehen diese beachtenswerten Leistungen. Ich möchte aber nochmals hervorheben, daß mir gar kein Grund vorzuliegen scheint, die beiden von Alexander mitgeteilten Quadraturen einfach auszuschalten, wie es Cantor tut. Simplicius bestreitet nicht die Urheberschaft des Hippokrates an diesen Konstruktionen, sondern nur den falschen Trugschluß, welchen Alexander daraus gezogen hatte. Es sind uns also nicht vier, sondern sechs Quadraturen von Hippokrates bekannt. Eine wahrscheinliche Analyse des Gedankenganges von Hippokrates bei Ausführung der Quadraturen

[1] Alle zwischenliegenden Bemerkungen und Wiederholungen halte ich für Zusätze des Simplicius.

liefert Vieta.[1] Danach sind mit Zirkel und Lineal lösbar fünf Fälle, von denen Hippokrates drei behandelte. Vieta zeigt auch, wie diese Quadratur der Möndchen mit dem folgenden Problem, dem der Würfelverdoppelung, zusammenhängt.

Noch in einem zweiten Problem hat Hippokrates seinen Scharfsinn erprobt. Auch dies ist ein «historisches», welches jener Epoche griechischer Mathematik den Stempel aufgedrückt hat und zu vielen neuen Entdeckungen führte, es ist das der Würfelverdoppelung. Leider haben wir über die Lösung nur eine kurze, aber doch inhaltsreiche Notiz bei Proklos.[2] Er spricht von der ἀπαγωγή eines schwierigen Problems auf weniger komplizierte und fügt als Beispiel an, daß man beim Suchen nach der Verdoppelung des Würfels diese Aufgabe zurückführe auf die zwischen, zwei gegebenen Geraden zwei mittlere Proportionale zu finden. Der erste, welcher diese Zurückführung angegeben habe, sei Hippokrates gewesen, der neben der Quadratur der Möndchen noch vieles andere in der Geometrie gefunden habe, da er für Konstruktionen mehr als irgendein anderer begabt war. — Dieselbe Entdeckung des Hippokrates wird noch einmal bei Eutokios in seinem Kommentar zu den Werken des Archimedes[3] erwähnt, in dem Brief, welchen Eratosthenes an den König Ptolemaios gerichtet haben soll. Danach ist das Problem der Würfelverdoppelung schon lange vor Hippokrates zu lösen gesucht worden, er aber hat zuerst gezeigt, daß es identisch sei mit der Aufgabe, zwei Proportionale zwischen zwei gegebene Strecken zu setzen. Eutokios fügt ironisch hinzu, damit habe Hippokrates ein ungelöstes Problem auf ein nicht weniger schwieriges Rätsel zurückgeführt. Allein wenn auch die Lösung der Aufgabe, x und y zu finden, so daß $a : x = x : y = y : b$ nicht gelöst war, so war es doch

[1] Vieta, Var. de rebus mat. responsorum VIII, 1593.
[2] Proklos, Commentar, S. 213.
[3] Archimedes, Op. omn., Heiberg III, p. 104.

zweifellos ein großes Verdienst, eingesehen zu haben, daß jenes stereometrische Problem mit der Lösung einer kubischen Gleichung identisch sei. Im Anschluß hieran erzählt Eutokios dann die bekannte Geschichte, daß die Delier auf Anweisung des Orakels (zur Bekämpfung der Pest) vergebens versucht hätten den Würfel des Altars zu verdoppeln, und daß sie dann zu Platon gekommen seien, um dort die Verdoppelung zu lernen. Durch diese Geschichte hat die Aufgabe der Würfelverdoppelung den Namen «das Delische Problem» bekommen. — Es ist nun durchaus wahrscheinlich, daß dies Problem bereits in der pythagoreischen Schule zu lösen gesucht wurde, denn nachdem erkannt war, daß die Diagonale eines Quadrats als Quadratseite des doppelten Quadrats zu nehmen war, gleichzeitig aber auch die regelmäßigen Körper dort behandelt wurden, lag die Aufgabe, nun auch Körper, speziell den Würfel, zu verdoppeln, oder einen Würfel zu konstruieren, der gleich der Summe zweier gegebenen war, naturgemäß vor den Augen der Pythagoreer. Wenn also auch Hippokrates die Anregung zu der Aufgabe in der Pythagoreerschule fand, so ist sein Verdienst um die Aufgabe nicht geringer, und seine Fragestellung führte unmittelbar zu den Lösungen, welche Archytas, Eudoxus und Eratosthenes boten. Mir scheint jener Zusammenhang mit der wissenschaftlichen Stellung des Problems bei den Pythagoreern wichtiger und natürlicher als die Beziehung, welche in dem Eratosthenischen Briefe zu der Sage, daß der König Minos das Grab des Glaukos habe verdoppeln wollen, geboten wird.[1] Es ist doch nicht unwahrscheinlich, daß der Dichter (Euripides?) das wissenschaftliche Problem in der Tragödie verwendete und zu dem Zweck die Sage erfand.

Wenn wir noch hinzufügen, daß Hippokrates sich auch mit der Natur der Kometen[2] im Anschluß an die

[1] Cf. Reimer, De cubi duplicatione 20.

[2] Aristoteles, Meteorol. I, 6, 8; Olympiodor. Comm. in Aristotel. 45.

8*

Pythagoreer beschäftigte, indem er den Kometen als einen sechsten Planeten unter dem Merkur ansah, der aber Dampf entwickle und darum, wenn von diesem Dampf das Sonnenlicht reflektiert werde, einen Haarschweif zu haben scheine, der uns Licht zusende, daß er ebenfalls die Milchstraße erklären wollte durch Reflexion des Sonnenlichtes an Sternhaufen, so haben wir damit wohl die Arbeit des Hippokrates, wenigstens soweit sie uns noch auffindbar ist, in allen Teilen angedeutet.

In dem ausführlich behandelten Bericht des Simplicius wird nun auch zu Anfang die Methode erwähnt, wie Antiphon den Kreis zu quadrieren gelehrt habe. Von dieser Methode hatte Aristoteles (l. c.) erklärt, sie brauche gar nicht von einem Geometer widerlegt zu werden, da sie die Prinzipien der Geometrie außer acht lasse, und doch ist die Methode des Antiphon der Ausgangspunkt für die Berechnung des Kreises geworden. Antiphon[1], von Xenophon als der Sophist von andern gleichen Namens unterschieden, lebte zur Zeit des Sokrates in Athen und ernährte sich als Lehrer der Philosophie. Nach dem Bericht des Simplicius[2] beschrieb Antiphon ein reguläres Polygon, etwa ein Quadrat (oder Dreieck), halbierte dessen Seiten und zugehörige Bögen, konstruierte also ein 2n-Eck, daraus auf die gleiche Weise das 4n-Eck und so fort; so, meinte er, komme man schließlich zu einem Polygon, dessen Seiten mit der Kreisperipherie zusammenfallen. Damit habe man dann, da jedes Polygon quadrierbar sei, den Kreis quadriert. Dagegen macht Simplicius nach Anleitung des Eudemos geltend, daß man das Zusammenfallen nie erreiche, da die Fläche bis ins Unendliche teilbar sei, und durch die Annahme des Antiphon dies Grundprinzip der Geometrie vernachlässigt werde. Vielleicht hat Aristoteles aber gar nicht an dies Bedenken erinnern wollen, vielleicht hat er die Methode des Antiphon um des-

[1] Diels, Die Vorsokratiker, S. 593.

[2] Bibliotheca mathem., 3. Folge, III, S. 13; cf. Themistii in Aristotelis phys. paraphr., Schenkl, S. 4, 1900.

willen nicht geometrisch zu widerlegen für nötig erachtet, weil er eine nur philosophische Begründung dagegen setzte, wie sie der Lehrer des Simplicius, Ammonius, aussprach: die Gerade und die Kreislinie seien «ungleichartig», darum könne es nie gelingen eine Quadratur zu finden. Mir scheint diese Art Bedenken bei der Aristotelischen Denkweise näher zu liegen als die von den Prinzipien der Geometrie in bezug auf die Teilbarkeit. Dies letztere paßt wohl in die Denkweise des Geometers Eudemos, aber nicht in die Kategorienlehren des Aristoteles. Simplicius weiß dies Bedenken aber treffend zu entkräften durch den Hinweis auf die tatsächlich erfolgte Quadratur der Möndchen durch Hippokrates, die doch auch von Kreislinien begrenzt seien.

Es ist nun sehr verständlich, daß im Anschluß an Antiphon ein Zeitgenosse sofort auf diesem Wege weiterging. Bryson von Herakleia aus der Schule der Pythagoreer[1] lehrte ebenfalls in Athen. Er sagt: der Kreis ist größer als das eingeschriebene und kleiner als das umbeschriebene n-Eck. Nun gehen die Berichte des Philoponos und des Alexander auseinander.[2] Nach dem einen soll er ohne weiteres eine zwischen einem beliebigen ein- und umbeschriebenen Polygon liegende Zahl für den Kreisinhalt genommen haben, nach dem andern würde er durch das Verfahren des Antiphon erst gesucht haben, der Kreisperipherie möglichst nahe zu kommen. Jedenfalls setzte er schließlich voraus, daß der Überschuß des umbeschriebenen Polygons über den Kreis eben so groß sei wie der Überschuß des Kreises über das einbeschriebenene und nahm das Mittel. Wahrscheinlich hat Aristoteles, jedenfalls aber Alexander, die Meinung des Bryson nicht richtig wiedergegeben, denn wenn er glaubt, Bryson dadurch widerlegen zu können, daß er sagt: 8 und 9 liegen beide zwischen 10 und 7 und sind doch nicht einander gleich, so hat Bryson das ja gar nicht be-

[1] Jamblichos, Vita Pythag. c. 23.
[2] Bretschneider, l. c. S. 126 ff.

hauptet. Jedenfalls hat er aber das Verdienst, erkannt zu haben, daß man bei der Näherungsmethode des Antiphon nicht bei einem eingeschriebenen Polygon stehen bleiben dürfe, sondern die gleiche Annäherung von außen vollziehen müsse.

Von einem ganz andern Standpunkt aus griff Hippias von Elis[1] das Problem an. Hippias' Lebensgang war der typische eines Sophisten, er zog umher und hielt Reden und Kurse, die er sich teuer bezahlen ließ. Er verband mit einer ausgebreiteten Kenntnis der Naturwissenschaften, Geometrie, Astronomie, Musik, Archäologie usw., eine glänzende Rednergabe und wird daher oft auch als Rhetor bezeichnet. Da er in Athen wiederholt als Dozent auftrat, kam er mehrfach mit Sokrates in Berührung und Disputation, daher spielt er in Platons Dialogen und bei Xenophon eine große Rolle. Uns interessiert er wegen seiner geometrischen Leistungen, die freilich erst sehr viel später erwähnt werden, obgleich Platon ihn als bedeutenden Mathematiker anerkennt. Erst Proklos[2] verbindet seinen Namen mit der Kurve, welche zur Kreisquadratur gebraucht wurde und die darum Quadratrix genannt wird. Aber bei Proklos wird an dieser Stelle die Kurve in Verbindung gebracht mit der Aufgabe, einen Winkel in drei gleiche Teile zu teilen. Da er jedoch später sagt[3], daß er (Hippias) die Eigenschaften dieser Quadratix angezeigt habe, so ist wohl nicht zu bezweifeln, daß Hippias auch die Quadratur des Kreises durch diese Linie gekannt habe. Denn Proklos kannte zweifellos die Darstellung des Pappos über die Bedeutung der Quadratrix. Pappos aber erwähnt den Hippias nicht; wenn also Proklos von ihm sagt, daß er die Eigenschaften der Kurve aufgezeigt habe, so wird er die von Pappos ausführlich wiedergegebene

[1] Die Literatur siehe bei Diels, Die Vorsokratiker, S. 579 ff., soweit sie Leben und Philosophie betreffen. Die mathematischen Leistungen können wir nur erschließen.

[2] Proklos, Commentar, S. 272.

[3] l. c. p. 356.

Bedeutung nicht haben ausschließen wollen. Das ist um so weniger anzunehmen, als die Quadratur ja zur Zeit des Hippias im Vordergrund des Interesses stand und zum mindestens ebenso genügend war, das Ansehen des Lehrers zu heben, als die Dreiteilung eines Winkels. Pappos gibt die Konstruktion auf folgende Weise an.[1] In ein Quadrat ΑΒΓΔ wird der Kreisquadrant ΒΕΔ eingeschrieben (Fig. 4). Nun möge der Radius ΒΑ um Α gedreht werden (mit konstanter Geschwindigkeit), gleichzeitig werde ΒΓ parallel mit sich selbst nach ΑΔ bewegt, dann schneiden sich die beiden Linien in einem Punkt Ζ, der die Kurve ΒΖΗ durchläuft, so daß für alle Punkte auf dieser Kurve die Relation besteht ΒΔ:ΕΔ = ΒΑ:ΖΘ. Ferner ist ΒΕΔ:ΒΑ = ΒΑ:ΑΘ.

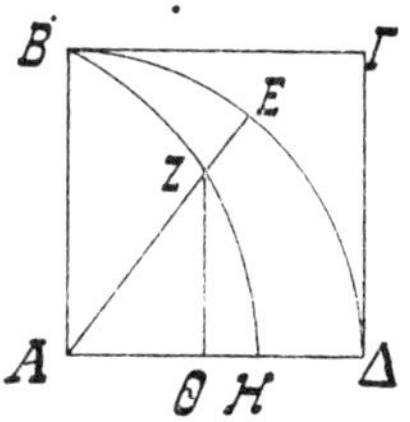

Fig. 4.

Dies beweist Pappos apagogisch, indem er zeigt, daß das erste Verhältnis weder größer noch kleiner sein kann als das zweite Verhältnis. Hierbei benutzt er den Satz als bekannte Tatsache, daß die zwischen zwei verlängerten Radien eingeschlossene Tangente größer ist als der zugehörige Kreisbogen. Ebenso setzt er als bekannt voraus, daß die Fläche eines Sektors gleich ist der halben Fläche eines Rechtecks aus Bogen und Radius, «wie Archimedes bewiesen hat». Um also den Bogen ΒΕΔ zu finden, braucht man nur die dritte Proportionale zu konstruieren zu ΒΑ und ΑΘ. Diesen Beweis verbindet Pappos mit den Namen Deinostratos und Nikomedes; Cantor meint, der Beweis selbst sei von Deinostratos[2] so gegeben. Das halte ich wegen der Beziehung auf den Satz des Archimedes nicht für möglich. Deinostratos lebte

[1] Pappi Alex. Collectionis q. s. Hultsch, I, p. 250 ff.—258.

[2] Deinostratos war ein Bruder des Menaichmos, der uns später noch beschäftigen wird, von Deinostratos wissen wir sonst nichts; cf. Cantor, Gesch. I, S. 246.

etwa in der Mitte des 4. Jahrhunderts v. Chr., konnte also den Satz des Archimedes nicht kennen. Immerhin könnte der erste Teil dieses Beweises von Deinostratos herrühren, also ein Beweis dafür sein, daß die Form des apagogischen Beweises damals bereits bekannt war, also vor Euklid. Vielleicht hat Deinostratos auch den Inhalt des archimedischen Satzes als richtig eingesehen, ohne seinen Beweis zu kennen. Dann würden wir ihn aber bei Euklid finden müssen. Ich glaube daher, daß dieser Beweis durchaus von Pappos herrührt, die ganze Ausdrucksweise weist ebenfalls darauf hin, da er ausdrücklich nach dem Zitat des Satzes bei Deinostratos, nachdem er die Bedenken eines gewissen Sporos gegen die Erzeugung der Kurve durch den Mechanismus der Bewegung zitiert hat, mit Emphase sagt, er wolle nun den Beweis liefern. Man kann also aus diesem Beweise nicht schließen, daß zur Zeit des Deinostratos oder gar des Hippias der apagogische Beweis vollständig bekannt gewesen sei. Daß er es war, wissen wir aus anderen Angaben, welche uns noch beschäftigen werden, aber dieser Beweis oder mindestens die Form dieses Beweises rührt nicht von Hippias und nicht von Deinostratos her. Ich vermute also, daß Hippias die Kurve zum Zweck der Quadratur des Kreises oder besser der Rektifikation des Kreises erfunden, ihre Bedeutung auch erkannt hat, aber nicht den Beweis, welchen Pappos gab, hinzufügte. Ich trete damit in einen Gegensatz zu der gewöhnlichen Auffassung, die dahin geht, daß Hippias die Quadratur nicht gesucht habe, die Kurve vielmehr zu dem Zweck erfunden sei, einen Winkel in drei gleiche Teile zu teilen; erst später, etwa von Deinostratos, sei erkannt, daß diese Kurve auch die Quadratur erledige, und dann habe dieselbe den Namen Quadratrix erhalten. Hankel geht so weit, die Erfindung der Kurve sogar dem Deinostratos selbst zuzuschreiben und für die Proklosstelle anzunehmen, daß dort ein anderer Hippias gemeint sei als der Sophist. Leider erfahren wir nicht, welcher dann gemeint sei, und von dieses unbekannten Hippias sonstigen

Leistungen erfahren wir ebenfalls nichts. Nach Platon war aber der Sophist ein tüchtiger Geometer, und gerade zu seiner Zeit stand die Quadratur, wie wir von Hippokrates und Antiphon wissen, im Vordergrund des Interesses. Bei dem natürlichen Streben des Sophisten als populären Dozenten lag doch aber nichts näher, als daß er besonders die Tagesfragen behandelte. Unsere populären Reisedozenten machen es heute auch nicht anders. Es spricht also alles dafür, daß Hippias, der Sophist, gerade die Quadratur im Auge hatte und darum diese Kurve ersann und ihr den Namen gab.

Diese Auffassung wird gestützt durch die Angabe des Proklos (l. c.): ἕτεροι δὲ ἐκ τῶν Ἱππίου καὶ Νικομήδους τετραγωνιζουσῶν πεποιήκασι τὸ αὐτό, μικταῖς καὶ οὗτοι χρησάμενοι γραμμαῖς ταῖς τετραγωνιζούσαις. Er spricht da von der Aufgabe, einen Winkel zu dritteln, dazu gebrauchen a n d e r e die Quadratrix des Hippias. Diese gehört zu den μικταῖς γραμμαῖς, das ist ein anderer Name für die Kurven, welche Pappos «γραμμικοὶ τόποι» nennt. Pappos[1] teilt die geometrischen Örter in ebene, körperliche und «linienförmige». Aber diese Dreiteilung rührt doch schon von P l a t o n her, und dort heißen diese dritten Örter μικτοί[2], folglich muß es zu Platons Zeit schon solche geometrischen Örter gegeben haben. Ein Beispiel dafür ist aber die Quadratrix, welche dann von a n d e r e n zur Dreiteilung des Winkels benutzt wurde. Daß dieselbe diese Aufgabe auch löst, ist auch Pappos nicht unbekannt[3], er kommt erst später darauf zurück und zeigt, daß die Quadratrix ebensogut wie die Spirale zu brauchen ist, denn die erste Proportion, die er (l. c., S. 252) ableitet $BE\Delta : E\Delta = BA : Z\Theta$ liefert ja die Lösung der Aufgabe, einen Winkel in n-gleiche Teile zu teilen. Es ist bei Pappos nie außer acht zu lassen, daß derselbe nicht historische Wiedergabe bezweckt, sondern stets

---

1 Pappi Alex. Collection. Vol. II (Hultsch), p. 662.

2 Proklos, Commentar, S. 104.

3 Pappus, l. c. p. 286.

seine eigne Auffassung mit den historischen Problemen verbindet, darum ist die Ableitung bei Pappos fast immer eine andere als bei dem Autor, von welchem er das Problem entnommen, so z. B. auch bei der Dreiteilung durch die Archimedische Spirale. Die Nichterwähnung des Hippias bei Pappos erklärt sich vielleicht aus der Abneigung der Mathematiker gegen die Sophisten, welche sämtlich dort nicht beachtet sind. Das ist durchaus berechtigt einem Zenon gegenüber, der durch leeres Geschwätz über das unendlich Kleine die Möglichkeit der Bewegung bestreiten zu können meinte, aber dadurch nur bewies, daß er die Erklärungen der Pythagoreer über die unendliche Teilbarkeit und das Unendlichkleine nicht verstanden hatte. Wenn wir nun auch von der großen Zahl dieser Wanderlehrer nichts für den Fortschritt der Wissenschaft entnehmen können, so darf es uns doch nicht hindern, die Verdienste des Hippias anzuerkennen.

Wir können diese Periode nicht schließen, ohne auf den Fortschritt hinzuweisen, den die Zeiteinteilung in demselben bei den Griechen fand. Ich habe bei Thales schon darauf hingewiesen, daß derselbe in Ägypten sicher auch die Bestimmung der Jahreslänge zu $365^1/_4$ Tagen kennen lernte. Wenn man[1] darum aus Hesiods Angaben schließen will, daß zu der Zeit in Griechenland das Jahr zu 360 Tagen ganz allgemein gerechnet wurde, so mag das für die große Masse des Volkes richtig sein. Männer jedoch, die imstande waren, Verfinsterungen im voraus zu berechnen, konnten unmöglich das Sonnenjahr zu 360 Tagen rechnen. Die Inkommensurabilität zwischen Monat und Jahr und Tag mußte sich solchen Männern ganz unwillkürlich aufdrängen. Zunächst mußte der Monat korrigiert werden und wurde durch die Unterscheidung der vollen Monate von den leeren, erstere zu 30, letztere zu 29 Tagen, annähernd auf die richtige Dauer gebracht. Ein Entdecker wird für diese Bestimmung nicht genannt,

[1] Wolf, Gesch. d. Astronomie, 1877, S. 12.

daraus darf man wohl schließen, daß sie fremden Ursprungs ist und vielleicht, wie so vieles andere, direkt oder indirekt aus Ägypten stammt. Dadurch kürzte man das Jahr auf 354 Tage und mußte nun die Inkongruenz zwischen dem Sonnenjahr und den 12 Monaten erst recht empfinden. Die Beseitigung dieser Spannung wird Solon auf Grund einer etwas vagen Angabe bei Herodot[1] zugeschrieben, indem er jedem 2. Jahr einen vollen Monat zulegt, danach kam der Monat freilich auf 29,52 Tage, aber das Jahr auf 369 Tage, beginnend in Attika mit dem ersten Neumond nach der Sommersonnenwende, während in Sparta das Jahr mit dem Herbstäquinoktium seinen Anfang nahm. Diese Korrektur wird gewöhnlich als Trieteris (διὰ τρίτου ἔτους) bezeichnet. Die Mangelhaftigkeit dieser Korrektur wurde durch die Oktaeteris verbessert, bei welcher jedem 3., 5. und 8. Jahre ein Monat von 30 Tagen zugeschaltet wurde, so daß die Jahrlänge dann 365,25 Tage, die Monatslänge 29,515 wurde. Für die Jahreslänge war dieser Wert immerhin für eine Reihe von Jahren ausreichend gut, für den Monat (29,53059) freilich empfindlich zu klein, so daß Aristophanes in den Wolken darüber ironisiert. Eine Besserung dieses Verhältnisses wurde durch Meton eingeführt, welcher 433 vor Christo den Zyklus von 235 Monate so auf 19 Jahre verteilte, daß darin 12 Jahre à 12 Monate und 7 Jahre à 13 Monate enthalten waren, aber von den 235 Monaten 125 zu 30 und 110 zu 29 Tagen gerechnet wurde. Das gab fürs Jahr im Mittel 365,263 und für den mittleren Monat 29,532 Tage. Dieser Zyklus wurde, um es gleich zu erledigen, von Kallippus 330 vor Christo dadurch verbessert, daß er vorschlug, nach Ablauf von vier Perioden zu 19 Jahren, also im 76. Jahre, einen Tag ausfallen zu lassen, dadurch erreichte er eine mittlere Jahrlänge von 365,25 und eine Monatslänge von 29,531 Tagen. Mit dieser Kallippischen Periode ist dann tatsächlich gerechnet,

[1] Herodot, I, 32.

während die spätere Hipparchische Verbesserung, nach vier Kallippischen Perioden noch einen Tag ausfallen zu lassen, keine Anwendung gefunden hat. Dieser «Metonsche Mondzirkel» hat bis auf den heutigen Tag in unseren Kalendern seine Bedeutung behalten als «goldene Zahl», eine Bezeichnung, die im Mittelalter aufkam. Von Meton wissen wir sonst nicht viel, er war in einem athenischen Landbezirk als Sohn des Pausanias geboren etwa um 480 vor Christo[1], er baute eine Wasserleitung am Kolonos, legte sich eine primitive Sternwarte an der Mauer von Athen an, wo er mit dem «Heliotropion», einem Apparat mit Gnomon und Winkelmesser, beobachtete. Er gab den ersten Kalender heraus.[2] Was über ihn bekannt ist, hat Redlich gesammelt und verarbeitet.[3] Daß vor Meton die Oktaeteris in Griechenland fast überall in Gebrauch war, bezeugt Censorin[4], daß die Kallippische Verbesserung weiten Anklang fand, bezeugt Geminus.

Auch in der Kosmologie finden wir einen Fortschritt bei den Eleaten. Freilich sind es im wesentlichen Spekulationen ohne jede wissenschaftliche Basis, welche von den Philosophen dieser Schule in der Kosmologie geleistet wurden, aber einiges darf doch als das Resultat der Forschung angesehen werden. So die Auffassung des Parmenides von der Erde als einer Kugel. Freilich hatte ja auch schon Pythagoras diese Kugelgestalt gelehrt, und es ist sehr wahrscheinlich, daß Parmenides sie von da übernommen hat, aber Parmenides lehrte dies öffentlich und vertrat die Meinung in seinem Lehrgedicht, von welchem uns wenigstens ein Teil erhalten ist. Die übrigen Himmelskörper ließ er in konzentrischen Hohlkugelschalen um die Erde rotieren.[5]

---

[1] Diodor, XII, 36; cf. Schol. in Aristoph. av. 997. Kirchner, Prosopogr. Att. II, p. 80, Nr. 10093.

[2] Cf. Geminos, Eisagoge c. 6.

[3] Redlich, Der Astronom Meton und sein Cyklus, Hamburg 1854.

[4] Censorin, De die nat. 18.

[5] Die Literatur bei Zeller, Gesch. I, S. 572 ff.

Sehr viel mehr wissen wir von Heraklit, freilich nicht von ihm selbst, sondern von andern Schriftstellern über ihn. In den Fragmenten[1] findet sich leider für die Leistungen Heraklits in Astronomie und speziell in Kosmologie gar nichts. Auch sonst ist es im höchsten Maße bedauerlich, daß wir von diesem zweifellos bedeutendsten «Pantheisten» der Griechen (oder wohl gar aller Zeiten) kein zusammenhängendes Werk besitzen. So dankbar wir auch Diels für die Sammlung und Übersetzung der Fragmente sein müssen, so schmerzlich empfinden wir es, daß wir auch bei Heraklit auf die sehr widerspruchsvollen Angaben späterer Schriftsteller angewiesen sind. Jedenfalls betrachtet Heraklit die Welt als eine periodisch sich verändernde, aus dem Urstoff entstehende und schließlich durch die Weltverbrennung wieder zum Urstoff zurückkehrende und zu neuer Entwicklung fortschreitende Einheit von unveränderlicher ewiger Gesamtmasse. Die Dauer einer solchen Periode gibt er an zu 10800 Sonnenjahren. Die Vermutung Tannerys[2], daß Heraklit diese Zahl gefunden habe, indem er die 360 Tage des Jahres mit 30 Jahren multipliziert habe (ein Menschenalter), halte ich schon aus dem Grunde für ganz irrig, weil zur Zeit des Heraklit, selbst wenn man sein Geburtsjahr so weit hinaufrückt, wie man kann, also sein Todesjahr auf 478 setzt, wie Zeller es tut, kein gebildeter Grieche mehr das Jahr zu 360 Tagen rechnete. Wie sehr die Auffassungen der modernen Gelehrten über die Bedeutung der Notizen der Alten über die Lehre des Heraklit aus einandergehen, ersieht man daraus, daß Zeller dem Heraklit sogar die Kugelgestalt der Erde aberkennt und meint, er habe dieselbe für eine Walze gehalten (irgendwelche Angaben hierfür sind meines Wissens nicht vorhanden), während Wolf[3] sogar an eine drehende und um die Sonne fortschreitende Bewegung der Erde denkt. Nur das scheint mir festzustehen, daß Heraklit die moderne

[1] Diels l. c. p. 61—79.

[2] Tannery, P., L'histoire d. l. science hellène, p. 168—200.

[3] Wolf, Handbuch der Astronomie I, 1890, S. 533.

Anschauung von der Periodizität der Weltentstehung als erster aufgestellt hat; seine Gründe waren nicht schlechter als die der Modernen, sie entstammten nicht der Naturforschung, sondern der philosophischen Spekulation.

Ganz unzweideutig lehrt der etwas jüngere Empedokles[1] die Kugelgestalt und gebraucht auch das Wort σφαῖρος, während sein Lehrer Parmenides von einer Stephane geredet hatte für die Tage der Himmelskörper. Zweifellos hat Zeller mit der Übersetzung «Hohlkugel» dort recht, aber dennoch würden wir lieber den Sphairos angewandt sehen. Freilich meint Empedokles, der etwa um das Jahr 460—430 seine Hauptwirksamkeit entfaltete, mit dem Sphairos zunächst die kugelförmige Urmaterie, aus welcher alle Himmelskörper durch die Einwirkung des «Hasses» hervorgingen. Liebe und Haß waren neben dem Stoff resp. neben den vier Elementen zur Entwicklung dieses Urstoffes nötig. Dadurch verdient Empedokles besonders unsere Beachtung, weil er sich diese Entwicklung ähnlich so denkt wie sie bei Descartes und später bei Kant und Laplace vorkommt, oder vielmehr wie sie bei Swedenborg aufgefaßt wird. Es bildet sich nämlich zunächst ein Wirbel, und durch die Rotation dieser im Wirbel zusammengefaßten Materie sondern sich die einzelnen Dinge ab. Freilich sagt er in den uns erhaltenen Fragmenten nicht ausdrücklich, daß sich die Himmelskörper nun auch wieder zu Kugeln abgesondert hätten, allein da er sich die Sonne und den Mond kugelförmig denkt, ist auch die Erde wohl so aufzufassen, zumal sie selbst wieder einen Wirbel bildet, aus dem sich die Lebewesen entwickeln. Vom Monde sagt er, seine Distanz von der Erde sei halb so groß wie die der Sonne, auch die Finsternisse erklärt er richtig durch das Zwischentreten des Mondes zwischen Erde und Sonne, im übrigen ist nicht zu verkennen, daß Empedokles vieles von den

[1] Diels, Die Vorsokratiker, S. 149—219. D. ausführliche Sammlung der Fragmente von dem Werk περὶ φύσεως findet sich dort.

Pythagoreern entnahm und mit den Lehren der Eleaten verband. Die überragende Wirkung der empedokleischen Philosophie in diesem Zeitraum erklärt sich übrigens aus anderen Gründen als aus seiner Kosmogonie. — Für uns ist er als erster konsequenter Evolutionist von besonderem Interesse. Es berührt geradezu komisch, den langen Streit der Philosophen zu lesen, ob Empedokles zu den alten Joniern, zu den Eleaten oder zu den Pythagoreern zu zählen sei. Die Literatur über dies beliebte Thema kann man bei Zeller (l. c. S. 819) nachlesen. Ich bin der Meinung, daß ein bedeutender Mann in seinen Aussprüchen an 100 Vorgänger und Zeitgenossen erinnern kann, ohne daß er zu deren Schule oder Weltanschauung, oder Forschung in Abhängigkeitsverhältnis getreten wäre, ja ohne daß er jene 100 Männer überhaupt zu kennen braucht. Ich halte darum einen Versuch, die Mengen der verschiedenen Zutaten bei einem bedeutenden Gelehrten in Prozenten auszurechnen, für ein barbarisches Verfahren. Und ein bedeutender Mann war Empedokles!

Hatte Empedokles neben dem Urstoff es für nötig gehalten, auch eine Ursache für die Entwicklung oder doch für den Eintritt der Entwicklung in der Annahme vom «Lieben und Hassen der Elemente» einzuführen, so bereitete ein Zeitgenosse die Anschauung vor, nach welcher ein rein materialistischer Evolutionismus möglich sein sollte. Es war Leukippos, der Milesier[1], nach einigen Schüler des Zenon, nach anderen des Parmenides. Bisweilen nennt man ihn auch den Abderiten. Zeller[2] vermutet wohl mit Recht, daß die letztere Bezeichnung dadurch entstanden sei, daß er mit Sicherheit der Lehrer des Demokrit von Abdera gewesen ist, und man ihn deswegen nach Abdera gesetzt habe. Beide Bezeichnungen sind dann dadurch geschickt vereinigt, daß er in Milet geboren und schließlich als Lehrer in Abdera seßhaft war.

[1] Diogenes Laert. IX, 30. Die Fragmente und die Zitate ausführlich bei Diels, l. c. S. 342—350.

[2] Zeller, l. c. I_2, S. 838.

Von mathematischen Leistungen Leukipps erfahren wir nichts, aber für die Kosmogonie ist er von Bedeutung. Dabei ist freilich zu beklagen, daß es schwer ist, zu unterscheiden, wie weit Leukipp dies Weltsystem ausgebildet habe und wie viel Demokrit hinzugetan hat. Von Schriften des Leukipp werden zwei genannt: Μέγας διάκοσμος und Περὶ νοῦ, aber aus beiden ist nur je ein Zitat erhalten, welche uns nur sagen, daß er die Welt lediglich aus innerer Notwendigkeit ἐκ λόγου τε καὶ ὑπ' ἀνάγκης entstehen lassen wollte und darum auch die Sterne nicht als lebende Wesen betrachtete. Im übrigen wissen wir von ihm, daß er als Urzustand eine Verteilung von Atomen im unendlichen, leeren Weltenraum annahm, daß diese Atome in wirbelnder Bewegung sich nach der verschiedenen Schwere geordnet und so die Erde und die Sterne, Sonne und Mond gebildet hätten.

Für die Ausführung dieser Idee müssen wir aber Demokrit gleich mit heranziehen, da dessen Name schon im Altertum den seines Lehrers so in den Schatten stellte, daß Leukipp fast nur in Verbindung mit ihm genannt wird, so bei Aristoteles.[1] Demokrit von Abdera war nach seinem eigenen Zeugnis um 40 Jahre jünger als Anaxagoras.[2] Eine andere eigene Angabe des Demokrit, daß er 730 Jahre nach der Zerstörung Trojas seine kleine Weltordnung geschrieben habe, nützt uns auch nicht viel, da wir nicht wissen, in welches Jahr die Zerstörung Trojas von ihm gesetzt ist, ob es 1150 oder eine spätere Zeit war; ebenso verschieden sind die Angaben über sein Todesjahr und sein Alter. Letztere Angaben schwanken zwischen 90 und 109 Jahre. Jedenfalls lebte Demokrit etwa von 470—380 resp. 370. Demokrits Einfluß auf die griechische Philosophie ist sehr groß, aber von seinen Schriften haben wir nur die Titel. Die Fragmente

[1] Z. B. Aristoteles, De caelo I, 7 u. a. m.

[2] Zeller meint, die Bemerkung bei Diogenes ὡς αὐτός φησιν beziehe sich nicht mehr auf die 40 Jahre, diese seien vielmehr von Diogenes oder dessen Gewährsmann, Apollodor, hinzugefügt.

und sonstigen Angaben über Demokrit füllen bei Diels (l. c.) 92 Seiten. Trotzdem ist in seiner Kosmogonie sehr vieles unklar und schwankend, so daß die Darstellung bald einen ganz modernen Anstrich hat[1], bald an die Verschwommenheit der Eleaten erinnert. Festzustehen scheint mir folgendes: Demokrit nimmt an, daß der unendliche, leere Raum mit Atomen verschiedener Schwere erfüllt sei, die alle eine gleich gerichtete Bewegung nach unten hatten.[2] Was er sich mit diesem «nach unten» dachte, ist schwer auszumachen. Sicher ist es nicht ein Gravitationszentrum, wie Zeller antizipierend meint, denn wenn Demokrit das gemeint hätte, hätte er auf die Kugelgestalt kommen müssen. Nun ist aber an vielen Stellen ausdrücklich bezeugt, daß Demokrit im Mittelpunkt der Welt die ruhende Erde, aber diese nicht kugelförmig, sondern walzenförmig annahm, dazu noch mit erhöhtem Rande und abwärts geneigtem Süden, um die Schiefe der Ekliptik damit zu begründen. Es ist daher ganz in der Ordnung, wenn Platon[3] diese Kosmogonie abweist, weil es kein Unten und Oben in dem leeren Raume geben könnte. Wenn nun die Atome mit ungleicher Masse sich in gleicher Fallrichtung bewegen, kommen die schwereren schneller voran und stoßen auf die leichteren, dadurch entstehen seitliche Bewegungen, und so kommen Wirbel zustande, die gleichartigen bilden neue Körper, die leichteren werden in die Höhe gedrückt und bilden eine kugelförmige Hülle.[4] Die Erde im Mittelpunkt der Welt wird von der Luft getragen[5], weil sie eine flache Walze ist. Die Himmelskörper (Sterne, Sonne, Mond) sind der Erde ähnlich nach ihrer Entstehung, aber durch die große Bewegung in dem Umschwung um die Erde

---

[1] So bei Zeller.

[2] Aristoteles, De caelo 4, 2, 309a, 309b; cf. Simplicius, Commentar 569, 5; 712, 27.

[3] Platon, Timäus 62.

[4] Diogenes, IX, 32.

[5] Aristoteles, De caelo IV, 6.

glühend geworden. Die Reihenfolge ist bei ihm[1]: Mond, Venus, Sonne, Planeten. Seine Hypothesen über Kometen, Milchstraße, meteorologische Verhältnisse sind zum Teil ganz verworren und zeigen nicht den geringsten Fortschritt gegenüber den früheren Philosophen, speziell den Pythagoreern. Das Sonnenjahr rechnet er zu 365 Tagen, und die Periode der Wiederkehr der Mond- und Sonnenstellung, das «große» Jahr, bestimmt er zu 82 Jahren und 28 Schaltmonaten, d. h. 1012 Monate, so daß ein Monat nahezu $29^1/_2$ Tage lang wird. Ob er Meton gekannt hat, ist nicht ganz klar.[2]

Noch dürftiger ist unsere Ausbeute bei den rein mathematischen Leistungen Demokrits. Freilich wird ihm von verschiedenen Seiten nachgerühmt, er sei ein großer Mathematiker gewesen, und er selbst erklärt, er sei in geometrischer Konstruktion nicht einmal von den ägyptischen Seilspannern (Feldmessern) übertroffen.[3] Aber leider erfahren wir nur eine Reihe von Titeln seiner Schriften aus dem Verzeichnis des Thrasyllos, welches bei Diogenes (l. c.) aufbewahrt ist. Nur aus zweien sind kurze Zitate vorhanden. Aus der Geometrie (περὶ γεωμετρίης) stammt wohl ein Satz bei Plutarch[4]: «Wenn ein Kegel parallel zur Grundfläche durch Ebenen geschnitten wird, wie soll man sich die entstehenden Schnittflächen vorstellen, gleich oder ungleich? Sind sie ungleich, so werden sie die Kegel uneben machen, indem er treppenartige Einschnitte und Vorsprünge bekommt; sind sie gleich, so würde der Kegel die Form eines Zylinders bekommen, und das wäre ganz verkehrt.» Hier liegt also offenbar das Streben vor, den Kegel als Summe von Parallelschnitten aufzufassen, wie wir es später bei Eudoxos in bezug auf die Pyramide kennen lernen. Da Demokrit aber

[1] Plac. II, 15.

[2] Censor., 18, 8.

[3] Clem. Alex. Stromata I, 15, 69 (Potter, S. 357); Diels bezeichnet dieses Fragment als unecht.

[4] Plutarch, De commun. not. 39.

diese Schnitte von endlicher Dicke sein läßt, so bekommt er dann nicht einen Kegel, sondern die Treppe. Er ist also noch nicht in das unendlich Kleine eingedrungen und hat nicht die Summation über unendlich viele unendlich dünne Schnitte ausgeführt, wie es Archimedes wirklich tat und wie es wahrscheinlich Platon im Sinne hatte. Demokrit fehlt also noch der Begriff der stetigen Änderung. Vielleicht tritt uns derselbe Mangel bei dem zweiten Zitat vor Augen, wo aus der Schrift ἐκπετάσματα zitiert wird, daß eine aus Ringen gebildete Kugel auf der Ebene abgerollt werden soll.[1] Auch hier will Demokrit offenbar die sphärische Oberfläche dadurch messen, daß er sie sich in dünne Ringe zerlegt denkt, die er auf der Ebene abrollen will, dann bildet jeder Ring eine Linie, und aus der Summe der Linien soll die Oberfläche entstehen. Der Gedanke ist also analog wie bei jenem Kegel, aber die Messung gelingt natürlich nicht. Immerhin ist es eine interessante Vorstellung, die uns bedauern läßt, daß wir nicht mehr von seinen mathematischen Schriften wissen.

Über einige Titel haben sich verschiedene Ansichten gebildet. Die erste Schrift des Verzeichnisses führt in den Handschriften den Titel: Περὶ διαφορῆς γνώμονος ἢ Περὶ ψαύσιος κύκλου καὶ σφαίρης. Weil dieser Titel unverständlich schien, hat Diels vorgeschlagen, in Anlehnung an einige Handschriften γνώμης zu setzen, dann würde die Meinungsverschiedenheit sich auf die Abweichung der Tangente von der Peripherie beziehen, ein Problem, welches uns schon bei Hippias begegnet war. Allein ich glaube, wenn man γνώμονος liest und das Wort in seiner ursprünglichen Bedeutung faßt, so hat der Titel wohl einen Sinn. Es gab doch zwei verschiedene Aufstellungen des Gnomon in der Sonnenuhr, erstens die, daß der Stift auf einer Ebene stand und die Spitze des Schattens die konzentrischen Kreise berührte, und zweitens eine Auf-

[1] Ptol. Geogr. VII, 7.

stellung einer Spitze auf einer Kugel, dann berührte die Schattenspitze die Breitenkreise. Es wäre also sehr wohl möglich, daß Demokrit von diesen beiden verschiedenen Einrichtungen hätte schreiben wollen. Ob das eine oder andere richtig ist, kann nicht eher entschieden werden, als bis wir Reste dieser Schrift gefunden haben. Mir scheint nur die Satzkonstruktion: «Über eine Meinungsverschiedenheit oder über die Berührung des Kreises und der Kugel» nicht gerade klar und verständlich zu sein, während meine Auffassung keiner weiteren Erläuterung bedarf über den Inhalt der διαφορή. — Daß in einem ferneren Büchertitel die Irrationalität eine Rolle spielt (περὶ ἀλόγων γραμμῶν), sei erwähnt; ob in der Schrift irgend etwas Neues war, wissen wir nicht; die Diskussion über die verschiedenen Vermutungen, welche ohne jede Unterlage ausgesprochen sind, halte ich für Zeitvergeudung.

5. Platon.

Hatten die drei vorigen Abschnitte ihre scharfe Charakterisierung dadurch erhalten, daß die alten Jonier nur induktiv geometrische Einzelwahrheiten entdeckten, daß Pythagoras durch die Verbindung der Arithmetik mit der Geometrie ein System der Forschung schuf, durch welches nicht nur viele Entdeckungen gemacht wurden, sondern auch ein Zusammenhang zwischen den Einzelkenntnissen hergestellt wurde, daß in der folgenden Periode bestimmte Probleme der Irrationalität, wie die Quadratur des Zirkels, die Dreiteilung des Winkels, die Würfelverdoppelung in den Vordergrund rückten; so beginnt nun mehr der logisch-analytische Ausbau der Geometrie zu einem System von Lehrsätzen und Aufgaben, die über «gerade» Linien und Kreis hinausgehen und Kurven als Darstellungen von «Bedingungen» benutzen und die Elemente des Funktionsbegriffes, d. h. ein mathematisches Denken in die Wissenschaft einführten. Der

Pfadfinder in diesem Gebiet ist Platon, um ihn und seine Schüler, Freunde und Nachfolger handelt es sich in diesem Zeitabschnitt.

War uns Pythagoras in der Entwicklung der Mathematik der erste mathematisch denkende Philosoph gewesen, der nicht von einzelnen, praktisch brauchbaren Erkenntnissen aus einzelne Aufgaben zu lösen unternahm, sondern der zielbewußte Forscher auf einem unbebauten Gebiet, der freilich reiche Anregungen und Einzeldaten aus Ägypten empfing, aber diese speziellen Fälle mit überragendem Geiste zu einer wissenschaftlichen Einheit zu verarbeiten suchte; so haben wir in Platon einen Mann vor uns, der dies von Pythagoras erstrebte Ziel zu einer Wirklichkeit machte, der wirklich mathematisches Denken als das Denken erkannte, der darum vielen Nichtmathematikern unverständlich war, blieb und bleiben wird, der aber direkt zu den großen Männern die Brücke baute, welche wir an der Spitze der modernen Zeit finden, zu Leibniz und Newton. Wir treten mit Platon in das Heiligtum mathematischen Denkens; die Verbindung der einzelnen Werte durch die Funktionsbeziehung, die Betrachtung des einzelnen Falles als Beispiel für die allgemeinen Gesetze der Abhängigkeit, die Erzeugung endlicher Resultate aus der Betrachtung unendlich kleiner Entwicklungselemente, das sind die Errungenschaften platonischer Denkweise, damit durchdringt er die Gesamtheit der sinnlich wahrnehmbaren Welt, damit schafft er eine Welt idealer Forschung, und damit legt er den Grund zur heutigen Wissenschaft.

Äußerlich betrachtet ist es ja wunderbar, daß Platon kein einziges «mathematisches» Werk geschrieben hat, daß kein «Lehrsatz» den Namen Platons trägt, daß man ein vielgewandter Geometer und Zahlentheoretiker sein kann, ohne Platons Namen zu kennen; aber das will Platon auch nicht sein. Er behandelt die Mathematik nicht als ein besonderes Fach in der Vorratskammer seines Geistes, sondern die Mathematik ist ihm der Sauerteig, welcher das ganze Denken durchdringen muß und überall das entwickelnde Ferment darstellt, welches dem Denkprozeß Richtung und Kraft gibt. Darum stellen wir ihn in den Mittelpunkt dieser Periode, er führt die Griechen auf die Höhe der Kultur und streut den Samen aus zu den herrlichen Früchten, welche in der folgenden Periode, die wir als Alexandrinische zusammenfassend bezeichnen, die volle Höhe griechischer Leistungsfähigkeit darstellen.

So erscheint Platon als Vollender der Pythagoreischen Gedanken und Ziele; es ist darum begreiflich, daß Aristoteles[1] ausdrücklich sagt, Platon sei in vielen Beziehungen ein Schüler der Pythagoreer gewesen. Das, was Pythagoras gewollt hatte, war ja nur den Gliedern seines Bundes bekannt geworden. Auch nach der Sprengung desselben waren es nur wenige Eingeweihte, welche des Meisters Lehren kannten; denn nur durch Eintritt in den Bund konnte man in die Wissenschaft eingeführt werden, und für die Mitglieder dieses Bundes bestanden strenge Vorschriften, wie wir bei Hippokrates gesehen haben. Platon war nun mit den Lehren der Pythagoreer vollständig vertraut. Die Vermittlung hatte er in erster Linie den Schriften des Philolaos zu danken. Es wird über den Erwerb sehr verschiedenartig berichtet. Nach der Angabe der meisten Schriftsteller hatte er dies Buch des Philolaos um schweres Geld gekauft[2], entweder direkt oder durch Vermittlung des Dion, den er in Sizilien kennen lernte. Jedenfalls ist die Erzählung des Hermippos, Platon habe aus diesem Buche seinen Timaios abgeschrieben, eine starke Übertreibung. Mit den Pythagoreern hatte Platon auch außerdem enge Beziehungen, wie das aus seiner Lebensgeschichte hervorgeht.

Aus hochangesehener Familie Athens im Schreckensjahre 429 geboren, war er als Jüngling in den Kreis der Sokratischen Schüler aufgenommen. Hier hatte er die Not-

---

[1] Aristoteles, Metaphys. I, 6.
[2] Gellius, III, 17; Diogenes L. III, 9, VIII, 15, 85.

wendigkeit der präzisen Definition kennen gelernt, denn das war bei allen Dialogen des Sokrates zunächst die Hauptsache, daß er eine scharfe Feststellung der Begriffe forderte im Gegensatz zur Sophistik. Aber Platon war nicht nur in dieser Schulung herangebildet, er hatte auch speziellen mathematischen Unterricht empfangen bei Theodoros von Kyrene[1], der kurz vor Sokrates' Tode in Athen weilte. Dieser Theodoros hatte ihn eingeführt in die Lehre von der Irrationalität, mit welcher er sich selbst erfolgreich beschäftigte. Theodoros zeigte nämlich, daß die Quadratwurzeln aus 3, 5, 7 usw. bis 17 irrational seien. Daß $\sqrt{2}$ irrational ist, war, wie oben gezeigt ist, schon von Pythagoras selbst nachgewiesen. Die Methode dieses Nachweises ist von Euklid[2] wahrscheinlich aus einer Angabe des Aristoteles rekonstruiert. Wie Theodoros nun die weiteren Beweise feststellte, wissen wir nicht.

Es wird berichtet, daß Platon nach dem Tode des Sokrates zunächst sich nach Megara zurückzog und dann auf Reisen ging, zuerst nach Ägypten, wo in Heliopolis später das Haus gezeigt wurde, in welchem Platon und Eudoxos gelebt haben sollen; dann auch nach Kyrene, wo er seinen früheren Lehrer aufsuchte. Daß die Angabe, Platon habe 13 Jahre in Afrika zugebracht[3], wohl auf Übertreibung oder Verwechslung mit der Dauer seiner Reisen beruht, versteht sich fast von selbst. Von Afrika ging er nach Süditalien und Sizilien, freilich ist es zweifelhaft, ob er direkt dorthin ging oder zunächst nach Athen zurückkehrte, um von dort aus die Reise nach Sizilien zu unternehmen[4]. Jedenfalls ist die Angabe, daß er im 40. Lebensjahre stand, als er nach Sizilien, resp. Tarent kam, nicht nur gut verbürgt, sondern paßt auch zu den

---

[1] cf. Platon, Theätet 143, D.

[2] Euklid, Elemente X, 117.

[3] Strabo XVII, 806.

[4] Zeller, Gesch. II, 1, S. 404 ff., erörtert diese Frage ausführlich, sie ist von Bedeutung für die Einordnung der Schriften Platons und zur Charakteristik ihres Inhalts.

allgemeinen geschichtlichen Verhältnissen sehr gut. Die Geschichten, welche über seinen dortigen Aufenthalt von den lateinischen Autoren berichtet werden, tragen durchgängig den Stempel des Anekdotenhaften und sind darum höchst wahrscheinlich erfunden. Sicher ist, daß Platon in engen, freundschaftlichen Verkehr zu Archytas, dem hervorragendsten Pythagoreer jener Zeit, von dem wir gleich noch sprechen werden, und durch ihn zu dem Syrakusanischen Prinzen Dion trat. In Syrakus mußte er freilich erleben, daß Fürstengunst launischer als das Aprilwetter ist. Zunächst war der geistreiche Mann beliebt, als sich aber herausstellte, daß derselbe auch Prinzipien hatte, denen gemäß er zu leben sich bemühte, als er Einfluß auf die Denkweise des jungen Dion gewann, da war er überflüssig, schädlich geworden! Bei seiner Abreise auf dem Schiff, welches den spartanischen Gesandten Pollis trug, gab Dionysius diesem die Weisung mit, Platon unschädlich zu machen, und Pollis tat dies, indem er seinen Reisegefährten in Ägina ans Land setzte. Dort aber war zu der Zeit die heftigste Fehde gegen Athen, und jeder Athener wurde getötet oder als Sklave verkauft. So wanderte Platon in die Sklaverei, aus welcher er durch den Kyrenäer Annikeris losgekauft wurde mit einer Summe, welche die athenischen Freunde Platons dem Annikeris ersetzen wollten. Als nun Platon nach Athen zurückkehrte und Annikeris jene Summe nicht ersetzt haben wollte, wurde für diesen Betrag der Garten neben dem Gymnasium des Akademos gekauft, in welchem Platon nun seine Schule errichtete. Die Geschichte ist um deswillen wichtig, weil sie uns den Anhaltspunkt bietet für den Beginn dieser Lehrtätigkeit. Die Ägineten hatten jenen Beschluß gegen die Athener in den letzten Jahren des Korinthischen Krieges gefaßt, und nach dem Frieden des Antalkidas (387) war diese Geschichte überhaupt unmöglich. So gewinnen wir für die Zeit der Rückkehr Platons das Jahr 388.

Von jetzt an wird die Lehrtätigkeit Platons bis zu

seinem im 81. Lebensjahre (Seneca: am 82. Geburtstage) erfolgenden Tode nicht mehr gestört, nur unterbrochen durch zwei Reisen nach Syrakus auf Einladung des Nachfolgers jenes ersten Tyrannen dieses Namens, Dionysios II. (Nach Zeller, Diels und Gomperz würde als Jahr der Geburt 427, demnach als Todesjahr 347 anzusehen sein.) Diese letzten beiden Reisen sind für die Leistungen Platons nicht mehr von bestimmendem Einfluß gewesen, denn zu dieser Zeit fand er in Sizilien keinen Philosophen, von dem er hätte lernen können. Dagegen ist die erste Reise für Platons Entwicklungsgang von einschneidender Bedeutung geworden. Hier lernte er Archytas kennen, der auf seine Geistesrichtung mindestens den gleichen Einfluß hatte, wie jenes Buch des Philolaos.

Ehe wir darum Platons Verdienste um die Mathematik würdigen können, müssen wir uns mit Archytas beschäftigen. Archytas[1], etwa zu gleicher Zeit wie Platon in Tarent geboren, zeichnete sich als Leiter seiner Vaterstadt aus durch gesetzgeberische Tätigkeit und glückliche Kriegführung gegen die Nachbarstädte. Seiner überlegenen Umsicht verdankte es Tarent, daß die Begehrlichkeit des Syrakusanischen Tyrannen eine feste Grenze fand. Man nannte ihn wegen seiner politischen und militärischen Erfolge den Liebling der Götter und fand dieses Wohlwollen der Gottheit auch darin bestätigt, daß er an der Schwelle des Greisenalters vor den Beschwerden des Alters durch einen plötzlichen Tod bei einem Schiffbruch bewahrt blieb (im Jahre 365). Mathematisch hat sich Archytas besonders hervorgetan durch seine Lösung des Problems der Würfelverdoppelung, welche uns von Eutokios[2] nach dem Bericht des Eudemos aufbewahrt ist. Er knüpft an die schon oben erwähnte Erkenntnis an, daß dies Problem identisch sei mit dem: zwischen zwei Größen a und b zwei mittlere Proportionale zu suchen, so daß $a:x = x:y = y:b$;

[1] Gruppe, Über die Fragmente des Archytas und der älteren Pythagoreer, 1840.

[2] Eutokios, Comm. in Archim. de sphaera (Heiberg), III, p. 98.

setzt man hierin $b = 2a$, so ist $x^3 = 2a^3$. Die Auffindung dieser beiden Größen x und y wird ermöglicht durch die Drehung eines Kreises über b und eines Dreiecks um b, welche sich auf dem Halbzylinder mit dem Durchmesser b in einem Punkte schneiden, der in seinem Abstand von der Spitze des Dreiecks y darstellt, während seine Projektion auf die Grundebene des Zylinders x bildet.[1]

Es sei $b = AB$ (s. Fig. 5), über AB sei der Halbkreis, in diesem sei $a = AD$ als Sehne gezeichnet, in B sei an den

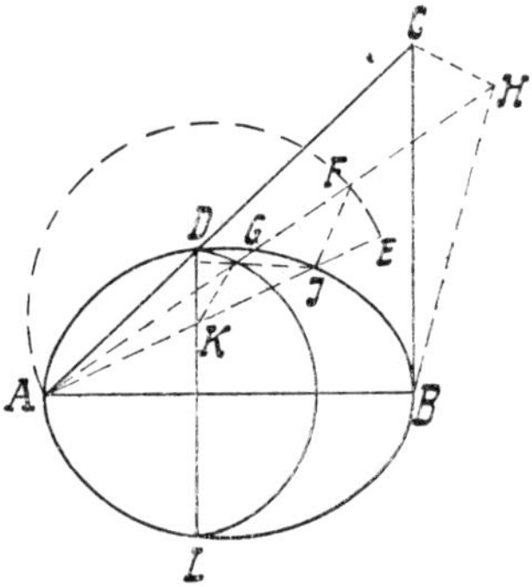

Fig. 5.

Halbkreis die Tangente gelegt, welche von AD in C geschnitten wird. Senkrecht zur Ebene ADB sei ein zweiter Halbkreis über b konstruiert (in der Figur nicht mitgezeichnet). Dieser Halbkreis werde stets senkrecht zur Ebene ADB, so um den Punkt A gedreht, daß er zum Beispiel

[1] Da sowohl die von Bretschneider gezeichnete Figur, welche von Cantor wesentlich übernommen ist, durch die irrtümliche Zeichnung von ΛΔ'Α, wie auch die Figur, welche Heiberg gezeichnet hat, durch die doppelte Setzung des Buchstabens Δ zu Mißverständnissen Veranlassung geben dürften, will ich die Figur mit lateinischen Buchstaben noch einmal zeichnen und hoffe, daß der Beweis in der von mir aus dem Original etwas gekürzten Form nun leicht verständlich ist.

auch in die Lage EFA, wie die Figur zeigt, kommt. Wenn nun über dem Halbkreis ein Halbzylinder errichtet wird, so schneidet der gedachte Halbkreis AFE diesen Zylindermantel in einem Punkte, und bei der fortgesetzten Drehung beschreibt dieser Schnittpunkt auf dem Zylindermantel eine Kurve. Wenn nun zweitens das Dreieck ABC um die Strecke AB aufwärts gedreht wird, so beschreibt die Linie AC einen Kegelmantel, auf welchem der Punkt D den Kreis DGL, der Punkt C den Bogen (in der Figur leider gerade gezeichnet) CH beschreibt. Bei dieser Bewegung schneidet die Linie AH den Halbkreis über AE in F, einem Punkte der Zylinderoberfläche, also wird das von F auf die Grundebene gefällte Lot FI in der Zylinderfläche liegen; AH schneidet den von D auf dem Kegelmantel beschriebenen Kreis DGL in G, das von G auf die Grundebene gefällte Lot GK liegt also in der Ebene des Halbkreises AFE. Dann ist $GK^2 = DK \cdot KL = AK \cdot KJ$; folglich ist, wenn ich G mit J verbinde, der Winkel AGJ ein rechter. Ebenso ist AFE ein rechter, folglich $EA : FA = FA : JA = JA : GA$. Nun war aber $EA = b$; $GA = a$, also ist $FA = y$; $JA = x$.

Diese Konstruktion des Archytas geht nun weit über alle früheren geometrischen und besonders stereometrischen Leistungen der Griechen hinaus. Wohl war uns in der Quadratrix des Hippias schon eine mechanisch konstruierte Kurve entgegengetreten, aber beide Bewegungen hatten in der Ebene stattgefunden, es war also eine rein planimetrische Zeichnung. Wenn wir nun bedenken, daß Platon selbst in seiner letzten Schrift, den Gesetzen, noch bittere Klage über die mangelhafte Kenntnis der Stereometrie bei den Griechen führt, andrerseits aber Platon mit Archytas bei seinem ersten italischen Aufenthalt eng befreundet war, und ihm diese Leistung des Archytas nicht unbekannt blieb, wie wir bald sehen werden, so müssen wir annehmen, daß Platon selbst über sehr weitgehende stereometrische Kenntnisse verfügt haben muß, die solche körperlichen Durchdringungen, wie sie hier beim Zylinder und Kegel vorgestellt sind, als elementar ansehen ließen. Es muß sich also in der Stille bei den Pythagoreern eine intensive Behandlung der Raumprobleme ausgebildet haben, und wir bedauern, von der Entwicklung der Stereometrie kein Bild liefern zu können, da uns über den Weg, wie die Griechen zu solchen umfassenden Kenntnissen gekommen sind, auch nicht die leiseste Andeutung erhalten ist.

Wir haben gesehen, daß Archytas bei jener Konstruktion von den Proportionen ausging. Er hat sich mit der Proportionslehre eingehend beschäftigt und zuerst neben der arithmetischen und geometrischen auch die harmonische definiert[1], indem er sagt, daß das erste gleich den zweiten, vermehrt um einen ebenso großen Teil seiner selbst sei, wie man das dritte Glied um einen Teil seiner selbst vermehren müsse, um das zweite zu erhalten, also $x = y + \frac{x}{p}$ und $y = z + \frac{z}{p}$. Nach Jamblichos' Zeugnis soll Archytas den Namen harmonische Proportion eingeführt haben, während ihre Bedeutung schon aus Babylon stamme.[2]

Endlich mag noch angeführt werden, daß Diogenes[3] behauptet, Archytas habe zuerst die Mechanik nach geometrischen Grundsätzen behandelt. Leider fehlt auch hier jede Inhaltsangabe, und wir können auch nicht annähernd erraten, wie weit diese Behandlung gegangen ist. Da uns erst von Archimedes eine mathematische Behandlung der mechanischen Probleme bekannt ist, müssen wir diese Frage bis dahin zurückstellen. Es mag gern sein, daß Archimedes hier eine Vorarbeit vorfand, aber wir können nicht angeben, wie weit diese gereicht hat.[4]

Es muß übrigens immer wieder daran erinnert werden, daß die historischen Angaben der späteren Schriftsteller sehr unzuverlässig sind. Wenn z. B. Diogenes auch erzählt

---

[1] Gruppe, l. c. S. 94.
[2] Jamblichos in Nikom., p. 141.
[3] Diogenes, VIII, 83.
[4] Tannery, Darboux Bul., 2. Ser., X, 183 ff., 1886.

(VIII 83), daß Archytas zuerst den Würfel gefunden habe (καὶ γεωμετρίᾳ πρῶτος κύβον εὗρεν, ὥς φησιν Πλάτων ἐν Πολιτείᾳ), so ist das historisch falsch und beruht nur auf einem Mißverständnis, denn der Würfel war längst bekannt, es kann sich die Bemerkung Platons nur auf das Problem der Würfelverdoppelung beziehen.

Noch eines andern Freundes des Platon gedenken wir, des Theätet, welcher mehr die arithmetische Beschäftigung der Pythagoreer vertreten zu haben scheint. Von seinem Leben wissen wir nichts, als daß er etwa gleichzeitig mit Platon Schüler des Sokrates, aber wohl älter war als Platon, und daß er aus Athen stammte. Bisweilen findet man die Angabe, daß er aus Heraklea stamme (z. B. Müller, Zeittafel). Da er aber im athenischen Heer Kriegsdienste getan[1], so kann er nicht wohl etwas anderes als athenischer Bürger gewesen sein, da nicht daran zu denken ist, daß er sich als Söldner habe anwerben lassen. Auch von seinen wissenschaftlichen Leistungen kennen wir nur ganz kurze Angaben. Zunächst läßt Platon den Theätet sagen[2], er teile die Zahlen in solche, die sich in zwei gleiche Faktoren zerlegen lassen und solche, die man nur in ungleiche Faktoren zerlegen kann, d. h. also Flächenzahlen als Quadrate über einer Seite und Flächen von Rechtecken mit ungleichen Seiten. Ebenso will er es mit Körperzahlen machen, er nimmt also solche Körper, die als Würfel über einer Länge stehen, im Gegensatz zu solchen Körpern, die nur als Balken berechenbar sind. Diese Inkommensurabilität der Quadratseiten, wenn die Flächen nicht durch Quadratzahlen gemessen werden, führt Theätet zu dem Satze: Quadrate über kommensurabelen Linien verhalten sich wie die Quadratzahlen der Linien und Quadrate, welche sich wie Quadratzahlen verhalten, haben kommensurabele Seiten, die andern haben inkommensurabele Seiten. Diesen Satz führt Euklid[3] als 9. im

[1] Platon, Theätet, Einleitung.

[2] Platon, Theätet 147 E.

[3] Euklid, Elem. X, 9 (Heiberg, III, S. 25).

10. Buche an. Im Scholion wird derselbe als Theätetischer Satz bezeugt.[1] Theätet hat sich also intensiv mit dem Begriffe der Irrationalität beschäftigt und Beispiele dazu geliefert. Als solche inkommensurabelen Größen wird er auch die fünf regelmäßigen Körper im Vergleich zum Radius der unbeschriebenen Kugel kennen gelernt haben. Denn nach Suidas[2] hat er zuerst über die fünf regelmäßigen Körper geschrieben.

Wenden wir uns nun Platon selbst zu, so ist aus seinen Schriften nur eine unvollständige Darstellung seiner mathematischen Kenntnisse zu gewinnen, wir müssen vielmehr aus den gelegentlichen Notizen anderer zu ergänzen suchen, was er im Wege des mündlichen Unterrichts seinen Schülern bot. In seinen Schriften kommen mathematische Beispiele vereinzelt vor, und daraus dürfen wir in bezug auf die Voraussetzungen dieser Anwendungen wohl den Schluß ziehen, daß er mit denselben auch bekannt war. Denn das ist es, was uns bei Platon stets vor Augen tritt, er verlangt strenge Definition und fortgesetzte Prüfung der Beweismittel auf ihre Zuverlässigkeit.

Wir führen zunächst einige arithmetische Kenntnisse an, welche Platon in einigen Beispielen enthüllt. Er gibt zuerst die richtige Definition der geraden Zahl als einer Zahl, die in zwei gleiche, ganzzahlige Teile zerlegt werden kann (Gesetze 895e). Der Unterschied von geraden und ungeraden Zahlen gibt Veranlassung festzustellen, daß beide in gleicher Anzahl vorhanden sind.[3] Und wenn man nicht nach der Einheit mißt, sondern nach Triaden oder Pentaden usw. abteilt, so bekommt man wieder eine gleiche Anzahl gerader und ungerader Zahlen. Diese Abteilungsart weist wohl auf die Faktorenzerlegung hin, und die hier von Platon gewählten Worte stimmen nahezu überein mit der Einleitung des XIV. Kapitels in der

[1] Euklid, Heiberg, V, S. 450.
[2] Suidas, v. Theät. (p. 423, Westermann).
[3] Platon, Phädon 104, (p. 137, Hermann).

εἰσαγωγή des Nikomachos[1], in welchem das Sieb des Eratosthenes zur Auffindung der Primzahlen (ἀσύνθετοι) dargestellt wird. Die Faktorenzerlegung hält Platon für eine sehr wichtige Eigenschaft der Zahlen, und da die Zahl für alle Verhältnisse der Gesellschaft von Bedeutung ist, legt er Wert auf solche Zahlen, die viele Teiler haben. Als eine besonders interessante gibt er das Produkt der sieben ersten Zahlen = 5040 an, welche durch die ersten 10 Zahlen teilbar ist.[2] Von großer Bedeutung ist ferner, daß Platon die Zahlen in rationale und irrationale teilt. Bis zu ihm und noch lange nach ihm werden freilich auch Irrationalitäten gebraucht, allein das Irrationale ist immer nur das Inkommensurabele der Geometrie. Das Zahlenbild ist das entscheidende im Sinne der Pythagoreer. Bei Platon finden wir eine Emanzipation von diesem Zahlenbild im Theätet (S. 148). Die Zahlen als solche werden als irrationale behandelt. Dann ist er der erste, welcher die Irrationalität nicht nur bei Quadratwurzeln aus Nichtquadratzahlen kennt, sondern auch die $\sqrt[3]{}$ als solche bezeichnet, z. B. $\sqrt[3]{2}$. Derselbe Gedanke findet sich ausführlich wieder in der Epinomis (991), wo auch die dritten Wurzeln aufgeführt werden. Erst bei Archimedes, resp. Diophant kehrt dieser Gedanke wieder. Die Zerlegung der Zahlen führt Platon auf die Untersuchung der Quadratzahlen[3], nur sie gestatten eine Faktorenzerlegung in zwei gleiche Teile, darum unterscheidet er die Quadratzahlen und Rechteckszahlen, und die gleiche Überlegung führt zu einer Einteilung der Körperzahlen, wo drei Faktoren gesucht werden. Diese besondere Bedeutung der Quadratzahlen und der Kubikzahlen zeigt sich auch, wenn man sich die Entstehung der Zahlen aus Verhältnissen ableitet. Dazu schreitet Platon im Timaios fort.[4] Betrachtet man nämlich die

[1] Nikomachos (Hoche, S. 29).
[2] Gesetze, V, 8, p. 738 (Hermann, S. 142).
[3] Theätet, 147/48 (Hermann, S. 245).
[4] Timaios 31/32 (Hermann, IV, S. 335). Der Versuch Toccos

Zahlen als Flächenzahlen, d. h. als aus zwei Faktoren bestehend, so daß also Quadratzahlen und Rechteckszahlen unterschieden werden, so kann man zwischen zwei Quadratzahlen stets eine einzige Zahl einschalten, welche die beiden Zahlen in gleichem Verhältnis verbindet und von beiden ein Element enthält. Wir würden das also in Buchstaben so schreiben: $a^2 : ab = ab : b^2$. Bei Körperzahlen geht das aber nicht mit einer zwischenliegenden Zahl, sondern da müssen es immer zwei mittlere Zahlen sein, welche die genetische Verbindung herstellen, so daß die Zahlen in gleichem Verhältnis fortschreiten und so befreundet sind (φιλίαν ἔσχεν). Wir würden diesen Gedanken also in Zeichen schreiben: $a^3 : a^2b = a^2b : ab^2 = ab^2 : b^3$. Demnach ist das Zeugnis des Nikomachos (l. c. II, 24) richtig, daß die beiden Sätze in Euklids στοιχεῖα VIII, Nr. 11 und 12, von Platon herrühren. Sie sind eben implizite im Timaios S. 31 enthalten. Aus dieser Stelle folgen die Sätze 13—17 übrigens ebenso unmittelbar, denn Platon sagt: δύο δὲ ἀεὶ μεσότητες τὰ στερεὰ συναρμόττουσιν.

Das sind Gedanken, die freilich wohl auf pythagoreischem Boden wachsen konnten; auch das ist pythagoreisch, daß die Zahl meistens in enge Verbindung zum räumlichen Vorstellen gebracht wird. Platon stellt darum diese Sätze auch nicht als seine originalen Erfindungen hin, sondern vielmehr als selbstverständliche Analogien. Wir müssen annehmen, daß Platon mehr im mündlichen Unterricht seinen Schülern mathematische Unterweisung gab. Darum finden wir in den Zeugnissen der späteren Schriftsteller mehrere Methoden unter dem Namen Platons, die in seinen Dialogen nicht vorhanden sind.

Da ist zunächst die von Heron bezeugte Auffindung von pythagoreischen Zahlen.[1] Sie schließt sich, wie wir

(Studi italiani di filologia classica II, p. 405), den Timaios vor den Theätet zu setzen, darf wohl als nicht gelungen betrachtet werden. Mathematisch bedeutet Timaios sicher einen Fortschritt gegenüber dem Theätet.

[1] Heron, Geometria (Hultsch) S. 56; Proklos (Friedlein, S. 428), Prop. 47, St. 33.

oben (S. 92) sahen, eng an die Faktorenzerlegung und die pythagoreische Methode an. Pythagoras hatte die Hypotenuse um 1 größer sein lassen als eine Kathete, bezeichnet man also die Hypotenuse mit $(a + 1)$, so lag es nahe, als Kathete nun $(a—1)$ zu versuchen, man hat dann $(a + 1)^2 - (a - 1)^2 = \beta^2$; d. h. $a = \left(\frac{\beta}{2}\right)^2$, so erhält man die von Proklos beschriebene Formel $\left(\frac{\beta}{2}\right)^2 + 1$ als Hypotenuse; $\left(\frac{\beta}{2}\right)^2 - 1$ als die eine, β als die zweite Kathete; so daß $\beta^2 + \left(\frac{\beta^2}{4} - 1\right)^2 = \left(\frac{\beta^2}{4} + 1\right)^2$ als Lösung erscheint.

Die Beschäftigung mit dem rechtwinkligen Dreieck und den Proportionen führt Platon auch zu der Erkenntnis,

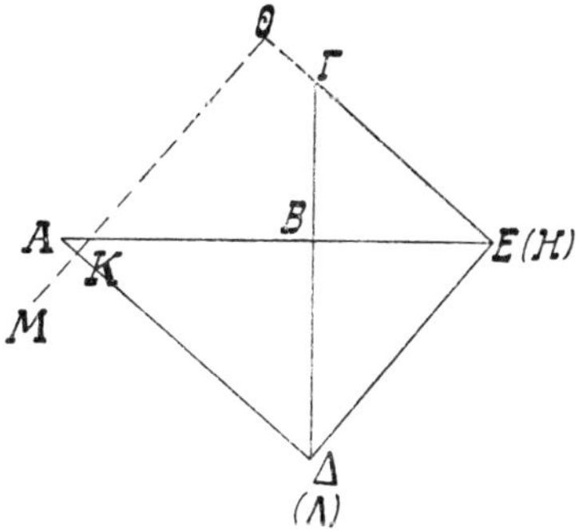

Fig. 6.

daß die Höhe mittlere Proportionale zu den Abschnitten der Hypotenuse ist (Timaios l. c.). Diese wird benutzt in der dem Platon zugeschriebenen Methode der Lösung des Delischen Problems oder der Würfelverdoppelung (cf. S. 114). Die Methode ist folgende.[1] Es seien $a = \mathsf{BA}$ und $b = \mathsf{B\Gamma}$

[1] Eutokios, comm. in Archim. Opera, Heiberg III, S. 68.

(Fig. 6) die beiden Strecken, zwischen welche zwei mittlere Proportionale eingeschaltet werden sollen. Man macht beide zu Schenkeln eines rechten Winkels und verlängert diese Schenkel über den Scheitelpunkt hinaus, dann nimmt man einen andern rechten Winkel ΛHΘ, auf dessen einem Schenkel ΛH ein Lineal KΛ verschiebbar ist, so daß es stets parallel dem andern Schenkel HΘ bleibt. Läßt man nun den festen Schenkel HΘ durch Γ gehen und verschiebt den Winkel so, daß H auf die Verlängerung von a fällt, während das Lineal KΛ durch A geht und Λ auf die Verlängerung von b fällt, so hat man die Fig. 6, in welcher der Scheitel des rechten Winkels H in E, der Fußpunkt des senkrechten Lineals in Δ liegt, dann ist $\Gamma B : BE = BE : B\Delta = B\Delta : BA$, oder wenn, wie früher, $BE = x$; $B\Delta = y$ gesetzt wird, $b : x = x : y = y : a$ und darum, wenn $a = 2b$ ist, $x = b \cdot \sqrt[3]{2}$. Um eine solche parallele Verschiebung des Lineals KΛ sicher ausführen zu können, setzt man auf den Schenkel ΘH noch ein zweites rechtwinkliges Lineal ΘM, versieht dies und den Schenkel ΛH mit schwalbenschwanzartigen Rillen, in welche die Zapfen des Lineals KΛ eingepaßt sind. Dann kann KΛ immer nur parallel mit HΘ verschoben werden.

An diese Konstruktion hat sich nun eine ganze Literatur angehängt, die sich mit der Frage beschäftigt, ob dieselbe auch wirklich von Platon stamme. In dem Briefe des Eratosthenes[1] steht nichts von dieser Lösung, sondern nur davon, daß die Delier zu Platon kamen, um die Aufgabe der Würfelverdoppelung gelöst zu bekommen. Der nächste Zeuge ist Plutarch.[2] Er erzählt auch die Geschichte mit den Deliern, ohne die Lösung des Problems durch Platon zu erwähnen, während Theon von Smyrna[3] sich auf Eratosthenes beruft und darum auch nichts von der Lösung sagt. Nun hat Plutarch aber

[1] Archimedis Opera III, p. 102.
[2] Plutarch, De gen. Socrat., c. 7.
[3] Theon Sm., p. 2.

an zwei andern Stellen[1] ausdrücklich berichtet, daß Platon die mechanische Konstruktion des Archytas und Menaichmos getadelt habe. Die vorstehende Konstruktion ist aber erst recht eine mechanische, man muß dabei fortgesetzt probieren durch Drehung und Verschiebung. Vor diesen Widersprüchen streicht man nun gewöhnlich die Segel. Da Eutokios freilich ein ganz später Kommentator (um 500 nach Christo) ist, der aber im übrigen gewissenhaft nur gute Quellen benutzt, so kann man die Frage nicht wohl dadurch lösen, daß man seine Angaben als unglaubwürdig ablehnt. Vielmehr scheint mir die Angabe des Eutokios selbst die Lösung des Widerspruchs zu enthalten. Der erste Teil der Lösung nämlich ist durchaus platonisch und könnte ohne weiteres im Timaios stehen. Es ist die mit den beiden rechtwinkligen Dreiecken ΓΕΔ und ΕΔΑ gegebene Lösung durch die beiden Mittel ΒΕ und ΒΔ. Dagegen ist die mechanische Ausführung mit den geschlitzten Linealen durchaus unplatonisch. Es kann daher sehr wohl sein, daß diese mechanische Ausführung, die nach dem Wortlaut des Platon ja leicht hinzuzufügen war, ein späterer Zusatz ist (etwa von Heron) und nach der Figur des Platon als mechanisches Hilfsmittel ausgeführt wurde und darum als Platons Konstruktion oder als Konstruktion nach Platon in der späteren Zeit in den Schulen gelehrt wurde. Wenn das richtig ist, kann man freilich nicht von einer Lösung des Platon reden, sondern nur von einer Erläuterung der Punkte, auf welche es bei dem Problem ankommt; aber gerade dies war in allen Fällen ein Hauptverdienst Platons.

Bis dahin hatte man wohl konstruiert und Sätze entdeckt und bewiesen, aber die Frage nach der Zulässigkeit und die nach der Möglichkeit waren noch nicht erörtert. Daher führt Platon zuerst den Diorismus (Determination) ein, freilich nicht allgemein, sondern an einer speziellen Frage, nämlich ob es möglich sei, eine bestimmte

[1] Plutarch, Quaest. conviv. VIII, 92 und Vita Marcelli 14.

Fläche in einen Kreis einzuzeichnen.[1] Freilich wird von Proklos[2] in seiner bekannten Übersicht von einem Schüler des Neokleides mit Namen Leon gesagt, er habe den Diorismus erfunden. Da das εὑρεῖν sachlich nicht richtig ist, wie die Stelle im Menon beweist, kann die Bemerkung des Proklos nur bedeuten, daß Leon, der auch Elemente der Mathematik geschrieben haben soll, eben in diesem Lehrbuch zuerst von dem Diorismus Gebrauch machte oder vielleicht den Namen für die Sache erfand.

Wichtiger noch als dies ist die Ausbildung der analytischen Methode[3], welche von dem Gesuchten als schon gefunden ausgeht, die Bedingungen für seine Gültigkeit aufsucht und durch weitere Zurückführung auf einfachere Bedingungen zu allgemein zugestandenen Anfangsbedingungen gelangt (ἐπ' ἀρχὴν ὁμολογουμένην). Auch den synthetischen Beweis lobt Platon sehr, er war natürlich auch von ihm viel gebraucht. Daß die dritte Beweisart, die apagogische, ebenfalls vor Platon schon vorhanden war, ist oben schon auseinandergesetzt. Für alle Beweisarten ist es aber notwendig, diejenigen Bedingungen festzulegen, welche als allgemein zugestanden gelten können. Dazu bedarf es einer präzisen Definition der Elemente, und sie zu geben hat Platon sich angelegen sein lassen. Sowohl im Menon[4] wie im Parmenides[5] gibt Platon Definitionen der geraden Linien, der Fläche, des Kreises. Die von Proklos[6] dem Platon beigelegte Definition, daß die gerade Linie dadurch charakterisiert sei, daß die Mitte durch die Endpunkte verdeckt sei, hat Platon im Parmenides gegeben. Dort aber soll sie so viel heißen als, die gerade Linie bestimme eine Richtung. Es ist das ein großer

[1] Platon, Menon 86 e. Die übrigen für die Mathematik wertvollen Stellen dieses Dialogs sind: p. 76 a, 82 b ff.

[2] Proklos, Comm., p. 66.

[3] Proklos, ib., p. 211; cf. Diogenes Laert. III, 24.

[4] Menon, p. 76.

[5] Parmenides, p. 137.

[6] Proklos, l. c. 109.

Fortschritt, indem hier das Element der Richtung neben dem des Maßes zuerst auftritt. Bis dahin war die Geometrie wesentlich Meßkunst gewesen. Linien waren Repräsentanten von Zahlen, jetzt erscheinen die Raumgrößen als selbständige Gebilde, zur Länge tritt der Begriff der Richtung. Die Perspektive, welche schon bei Hippokrates gefunden war, tritt als charakteristisches Prinzip der Geometrie auf. Der schon vor Archytas in einzelnen Fällen gebildete Begriff des geometrischen Ortes wird bei Platon Grundlage der Analyse; seine Definition des Kreises als Ort konstanter Entfernung vom Mittelpunkt, die Dimensionsbestimmung: der Körper ist ein dreidimensionales Gebilde, die Fläche zweidimensional, die Linie eindimensional und der Punkt als Grenze der Linie ohne Ausdehnung, lassen Platon als Begründer der wissenschaftlichen Geometrie erscheinen. Daß die Euklidischen Definitionen I 2, 3, 4, 6; XI 1, 2 sämtlich von Platon herstammen, bezeugt außer Proklos (l. c. S. 92) auch Aristoteles.[1]

Darum ist auch Platons Auffassung der körperlichen Gebilde eine wesentlich weitergehende, als wir es bei seinen Vorläufern finden. Wohl sind die regelmäßigen Körper schon bekannt, schon sind dieselben Kugeln einbeschrieben, schon bemühte man sich, das Verhältnis der Seiten zu dem Radius der umbeschriebenen Kugel auszudrücken, aber eine Entstehungsgeschichte der Körper aus der Ecke, wie sie im Timaios[2] gegeben ist, war neu. Es kann gar kein Zweifel sein, daß Platon wußte, daß es nur fünf regelmäßige Körper geben kann. Freilich spricht er das nicht direkt aus, und darum ist es bisweilen in Zweifel gezogen, aber er hat das bessere gegeben, nicht den Ausspruch des Satzes, sondern den Beweis. Darum ist es verständlich, daß die Kenntnis der fünf regelmäßigen Körper im Altertum auf Platon zurückgeführt wurde.[3]

---

[1] Met. I, 9, 992 a; Top. VI, 4, 141 b; 5, 142 b; 6, 143 b 11, 148 b; cf. Menon, p. 76.

[2] Timaios, XX 53, p. 359 ff. — [3] Pappos, V 19, S. 352.

Allerdings ist der Timaios wohl das umstrittenste Werk Platons, und wir können nicht einmal die Auffassung des Altertums über diesen Dialog vollständig angeben; denn gerade der wichtigste Teil des ausgedehnten Kommentars von Proklos zum Timaios ist verloren. Es ist hier auch nicht der Ort, die Streitfragen über den Timaios zum Austrag zu bringen, sie sind mehr philosophischer Art. Aber gerade weil Platon als Philosoph die Mathematik betrieb, konnte er der Mathematik eine solche Bedeutung im griechischen Kulturleben geben, wie sie dieselbe nach ihm unbestritten besessen hat. Der Satz läßt sich auch wohl umgekehrt anwenden, und es würde nicht schwer sein zu beweisen, daß Platon, weil er mathematisch dachte, einen bis auf die Gegenwart reichenden Einfluß auf die Philosophie ausübte. Uns interessiert hier mehr der Dienst, welchen er der Mathematik leistete.

Wenn ich auch das Urteil Xenophons über Sokrates' Abneigung gegen die Mathematik nicht so auffasse, wie viele Forscher es tun [1], daß er die Mathematik mit «bornierter Geringschätzung» behandelt habe, so läßt sich doch nicht leugnen, daß Platon aus einer Schule stammte, in welcher der Mathematik nur eine untergeordnete Rolle zufiel. Daß er auf seinen Reisen andere Anschauungen bekam, haben wir nachgewiesen, aber die Sache ist sicher nicht so, daß er nur von dieser fremden Kost lebte. Es läßt sich nämlich leicht zeigen, wie Platon in seinen Dialogen fortschreitet vom Pythagoreer zum selbständigen Mathematiker, wie er immer tiefer in das Wesen der Mathematik eindringt und schließlich diese Wissenschaft zur Grundlage und zum Maßstab aller Wissenschaft machte. [2] Ob man die Epinomis als unecht bezeichnet

---

[1] Bretschneider, l. c. S. 136.

[2] Eine nahezu erschöpfende Zusammenstellung der mathematischen Stellen aus Platons Werken findet sich in Rothlauf, Die Mathematik zu Platons Zeiten, Jena 1878. Von besonderem Interesse scheint mir der Nachweis, daß Platon in vielen Punkten über die Pythagoreer hinausgeht oder ihnen widerspricht, so z. B.

oder nicht, ändert daran nichts, daß in den «Gesetzen» dieser Standpunkt bereits vertreten wird. Aus dem Zusammenhang mit den Gesetzen hat, wie mir scheint mit Recht, Raeder[1] den Schluß erwiesen, daß die Epinomis aus hinterlassenen Entwürfen Platons herausgegeben sei.

Um das Vorstehende zu erweisen, verfolgen wir einmal die Äußerungen Platons über die Bedeutung der Mathematik. Wir beginnen mit Gorgias[2]): das Verhältnis der Rhetorik zur Wissenschaft wird erörtert. Rhetorik erzeugt nur Meinung (Glauben), kein Wissen, die Arithmetik aber schafft Wissen, und dies allein ist wahr. Ebenso zeichnet sich die Geometrie vor den andern Wissenschaften durch ihre ἰσότης aus.[3] Im Menon wird an einem mathematischen Beispiel erwiesen, wie das «Wissen» im Gegensatz zum Meinen entsteht[4], außerdem kommen darin die bekannten Überlegungen über die Irrationalität und die Determination vor (s. oben). Im Staat (2. Buch) wird die philosophische Ausbildung der Jugend in der Reihenfolge gefordert: Arithmetik, Geometrie, Stereometrie, Astronomie, hier folgt dann die Dialektik als höchste. Die Dialektik ist aber nicht im Sinne der Rhetorik gemeint, sondern in philosophischem Sinne als Klarheit über den Zusammenhang des Wissens, wo die mathematischen Begriffe zur eigentlichen Ideenwelt fortschreiten.[5]

Hier hat sich Platon nun schon zu der Höhe der Auffassung durchgerungen, daß er die Mathematik als aus

daß Platon 1 als ungerade Zahl zählt, während sie bei den Pythagoreern als gerade gezählt wird, daß er aus den harmonischen Verhältnissen im Timaios die diatonische Tonleiter abgeleitet habe, daß er unter den ἀριθμοὶ μαθηματικοί die Buchstabengrößen gemeint habe u. a. m. Im Resultat stimmt meine Auffassung wesentlich mit der Rothlaufs überein, wenn auch in Einzelheiten Abweichungen vorliegen.

[1] Raeder, Platons phil. Entwickl., 1905, S. 414.

[2] Gorgias 454 f.

[3] Ib., S. 508.

[4] Menon, 81; cf. 76, 82, 86.

[5] Staat, S. 509 ff.

Axiomen, die auf Erfahrung beruhen, hergeleitet, nicht mehr als voraussetzungslos erkennt. Darum ist die voraussetzungslose Ideenwelt der Fortschritt. Man vergleiche diese klare Auffassung von dem Wesen der Mathematik mit der Kantschen! Hier ist Platon seiner Zeit um Jahrtausende vorauf, es ist ganz moderne Erkenntnis, welche uns da entgegentritt, soweit sie die Mathematik betrifft. Hat damit Platon einen Weg beschritten, wie er in unsern Tagen durch die Untersuchungen Riemanns und Hilberts ausgebaut ist, so sind ihm doch die aus den Voraussetzungen gewonnenen Schlüsse absolut, und darum ist die Mathematik der Wertmesser für alle Verhältnisse. So zeigt er den Wert der Arithmetik, sie lehrt das Denken in Abstraktion von der sinnlichen Wahrnehmung[1], indem sie die reine Zahl darstellt. So kann er in reinen Zahlen auch komplizierte Verhältnisse zur Vergleichung bringen. Hier zeigt sich auch, was Platon mit seiner Dialektik gemeint habe, nämlich eine über den Einzelerfahrungen stehende Vergleichung begrifflicher Werte. Die Geometrie erscheint ihm um deswillen zunächst niedriger, weil sie von ihren Axiomen keine «Rechenschaft» ablegen kann, das aber wäre nötig, wenn man die Definitionen auf ihren Wert prüfen wollte. Der gleiche Gedanke findet sich im Theätet.[2]

Von besonderer Bedeutung ist Platon deswegen nicht sowohl für die Kenntnis und Auffindung einzelner Lehrsätze, als vielmehr für den Zusammenhang der Wissenschaft. Wir sind nicht imstande, irgendeinen Satz der Geometrie oder Stereometrie mit Sicherheit auf Platon zurückzuführen. Ihn interessieren nur die Methode und die Grundlagen. Und gerade dies letztere ist sein Verdienst: mehr als jeder seiner Vorgänger, die Pythagoreer eingeschlossen, und mehr als die meisten seiner Nachfolger sich die allgemeinen Grundlagen der Mathematik klar gemacht zu haben. Da ist das 7. Buch der Politeia von be-

[1] Staat, S. 522 ff. — [2] Theätet, S. 206.

sonderem Wert. Schon die Einleitung gibt nicht nur, wie es gewöhnlich verstanden wird, eine allgemeine philosophische Betrachtung über die Erkenntnis, sondern ganz besonders über die Entstehung der Raumanschauung.[1] Die Wesen, welche die Schatten nur sehen, sind unbeweglich gefesselt, erst der Fesseln entledigt können sie, an das Licht gebracht, durch allmähliche Erforschung von verschiedenen Punkten aus das Körperliche erkennen und nun in den Raum vordringen, um auch die wirklichen Positionen der Himmelskörper zu schätzen. Diese erfahrungsmäßige Erkenntnis der dritten Dimension ist es also, die Platon zeigen will, das geht auch aus dem, was er dann über Geometrie und Astronomie sagt, deutlich hervor[2], die nicht nur ihres praktischen Nutzens wegen, sondern wegen ihres inneren Wertes, da sie uns die Erkenntnis des wahrhaft Seienden vermittelt, gelehrt werden soll. Und wie ihm die Zahlenverhältnisse absolute Realität haben, die wir erkennen, aber nicht selbst machen, so sind ihm die räumlichen Beziehungen ebenfalls absolut bestehende Größen, die von uns erkannt werden. Die Eigenschaften der körperlichen Gebilde erkennen wir in dem absoluten Raum. Denn was Platon Idee nennt, ist nicht etwa eine willkürliche Schöpfung des Menschengeistes, sondern hat auch ohne den erkennenden Menschen seine Realität.[3]

Man hat Platon bald vorgeworfen, daß er den Zeitbegriff nicht richtig erfaßt habe, bald daß er Zeit und Bewegung verwechselt habe[4] und beruft sich dabei auf die bekannte Stelle im Timaios.[5] Aber an dieser Stelle will er ja nicht den Zeitbegriff festlegen, sondern redet von der Messung der Zeit. Eine Zeitmessung ist erst mit der Entstehung der Himmelskörper gegeben, und diese Messung führt Platon auf die Bewegung zurück.

---

[1] Staat, S. 514 ff. — [2] ib., S. 527 ff.

[3] Timaios, 52 D.

[4] Simon, Gesch. der Mathem. im Altertum, 1909, S. 190 und 215.

[5] Timaios, 37 C ff., besonders 38 B und C.

Ohne eine solche «Veränderung» ist überhaupt keine Zeitdifferenz wahrnehmbar. Es trifft also dieser Gedanke durchaus mit dem über die räumlichen Eigenschaften Ausgesagten zusammen, daß wir nämlich die Zeitverhältnisse aus der Erfahrung der Veränderungen erkennen. Dagegen für das ἀΐδιον οὐσίαν gibt es nur ein τὸ ἔστιν, da kann nicht von einem Zeitmaß gesprochen werden. Daß Platon hier die Zeit mit Bewegung vermischt haben sollte, ist mir nicht möglich einzusehen, die Bewegung der Sonne, des Mondes und der Planeten sind nur εἰς διορισμὸν καὶ φυλακὴν ἀριθμῶν χρόνου. Nebenbei bemerkt ist diese Stelle ein auffallendes Pendant zu Genesis 1,14: «daß sie geben Zeichen, Zeiten, Tage und Jahre».

Von größter Bedeutung ist nun aber die Frage, wie Platon sich die Welt gedacht hat, speziell das Sonnensystem. Es ist viel, auch in neueren Schriften noch, die Rede von den mythischen Vorstellungen, welche Platon mit den Gestirnen verknüpft habe, und damit schafft man dann den Boden für die Behauptung, daß Platon «voll und ganz» auf dem Boden «des antiken Weltbildes» gestanden habe und die Erde als «durchaus fest ruhend» vorgestellt, um welche sich der gesamte Fixsternhimmel drehe, auch die Sonne habe er nur als einen Planeten aufgefaßt und ihr keine andere Stellung gegeben als den «anderen Sternen». Es ist gewiß auffallend, daß ein so vorzüglicher Philologe und Kenner der alten Astronomie wie Ideler[1] seine wohlüberlegte Behauptung: Platon habe in seinem Alter die Achsendrehung der Erde und wahrscheinlich auch die Drehung der Erde um die Sonne gelehrt, auf die Autorität Bœckhs[2] hin einfach kassierte, aber noch viel auffallender ist mir, daß Zeller[3], obwohl er doch die

[1] Über das Verhältnis des Kopernikus zum Altertum; Zach, M. C., 1811, XXIII und Über Eudoxus, Abhandl. der Berliner Akademie, 1828 und 1830.

[2] Untersuch. über das kosmische System des Platon, 1852.

[3] Philos. d. Griech. II 1, 1889, S. 809.

Zeitverhältnisse sonst sehr treffend schildert, auch einfach sich auf Bœckh beruft, ohne die gewichtigen Stellen, welche gegen Bœckh zeugen, einer nochmaligen Prüfung zu unterziehen. Das mythische Gewand, in welchem Platon die Weltanschauung vorträgt, ist durchsichtig genug. Die rein mythischen Gottheiten Kronos, Rhea, Zeus, Hera usw. nimmt er, «den Gesetzen gehorchend»[1], nach den Behauptungen der «Abkömmlinge von den Göttern» hin ohne Kommentar, aber die Gottheiten, welche die Sterne darstellen, behandelt er naturphilosophisch. Daß er auch hier das mythische Gewand beibehält, hat doch wohl seinen sehr einfachen Grund in der Erfahrung, die er beim Tode des Sokrates tief in sich aufgenommen hatte. Darum brauchen wir nicht an dem Gewande Anstoß zu nehmen, sondern können auf den Kern seiner Meinung eingehen.

Wenn Wolf[2] meint, Platon habe im Phädon als junger Mann sich einfach auf den Boden der Ionischen Schule gestellt und die Erde als eine kreisrunde Scheibe gelehrt im Gegensatz zur Himmelskugel, und wenn Gomperz[3] freilich wohl die Kugelgestalt zugibt, aber doch von einer Rückkehr Platons zu dem «ehernen Himmel» Homers redet, so muß ich dem durchaus widersprechen. Von beiden ist bei Platon nirgend die Rede. Freilich knüpft er im Phädon an die Ionier an, und zwar an Anaxagoras[4], aber nur um das Problem richtig einzustellen. Anaxagoras habe wohl gelehrt, daß der νοῦς die Ursache von allem sei, aber er vermisse die Nachweisung, denn es sei dann nötig zu untersuchen, warum etwas so sei, wie es sei. Es genüge nicht zu sagen, ob die Erde eine Scheibe oder eine Kugel sei, sondern man müsse nachweisen, warum sie so sei usw. Platon war also schon als «junger» Schriftsteller mit der Lehre von der Kugelgestalt

[1] Timaios, 40 D.
[2] Gesch. der Astronomie, 1877, S. 32.
[3] Griechische Denker II, 1902, S. 492.
[4] Phaidon, 97 c.

vertraut. Wie sollte er auch nicht? Da doch die Pythagoreer seit längerer Zeit schon die Lehre von der Kugelgestalt aller Weltkörper (von den Ägyptern entlehnt) gelehrt hatten und der Phädon jedenfalls nach der ersten sizilischen Reise geschrieben ist.

Gewiß ist ein mächtiger Fortschritt in den Anschauungen Platons zu erkennen, ein Beweis für seine Größe! Aber darum braucht er noch nicht ursprünglich auf dem Standpunkt Homers gestanden zu haben, den zu seiner Zeit kein Gebildeter mehr teilte. Dieser Fortschritt zeigt sich nun unzweideutig im Timaios und vollends in den Gesetzen. Freilich will Bœckh unweigerlich nachgewiesen haben, daß im Timaios die Erde unbewegt, weder mit Rotation noch Revolution ausgerüstet, gelehrt werde, allein sein Beweis schrumpft doch eigentlich nur auf das eine zusammen, daß der Weltschöpfer den Gestirnen eine Bewegung von Ost nach West gegeben habe, und darum sei die Auffassung von der rotierenden Erde ausgeschlossen. Aber diesen Beweis kann er nur als stichhaltig betrachten, wenn er nicht nur die Zeugnisse der Schüler des Platon unterdrückt, sondern auch ganz unzweideutige Stellen aus dem Timaios selbst übergeht oder umdeutet. Bœckhs Beweis setzt stillschweigend voraus, daß die Weltseele, die im Mittelpunkt des Kreises (der Kugel) als Ursache aller Bewegung gesetzt wird, in der Erde sich befinde, oder daß die Erde der Körper sei, welcher um die Seele geformt wäre. Von dieser Hypothese steht aber im Timaios gar nichts, das ist eine willkürliche Zutat aller der Erklärer, welche Platon auf dem geozentrischen Standpunkt festnageln möchten und die Erde dann als ruhend betrachten. Hier im Timaios sagt Platon nichts über den «Mittelpunkt» der Welt, von wo aus sich die Seele als bewegendes Element verbreitet, das tut er später in den Gesetzen.

Offenbar war Platon sich bei der Abfassung des Timaios noch nicht durchaus klar, wie er durch die Bewegungen das wirkliche Weltbild herstellen könne. Er begnügt sich daher zunächst mit der scheinbaren Bewegung. Da trennt er zunächst den Fixsternhimmel, der sich stets selbst gleich bleibt, von dem «andern», aber beide sind nur Teile einer Einheit, des Weltganzen. Nachdem er zunächst in den geistigen, psychischen Eigenschaften des Menschen nach einer Analogie gesucht hat für eine solche Teilung, wo das Eine wechselnde Meinungen und Annahmen (das Bild der Wandelsterne), das Andere die stets sich selbst gleichbleibende Erkenntnis (das Bild der Fixsterne) (cf. 37, C) bedeutet, fragt er sich, was sollen die Wandelsterne im Weltgebäude? Die Antwort ist: sie geben die Maße für die Zeit. Daß es sich bei diesen Kreisbahnen nur um die scheinbare Bewegung handelt, sagt Platon ganz direkt (38 D): τὰ δ'ἄλλα οἷ δὴ καὶ δι' ἃς αἰτίας ἱδρύσατο, εἴ τις ἐπεξίοι πάσας, ὁ λόγος πάρεργος ὢν πλέον ἂν ἔργον ὧν ἕνεκα λέγεται παράσχοι. Er verschiebt dann ausdrücklich die Untersuchung der wirklichen Verhältnisse auf eine spätere Zeit. Wenn man diese ganze Auseinandersetzung nicht auf die scheinbare Bewegung bezieht, sind die Sätze über das Weltjahr (39 D) ebensowenig verständlich. Mit Kapitel 12 wendet sich Platon zu der Entwicklung der einzelnen Weltkörper. Jedem verlieh er zwei Bewegungen: τὴν μὲν ἐν ταὐτῷ κατὰ ταὐτὰ, die andere fortschreitend (40 A). So entstehen die Fixsterne κατὰ ταὐτὰ ἐν ταὐτῷ στρεφόμενα, welche stets an derselben Stelle bleiben: ἀεὶ μένει. So entsteht die Erde, geballt um die durch das All gehende Achse, und er (der Schöpfer) setzt sie φύλακα καὶ δημιουργὸν νυκτός τε καὶ ἡμέρας, als Hüterin und Erzeugerin der Nacht und des Tages (40 C). Wie Bœckh angesichts dieses Absatzes 40 behaupten kann, Platon habe die Erde im Gegensatz zu allen Gestirnen ohne Bewegung gedacht, ist mir ganz unverständlich.

Daß diese Stelle von den Schülern Platons auch so verstanden ist, wie ich sie auffasse, beweist vor allem Aristoteles[1] ἔνιοι δὲ καὶ κειμένην ἐπὶ τοῦ κέντρου φασὶν αὐτὴν

[1] De caelo II, 13, 293.

ἴλλεσθαι καὶ κινεῖσθαι περὶ τὸν διὰ παντὸς τεταμένον πόλον, ὥσπερ ἐν τῷ Τιμαίῳ γέγραπται. Das κινεῖσθαι steht freilich nicht im Timaios, aber dem Sinne nach ist es richtig. Um dies Zeugnis zu beseitigen, will Bœckh das ὥσπερ nur auf das ἴλλεσθαι beziehen; dann aber hat die Stelle des Aristoteles gar keinen Sinn, denn er redet von der Meinung, daß die Erde sich drehe; Zeller nimmt einfach an: Aristoteles habe Platon mißverstanden! Leider haben dann Cicero[1] und Theophrast[2] und Plutarch auch alle den Platon mißverstanden!

Danach scheint mir die Ansicht Bœckhs und Schiapparellis[3], daß Platon die Achsendrehung der Erde nicht gelehrt habe, nicht nur aus den gleich zu besprechenden Stellen in den Gesetzen widerlegt zu sein, sondern ebensowohl schon aus dem Timaios. Aber hier hat er zweifellos noch die Erde im Mittelpunkt des Weltalls gedacht. Unzweideutig spricht er das im Staate aus.[4] Aber es ist schon der Übergang zu der noch freieren Auffassung vorhanden. Fast möchte man glauben, der Einfluß der Pythagoreer habe auf Platon schon im Timaios soweit eingewirkt, daß er der sogenannten ägyptischen Auffassung, daß Merkur und Venus um die Sonne kreisen, Ausdruck geben wollte.[5] Da Platon ausdrücklich eine Untersuchung der wahren Bewegung auf spätere Zeit verschiebt, darf man getrost sagen, daß es nicht auffallend ist, wenn ihm später die wirklichen Bewegungsverhältnisse klar wurden. Hat er doch mehrfach in seinen Anschauungen Korrekturen eintreten lassen und sich dadurch als ein wirklich freier Geist dokumentiert. Jene Beschränkung im Timaios paßt darum ganz vortrefflich zu der Anmerkung Theophrasts, daß Platon später bereut habe, im Timaios der Erde die bevorzugte Stellung im Mittelpunkt der Welt eingeräumt

[1] Acad. II, 39, 123.
[2] Plutarch, Platon. quaest. VIII, 1, 1, 3 und Vit. Num. 11, 2.
[3] I precursori di Copernico, S. 20.
[4] Staat X, 616 B.
[5] Timaios, 38 D.

zu haben. Dieser Platz gebühre vielmehr einem Besseren. Wenn nun einige Interpreten für dies Bessere ohne weiteres das pythagoreische Zentralfeuer[1] einsetzen, so ist das eine gar nicht zu belegende Vermutung. Von dem Zentralfeuer sagt Platon gar nichts. Und wenn Gomperz[2] erklärt: was Platon damals als Weltmittelpunkt anerkannt hat, wird uns leider nicht gesagt, so ist das richtig in bezug auf Theophrast und auch insofern richtig, als Platon nicht direkt mit der Theorie herauskommt, aber er hat in den Gesetzen keinen Zweifel darüber gelassen, was er meint. Gewöhnlich wird nur die bekannte Stelle aus den Gesetzen angeführt[3]: «Die die Sonne, den Mond und die übrigen Sterne betreffende Behauptung, daß sie irgendwo umherschweifen, ist nicht richtig, im Gegenteil. Jeder von ihnen geht auf einer einzigen Bahn im Kreise, nicht auf vielen, und der am langsamsten zu gehen scheint, ist der schnellste und umgekehrt.» Aber später kommt Platon auf den Bau des Planetensystems zurück und deutet an, was er meint. Im 10. Buche erklärt er[4], das bewegende Prinzip der Welt ist die Weltseele. Ausdrücklich aber wird diese Seele zunächst als die Bewegerin der Sonne und von da aus auch des Mondes und der Sterne bezeichnet, denn die Bewegung findet statt um ein Mittelstes, von hier aus wird alles im Kreise herumgeführt. In diesem ganzen Abschnitt ist nun nirgend von der Erde die Rede, sondern nur von der Sonne, welche darum auch als die wichtigste Gottheit erscheint unter den das Weltall füllenden Göttern. Danach scheint mir der Schluß nicht unberechtigt, daß Platon zuletzt in der Tat zum heliocentrischen System durchgedrungen sei. Daß er dies nicht unumwunden ausgedrückt hat, ist zuzugeben, aber auch begreiflich, wenn man bedenkt, daß 100 Jahre später Aristarch für dieselbe Lehre noch bittere Anfeindung erfahren mußte.[5]

---

[1] Zeller, l. c. 808. — [2] Gomperz, l. c. S. 608.
[3] Gesetze 822, A. — [4] l. c. 898.
[5] Cf. Plutarch, De facie in orbe lunae 6.

Ich möchte diese Stelle aus den Gesetzen besonders unterstreichen, da sie meines Wissens von den Gelehrten, welche sich mit der Frage beschäftigt haben, gänzlich übersehen ist, vielmehr wird oft ohne jede Begründung vorausgesetzt, daß der Sitz der Weltseele die Erde sei. Man hat kein Recht, sich für eine solche Auffassung auf den Phädon zu berufen[1], wo die Erde als im Mittelpunkt der Welt stehend gelehrt ist. Ich habe schon ausgeführt, daß Platon in seinen Ansichten fortschreitet und nicht, wie es die kleinen Geister machen, sich auf eine einmal gefaßte Meinung verbeißt. Aber ebensowenig hat man ein Recht, als Zentrum der Welt nun einfach das Philolaische Zentralfeuer bei Platon zu vermuten. Dieser Begriff fehlt vollständig in allen seinen Darlegungen. So sehr ich im übrigen auch Staigmüllers[2] Arbeit dankbar anerkenne, kann ich diesen Schluß nicht als gerechtfertigt zugeben. Wir müssen vom Timaios mit der um ihre Achse drehenden Erde, wodurch die Bewegung des Fixsternhimmels und der «scheinbare» Auf- und Untergang der Sonne, des Mondes und der Planeten erklärt ist, fortschreiten zu der klareren Erkenntnis Platons in den Gesetzen, daß die Planeten und die Erde um die Sonne rotieren, dann sind alle Andeutungen, welche Platon über die Bewegungen gibt, verständlich, sonst bleiben sie dunkel oder werden, wie Staigmüller an einer Erklärung Bœckhs treffend zeigt, geradezu trivial.

Daß in der Epinomis diese Ansicht nicht weiter ausgeführt wird, kann uns nicht wunder nehmen. Der Verfasser derselben, Philippos von Opus, wird freilich als ein besonderer Mathematiker gepriesen, aber nur von Nichtmathematikern, er hat nämlich in keinem Punkte etwas Neues zu den von ihm verarbeiteten Notizen Platons hinzugefügt und verrät nirgends, daß er besonders tief in seines Meisters Gedanken eingedrungen sei. Wir halten

[1] Platon, Phaidon 110 b.

[2] Staigmüller, Beiträge zur Gesch. der Naturwissensch. im klass. Altertum, Progr. des Realgymnas. Stuttgart 1899, S. 25.

freilich Platon nach den in den Gesetzen gegebenen Andeutungen für einen direkten Vorläufer des Aristarch, dagegen ist die Epinomis auf der früheren Ansicht Platons stehen geblieben; wie Philippos nicht imstande war, seines Meisters Ideen über das Irrationale zu erfassen, so war er auch nicht imstande, die heliozentrische Hypothese Platons zu verstehen. Daß dagegen ein anderer Schüler Platons diese Idee in sich aufgenommen hatte, wird leider vielfach übersehen. Wir werden uns bei Herakleides Pontikos davon zu überzeugen Gelegenheit haben.

Uns wird immerhin die wundersame Ausdrucksweise von der Weltseele und den Seelen der Himmelskörper etwas fremdartig erscheinen, wir werden zunächst vielleicht gar etwas Mystisches dahinter suchen, aber ich glaube nicht, daß hier pantheistische Mystik vorliegt. Es ist die unzureichend ausgebildete Terminologie, welche Platon veranlaßt, die Ursache der Bewegung Seele zu nennen. Er will die Verbindung von Kraft mit Materie dadurch vorstellbar machen, daß er die Analogie von Körper und Seele benutzt, um die Immaterialität der bewegenden Ursache gegenüber der Materialität des Bewegten prägnant zum Ausdruck zu bringen. Und daß ich damit nicht etwas hineininterpretiere, was nicht darin liegen kann, mag der Hinweis auf Kepler beweisen. Kepler, der Platon mehrfach heranzieht, nennt ebenfalls die bewegende Ursache der bewegten Himmelskörper «Anima», und alle die Wirkungen der Körper aufeinander sind nichts anderes als die Wirkungen dieser Anima.[1] Wie wenig Kepler dabei aber an mystische Vorstellungen denkt, geht daraus hervor, daß er die Bewegung des Mondes um die Erde, obwohl er auch hier von der Anima redet, als die Wirkung der Schwere, also einer allen Körpern auf der Erde in gleicher Weise zukommenden Eigenschaft, erklärt. Wenn es auch auffallend ist, daß Kepler bei dem Verhältnis

[1] Cf. Kepler, Harmonices mundi, Linz 1619, p. 110 ff., spez. 163.

der Erde zur Sonne nun nicht in gleicher Weise wie beim Monde zur Erklärung durch die Schwere kommt, sondern die Anima der Sonne nach Art der Magneten wirken läßt, so ist doch jene Erklärung der Mondbewegung durch die Schwere bei Kepler von größter Wichtigkeit, da sie das Gravitationsgesetz Newtons für diesen konkreten Fall geradezu antizipiert. Ich erwähne dies hier, weil meines Wissens nirgend auf diese wunderbare Vorgängerschaft aufmerksam gemacht ist. Da Newton bekanntlich sein Gravitationsgesetz auch aus der Mondbewegung ableitete, so ist die Wegweiserschaft Keplers meines Erachtens über allen Zweifel erhaben. Und die Ausdrucksweise Keplers ist wieder direkt von Platon entlehnt.

Wir würden der Bedeutung Platons für die Mathemathik nicht gerecht werden, wollten wir hiermit abbrechen. Sie ist tiefer und weitreichender! Schon in der Pythagoreer-Schule war der Gegensatz des πέρας und des ἄπειρον erkannt, aber das Unendliche (ἄπειρον) war doch nur gewonnen durch fortgesetzte Aneinanderfügung von begrenzten Einzeldingen. Die Pythagoreer addierten Begrenztes unendlich oft und blieben so in den Einzelzahlen stecken. Schon bei Demokrit hatte sich wohl der Versuch gezeigt, das ἄπειρον nach rückwärts zu denken und dem unendlich Großen auch das unendlich Kleine anzureihen; aber der Gedanke, aus dem ἄπειρον zum Begrenzten fortzuschreiten, war nicht herausgearbeitet, wenigstens nicht nach dem, was uns von Demokrit erhalten ist. Danach dürfen wir nur annehmen (aus einer Äußerung des Archimedes ist das zu schließen), daß er aus einer Summe unmeßbar kleiner Teile begrenzte Dinge entstehen lassen wollte. Hier nun setzt Platon ein. Im Philebos läßt Platon aus dem ἄπειρον durch stetiges Fortschreiten das πέρας und damit alles «Sein» entstehen. Dies wirklich unendlich klein Gedachte kann nur durch stetiges Fortschreiten Endliches bilden. Dieser Zusammenhang ist das Einheitliche in Arithmetik und Geometrie. Es erscheint darum das Irrationale nicht nur in der Geometrie, sondern auch in der Arithmetik, während vor Platon und nach ihm die Inkommensurabilität als charakteristische Eigenschaft nur der Raumgebilde betrachtet wurde.

Wegen dieser funktionalen Auffassung der Mathematik ist ihm dieselbe auch mehr als ein Hilfsmittel zur Auflösung von Problemen.[1] Sie ist die Lehrmeisterin des Denkens und Erkennens. Das ist sie aber um deswillen, weil sie aus den einmal angenommenen Bedingungen alles herauswickelt, was auf Grund der Bedingungen möglich ist. Sie geht darum induktiv voran, zu neuer Erkenntnis fortschreitend. Durch die Notwendigkeit der Bedingungen[2] unterscheidet sie sich vom reinen Denken. Darum hat sie eine Zwischenstellung zwischen dem νοῦς und der δόξα, sie ist das Gebiet der διάνοια. Nicht nimmt sie aus der sinnlichen Wahrnehmung einzelne Aufgaben und sucht diese durch Kunstgriffe zu lösen, sondern sie bedient sich der Methode der Dialektik, welche im reinen νοῦς vorhanden ist, und verfolgt von den Bedingungen aus, welche der Erfahrung entstammen, die Konsequenzen ohne Rücksicht darauf, ob diese in der Welt der Sinne realisierbar sind. Sie fordert ein Durchdenken bis zum Äußersten. Das also ist es, was wir Platon verdanken, die Schaffung einer Wissenschaft der Mathematik. Es darf nur vorausgesetzt werden, was in den grundlegenden Bedingungen gesagt ist, von da an geht es unaufhaltsam weiter, von sich selbst aus sich entwickelnd bis ins Unbegrenzte. Über die Grundbegriffe selbst aber bleibt sich die Mathematik die Rechenschaft schuldig, sie sind also unbeweisbar und werden als ewige Wahrheiten genommen. Die sinnliche Welt liefert nur Ermunterung (ἐγερτικόν), über die Herleitung aus den Grundbegriffen nachzudenken, und wenn man dialektisch bis zu diesen hinaufgestiegen ist, so hat man die Aufgabe gelöst. Ob nun so aufsteigend zu den reinen Grundvoraussetzungen fortgeschritten wird, oder absteigend von

[1] Staat, 527. — [2] Ib. 511.

hier aus Konsequenzen gezogen werden bis zum Problem der Sinnenwelt, stets ist die Dialektik das Mittel zum Durchführen der Aufgabe.

Nach zwei Richtungen hin ist also Platon ein Vorläufer der gegenwärtigen Bestrebungen, einmal durch Einführung des unendlich Kleinen als Element des Aufbaues endlicher Werte und zweitens durch systematische Untersuchung der Bedingungen, welche der Mathematik, besonders der Geometrie zugrunde liegen. Dadurch hat er einer viel späteren Zeit, dem Neuplatonismus, als Muster gedient, aber von seinen Zeitgenossen und Nachfolgern hat keiner diese Ideen weiterzuschieben verstanden, in erster Linie gilt dies von Aristoteles, der wohl sammelte, aber nicht entwickelte.

Man wird sich vielleicht wundern, daß ich, trotz der weitgehenden Kenntnisse, welche ich Platon in bezug auf das Weltbild zuspreche, nicht auf die bekannte «Platonische Zahl» eingegangen bin, welche von verschiednen Erklärern des Staates mit der großen Periode von 25 920 Jahren für die Präzession in Zusammenhang gebracht wird. Abgesehen davon, daß die Ableitung von 25920 schon sehr fraglich ist, kann jene Stelle des 8. Buches vom Staat (546 b, c, d) sicher nicht auf die Präzession bezogen werden. Platon setzt da der vollkommenen Zahl des göttlichen Schaffens die menschlische Zahl gegenüber und will die letztere besprechen. Nun ist doch kein Zweifel, daß Platon, selbst wenn er die Präzession gekannt hätte, diese Himmelserscheinung nicht mit einer menschlichen Zeugung, sondern mit der göttlichen verbunden hätte. Eine solche Beziehung seiner Zahl ist also durchaus unstatthaft. Was die Zahl selbst aber angeht, so scheint mir dieselbe auch keinerlei mathematisches oder wissenschaftliches Interesse zu haben. Es ist offensichtlich durch die Anrufung der Musen bereits darauf hingewiesen, daß diese pythagoreische Zahlenmystik nicht' etwa als eine wirkliche «Erklärung» herangezogen wird, sondern nur als eine symbolische

Ausdrucksweise. Wenn man auch nicht so weit gehen will wie C. Müller in seiner Erklärung, die ganze Stelle als eine Ironisierung der pythagoreischen Zahlenmystik anzusehen, so ist doch wegen der harmonischen Verhältnisse und wegen des Schlusses von der musischen Kunst sicher, daß Platon hier auf pythagoreische, den Hörern bekannte Zahlenkombinationen für akustische Verhältnisse anspielt. Daß die Zahl selbst 10000 sei, hat Kugler[1] neuerdings nachzuweisen versucht. Auch wenn man nicht zugeben will, daß die Deduktion Kuglers einwandfrei sei, wird man ihm sicher zugestehen, daß die Ableitung von 60^4 oder auch 2592 aus dem Texte schlechterdings unmöglich ist. Auch darin wird man Kugler recht geben müssen, daß die Spekulationen über die mystische Bedeutung der Zahl 60^4, welche von vielen Forschern ohne jedes Tatsachenmaterial behauptet worden ist, zu Platon zum mindesten keine Beziehungen haben können. Nirgendwo in Platons Schriften spielt 60 oder eine Potenz von 60 eine Rolle. Es ist daher ganz phantastisch, wenn Löffler[2] aus dieser angenommenen Bedeutung von 60^4 gar noch schließen will, daß Platon sie von den Babyloniern entnommen habe. Da für die weitere Entwicklung des Gedankenganges im Staat diese Stelle ohne jede Bedeutung ist, scheint mir ein Verweilen bei der Erklärung gänzlich fruchtlos, zumal auch an mathematischer Ausbeute im Kleinen (Kenntnis des Irrationalen, harmonische Verhältnisse usw.) nichts Neues daraus gewonnen wird, was nicht anderweit schon längst als platonischer Besitz bekannt geworden wäre.

---

[1] Kugler, Sternkunde und Sterndienst in Babel II[1], 1909, S. 35 ff. In bezug auf die Literatur über dieses Problem siehe Cantor, Gesch. I (3. Auflage), S. 222.

[2] Löffler, Arch. d. Math. u. Phys. 3, XVII, S. 144.

6. Die Schüler Platons.

Wenn Platons Bedeutung nicht auf dem Gebiet der Problemlösung lag, sondern auf dem methodisch-philosophischen, so ist von selbst zu erwarten, daß sein Einfluß besonders in seinen Schülern zu spüren ist. Er mußte anregend wirken, weil er neue Gesichtspunkte bot, weil er eine Wissenschaft begründet hatte. Es ist begreiflich, daß eben wegen dieser prinzipiellen Bedeutung später manches dem Platon zugeschrieben wurde, was in seinen Anfängen schon anderweit vorhanden war. So begegnet die Bemerkung des Diogenes[1], daß Platon für seinen Schüler Leodamas von Thasos die Analysis erfunden habe, um deswillen dem Zweifel vieler[2], weil Hippokrates sie bereits angewandt habe und ohne Analysis überhaupt keine neue Konstruktion möglich sei. Letzteres ist zweifellos richtig, allein es ist ein großer Unterschied, ob ich unbewußt, d. h. ohne mir über die Art des Vorgehens Rechenschaft abzulegen, etwas tue, oder ob ich mit systematischer Begründung einen typischen Weg der Untersuchung festlege. Letzteres aber ist es, was Platon in dem Staat[3] und in späteren Dialogen tat. Ganz vortrefflich ist das von Proklos[4] erkannt. Man darf auch

[1] Diogenes Laert. III, 24.

[2] Simon, Gesch. d. Mathem. im Altert. 191.

[3] Staat. 511.

[4] Proklos, Comm. in Euclid, Prol. 42 ff. Wenn Simon (Gesch., S. 192) glaubt, aus dem Fehlen des Namens Platons in der Erklärung des Pappos (VII, 1) den Schluß ziehen zu dürfen: folglich habe Platon die Analysis nicht erfunden, so ist das meines Erachtens nicht berechtigt. Pappos erwähnt an der Stelle überhaupt nur drei Namen: Euklid, Apollonius und Aristaios, aber keinen von ihnen als «Erfinder», sondern alle drei als Benutzer, und nachher fügt er noch den Eratosthenes hinzu. Da nun sicher vor Euklid die Analysis von mehreren Philosophen benutzt war (Eudoxos, Theudios, Xenokrates), ist eine historische Notiz daraus überhaupt nicht zu entnehmen. Es ist auch gar nicht die Absicht des Pappos, eine «Geschichte» zu schreiben, sondern er behandelt besonders wichtige Probleme früherer Autoren mit eigenen Erweiterungen, darum ist sein Werk von

wohl annehmen, daß in dem mündlichen Unterricht mehr geboten wurde, als in den Dialogen steht. Das geht ja aus mehreren Äußerungen des Aristoteles hervor, die über die Dialoge hinausweisen. Darum kann Leodamas in der Tat die Methode dort gelernt haben. Von ihm wissen wir sonst nichts, nur daß Proklos [5] ihn in Verbindung mit Archytas und Theätet nennt als einen Vermehrer der Theoreme, welche eine wissenschaftlichere Begründung erhielten.

Ferner werden uns unter seinen Schülern zwei Philippos genannt. Der erste ist der Opuntier. Es ist auffallend, daß Proklos diesen in seinem Verzeichnis nicht erwähnt, wohl aber den Philippos von Mende. Ob der Schluß, daß beide dieselbe Person seien[6], berechtigt ist, wage ich nicht zu entscheiden, da unsere Quellenangaben sehr spärlich fließen. Der Opuntier soll die Gesetze Platons herausgegeben haben, und «von ihm soll auch die ἐπινομίς sein».[7] Gewöhnlich wird das so verstanden, daß er die Epinomis selbständig verfaßt habe und unter dem Namen Platons herausgegeben. Aber in neuerer Zeit finden sich auch Verteidiger der Ansicht, daß Philippos die Epinomis aus Aufzeichnungen des Platon zusammengestellt habe.[8] Ich maße mir kein Urteil über die Vergleichung der Sprache an, aber inhaltlich kann die Epinomis wohl aus Notizen des Platon zusammengestellt sein. Es wird darin der Zahl, d. h. dem Messen, eine fundamentale Bedeutung für die Erkenntnis beigelegt; das ist durchaus platonisch, und es wird gefordert, daß die Astronomie zu einer messenden Wissenschaft ausgebildet werde, das ist auch

höchstem Wert, aber man kann in keinem Falle aus seinem Schweigen einen Schluß auf ein Nichtvorhandensein machen, oder Prioritätsansprüche darauf stützen.

[5] Ib., 66, 15.

[6] Cantor, Gesch. I, 248.

[7] Diogenes Laert. III 37.

[8] Raeder, Platons phil. Entwicklung, 1905, S. 413.

platonisch. Im übrigen werden dem Philippos aus Opunt Abhandlungen über Polygonalzahlen und über Arithmetik zugeschrieben, ohne daß wir einen Fortschritt darin konstatieren können.[1] Jedenfalls sind die Polygonalzahlen nicht seine Erfindung, denn sie waren bei den Pythagoreern längst bekannt.

Von Philippos von Mende wissen wir fast noch weniger. Der Satz, welcher ihm gewöhnlich zugeschrieben wird[2], daß die Summe der Außenwinkel im Dreieck gleich vier Rechten sei, ist im Verhältnis zu dem, was bereits anderweitig in der Geometrie geleistet war, so überaus selbstverständlich, daß er schon Thales bekannt gewesen sein muß. Es war auch gar nicht nötig, ihn besonders auszusprechen, vielleicht bezieht sich die Notiz also auf eine bestimmte Anwendung des Satzes, vielleicht hat Philippos ihn umständlich bewiesen und damit das Interesse eines Problemjägers erregt. Außerdem soll Philippos über das Aufgehen und den Untergang der Gestirne, über das Sehen und die Winde geschrieben haben; er gehört also jedenfalls mehr in das Gebiet der Naturforschung als das der Mathematik.

Als ein Zeitgenosse Platons erscheint bei Proklos auch ein gewisser Leon.[3] Ob er zu Platons Schülern gehört hat, wird nicht gesagt, er wird ein Schüler des Neokleides genannt, von dem wir gar nichts wissen. Daß Leon aber mit platonischen Problemen sich beschäftigt hat, geht aus dem hervor, was Proklos über seine Leistungen sagt. Er hat danach ein Lehrbuch geschrieben, welches an Menge und Brauchbarkeit der Lehrsätze die früheren übertraf und hat Determinationen gefunden, wann das Problem möglich oder unmöglich ist. Aus dieser Angabe will Hankel[4] definitiv ableiten, daß Leon die Determination erfunden habe, während Cantor[5]

[1] Cantor, Gesch. I, 169.

[2] Boncompagni, Bul. XIX, 1886, p. 374.

[3] Proklos, 66, 19.

[4] Hankel, Gesch. 135. — [5] Cantor, Gesch. 237.

meint, er habe vielleicht nur den Namen für die Sache erfunden. Aber für beides gibt der Text des Proklos keine Handhabe, da hier διορισμούς und nicht τὸν διορισμόν steht. Da wir nun wissen, daß Platon verlangt[1], daß eine Untersuchung angestellt werde, wann eine Konstruktion möglich sei, so konnte Leon die Determination gar nicht mehr erfinden, d. h. die Methode, sondern er fand für eine Reihe von Aufgaben die Determinationen und fügte sie seinen στοιχεῖα ein. Diese Auffassung scheint mir den tatsächlichen Verhältnissen und dem Wortlaut des Proklos gleichzeitig zu genügen.

In einem unbezweifelten Abhängigkeitsverhältnis zu Platon stand der Sohn seiner Schwester Potone, Speusippos[2], welcher nach dem Tode Platons die Akademieleitung in die Hand nahm. Von ihm wissen wir nur, daß er ein Buch über Zahlenverhältnisse geschrieben hat, von dem uns ein Bruchstück erhalten blieb. Es sind Dreieckszahlen, Polygonalzahlen, pythagoreische Zahlen usw., welche darin behandelt sind. Es lag also ganz in der platonischen Richtung.

Auf Speusippos folgt Xenokrates, der mit solcher Verehrung an seinem Lehrer Platon hing, daß er nach seinem Tode für längere Zeit Athen verließ. Von ihm finden wir nur eine Notiz bei Plutarch[3] und neben einigen Anekdoten eine Reihe von Titeln solcher Bücher, die er geschrieben haben soll, bei Diogenes Laertius[4]. Von arithmetischen Entdeckungen wird uns nur eine unkontrollierbare Anzahl der aus allen Buchstaben zusammengesetzten Silben angegeben, die schon um deswillen nicht nachprüfbar ist, weil die Bedingungen nicht angegeben sind. Cantor schließt daraus, daß damals Kombinatorik getrieben sei und man nach Formeln, die wahrscheinlich falsch waren, gerechnet habe; allein aus den so

[1] Platon, Menon 86 f.

[2] Tannery, Pour l'histoire de la science Hellène, p. 386.

[3] Plutarch, Quaest. conv. VIII, 9, S. 733a.

[4] Diogenes Laert. prol., 14; IV, 10 ff.

bestimmt auftretenden Zahlen als Resultaten darf man dergleichen doch wohl nicht schließen, da uns in der ganzen Literatur bis Boethius überhaupt gar nichts von solchen kombinatorischen Leistungen entgegentritt. Die aufgezählten vier Resultate können durch eine zusammengesetzte Methode aus Experiment und Überlegung hervorgegangen sein. Denn auch die Angaben des Pappos[1] sind sicher nur experimentell gefunden, sonst würde er mit imposanteren Zahlen aufwarten. Auch des Boethius[2] Angabe über die Kombinationen zur zweiten Klasse aus n-Elementen macht durchaus den Eindruck, als ob es sich lediglich um Verallgemeinerung experimentell gefundener Resultate handle, zumal er die Kenntnis dem Ammonius verdankt. Im übrigen hat sich Xenokrates nach den Titeln bei Diogenes wesentlich mit Geometrie beschäftigt, vielleicht auch eine Geschichte der Geometrie geschrieben.

Von erheblich größerer Bedeutung war Eudoxos, wohl der bedeutendste Schüler Platons. Über diesen lange verkannten Mathematiker besitzen wir seit einiger Zeit durch Künsberg eine umfassende und durchweg zutreffende Darstellung.[3] Geboren etwa 410 zu Knidos in Karien, kam er als Jüngling nach Tarent zu Archytas und ging von da etwa im 23. Lebensjahre nach Athen, wo er Schüler Platons wurde. Etwa 380 reiste er nach Ägypten, wo er mit dem Priester Chonuphis in engsten Freundschaftsbund trat und die ganze ägyptische Astronomie kennen lernte. Nachdem er eine Zeitlang in Kyzikos selbst eine Schule geleitet hatte, ging er mit mehreren seiner Schüler, von denen wir noch einige zu besprechen haben, nach Athen zu Platon, reiste von da über Sizilien und Süditalien wieder zurück nach seiner Vaterstadt Knidos, wo er hochgeehrt im Alter von 53 Jahren, etwa 356, starb.

[1] Pappus, Collect. VII, 11.

[2] Boethius, Comm. in Porphyr. V, 1570.

[3] Künsberg, Der Astronom, Mathematiker und Geograph Eudoxus, Progr. Dinkelsbühl 1888 und 1890.

Seine mathematischen Leistungen sind sehr vielseitig. Zunächst erweiterte er die Lehre von den Proportionen.[1] Man hatte die drei Mesoteten, oder wie sie bei Proklos heißen: Analogien, die arithmetische, geometrische und harmonische mittlere Proportionale, letztere von Archytas wenn nicht erfunden, so doch in die griechische Mathematik eingeführt. Eudoxos soll drei neue dazu erfunden haben; welche es waren, wird nicht gesagt, aber nach dem späteren Verzeichnis des Jamblichos kann es sich nur um Umstellungen oder korrespondierende Addition gehandelt haben, was immerhin bei dem Fehlen einer algebraischen Zeichensprache ein Verdienst ist. Dann hat Eudoxos die Lehre von der stetigen Teilung nach den von Platon gegebenen Anfängen weiter analytisch ausgearbeitet.

Wir würden nun über die Leistungen des Eudoxos auf diesem Gebiet sehr wenig sagen können, da uns von diesen geometrischen Arbeiten nichts erhalten ist. Auch etwaige Zitate fehlen fast gänzlich. Das ist bei den älteren Mathematikern der Griechen nicht sehr wunderbar. Sie zitierten überhaupt nicht, wenn es sich nicht um polemische Interessen handelte oder wenn nicht der Name ein besonderes Gewicht hatte; erst in der späteren Zeit kommt die Sitte des Zitierens mehr auf, und erst im Zeitalter nach Christi Geburt findet sich die Gewohnheit, möglichst jedes Wort und jeden Satz unter den wissenschaftlichen Schutz des Zitats zu stellen. Glücklicherweise hat uns diese Gewohnheit des Proklos nun in die Lage versetzt, die Leistungen des Eudoxos in den Elementen des Euklid aufbewahrt zu finden. Schon in dem Verzeichnis[2] hat er gesagt, daß Euklid vieles von Eudoxos Gefundene geordnet habe. In einem von Proklos herrührenden Scholion schreibt er sogar Eudoxos das ganze fünfte Buch des Euklid zu.[3] Da dies Buch über die

[1] Proklos, Comm. 67, 5.

[2] Proklos, Comm. 68, 8.

[3] Euklids Elemente V (Heiberg), 280 und 282. Da wir stets

Analogien (Proportionen) handelt, würde sich das mit den obigen Notizen decken. Die fernere Angabe, daß er sich mit dem Goldenen Schnitt beschäftigt und Platons Ideen hierbei zu Ende geführt habe, weist dann ebenso auf die ersten Sätze des dreizehnten Buches von Euklids Elementen hin. Da hier nicht nur vom Goldenen Schnitt gehandelt wird, sondern auch die ganze Ableitung wesentlich verschieden ist von der Form, welche Euklid sonst gebraucht, indem sie die Analysis benutzt, so hat diese Ansicht sehr viel für sich, und es darf wohl als zutreffend bezeichnet werden, daß auch diese ersten sechs Sätze des dreizehnten Buches das Eigentum des Eudoxos seien. Von ihm rührt dann auch wohl die Definition her über Analysis und Synthesis, welche Heiberg in den Anhang verwiesen hat[1]: Die Analysis ist die Voraussetzung des Gesuchten als richtig, von wo man durch Folgerungen zu etwas hingelangt, was als wahr anerkannt ist; die Synthesis ist der Gang von bereits Zugestandenem durch Folgerungen zu einem Resultat, welches als wahr anerkannt wird. Daß diese Definition sich mit der Platons (s. oben) deckt, sobald es sich um ein konkretes Problem handelt, ist ohne weiteres klar.

Über weitere Leistungen des Eudoxos finden wir Notizen bei Archimedes[2]. Zunächst werden mit ausdrücklicher Nennung des Eudoxos diesem die Sätze zugeschrieben, daß jede Pyramide der dritte Teil des Prismas von gleicher Grundfläche und Höhe, jeder Kegel der dritte Teil des Zylinders von gleicher Grundfläche und Höhe sei. Denn wenn auch diese Sätze über diese Körper schon früher erfahrungsmäßig bekannt waren, so hat doch keiner der bekannten Geometer vor Eudoxos diese Sätze wissenschaftlich erkannt und bewiesen. Diese Beweismethode erwähnt aber Archimedes, indem er sagt,

nach der Heibergschen Ausgabe zitieren werden, können wir diesen Zusatz demnächst sparen.

[1] Euklid, IV, 364.

[2] Archimedes (Heiberg), I, 4 und II, 296.

Eudoxos habe dazu das Lemma(Hilfssatz) benutzt: «Wenn zwei Flächenstücke verschieden groß sind, so kann der Unterschied zwischen beiden so oft aneinandergesetzt werden, daß die Summe jede vorgegebene endliche Fläche übertrifft.» Mit demselben Satze haben nach Archimedes die älteren Geometer auch bewiesen, daß Kreise sich wie die Quadrate der Durchmesser, Kugeln wie die Kuben der Durchmesser verhalten. Leider gibt Archimedes nicht an, von wem dieses Lemma herrührt. Da es schon von älteren Geometern benutzt ist, kann Eudoxos nicht der Erfinder sein, und doch ist es von so großer Tragweite und etwas durchaus Neues in der Geometrie, da es die Grundlage des Exhaustionsverfahrens ist, daß es eines ganz genialen Erfinders bedurfte, der diesen Schritt wagte. Ob man es mit Demokrit oder Hippokrates in Verbindung bringen darf, ist meines Erachtens zurzeit ganz unentscheidbar. Denn die Bemerkungen über Demokrit, welche sich bei Archimedes (s. unten) finden, geben dafür keinen Anhaltspunkt, und von Hippokrates können wir auch nur vermuten, daß er vielleicht auf diesem Wege vorangegangen ist, um die Kreisfläche zu finden.

Eudoxos ist aber nicht bei der Elementarmathematik stehen geblieben. Diese wird begrenzt durch die Kegelschnitte, und was darüber hinauslag, wurde als höhere Geometrie bewertet. Er ist Erfinder der spirischen Linie[1], welche Hippopede genannt wurde. Auch sie verdankt ihre Entstehung der «Bewegungsgeometrie», d. h. sie entsteht auf einem Körper, der als σπεῖρα bezeichnet wurde und welcher entstand, indem man einen Kreis um eine exzentrische Achse rotieren ließ. Wenn ein solcher Ringkörper durch eine Ebene geschnitten wird, die der Rotationsachse parallel ist, so bezeichnet die Schnittkurve eine spirische Linie.

In der späteren griechischen Mathematik erhielt diese Speira den Namen κρίκος (s. Heron). Die Veran-

[1] Proklos, Comm. 127 ff.

lassung, daß Eudoxos sich mit diesem Problem beschäftigte, war wieder Platons schon erwähnte Forderung, die Astronomen sollten solche geometrische Kurven finden, daß die scheinbare Bewegung der Planeten dadurch erklärt würde. Daß Platon in erster Linie an Eudoxos gedacht habe, ist wohl anzunehmen, denn in einer andern Aufgabe hatte er ihn in erster Linie als den bedeutenden Geometer genannt, welcher schwierige Probleme zu lösen imstande sei. Die bekannte Geschichte von der Bitte der Delier an Platon, das Problem der Würfelverdoppelung zu lösen, endet nach Plutarch[1] mit der Antwort Platons, er kenne nur zwei Männer, die das zu leisten imstande seien, Eudoxos von Knidos und Helikon von Kyzikos. Eudoxos hat dies Problem auch gelöst mittest der «bogenförmigen» (καμπύλον) Linie; so berichtet Eratosthenes in einem uns von Eutokios[2], dem Kommentator des Archimedes, überlieferten Briefe an Ptolemaios Euergetes, und er nennt Eudoxos den θεουδής (göttlichen). Aber Eutokios hat die Lösung des Eudoxos entweder nicht verstanden, oder einen ganz unzureichenden Text davon gehabt, so daß er sie absichtlich übergeht und nicht einmal andeutet.[3] Trotzdem hat Tannery es unternommen, die Lösung des Eudoxos zu rekonstruieren.[4] Wir haben keine Möglichkeit, auf irgendeine Weise nachzuweisen, daß Eudoxos wirklich diesen Weg gewählt habe, begnügen uns darum damit, jene Lösung Tannerys zu registrieren.

Mehr Sicherheit haben wir bei der spirischen Kurve. Eudoxos benutzte diese zur Erklärung der Planetenbewegung, und da das astronomische Interesse in jener Zeit sehr stark verbreitet war, haben wir hierüber mehr Nachrichten. Diese sind im wesentlichen freilich beschränkt auf Aristoteles[5] und seinen Kommentator

[1] Plutarch, De gen. Socr. 7.

[2] Eutokios, Comm. Archimedis Opera III (Heiberg) 102 und 112.

[3] Ib., S. 66.

[4] Tannery, Mém. de Bordeaux, Sér. 2, T. II, 1878, p. 277.

[5] Aristoteles, Metaphys. XII, 8.

Simplicius[1], aber besonders des letzteren Angaben haben Schiaparelli[2] instand gesetzt, die homozentrischen Sphären des Eudoxos so zu rekonstruieren, daß wir seine Theorie vollständig begreifen können. Andere Schriftsteller des Altertums geben uns nur flüchtige Notizen über diese Tätigkeit des Eudoxos, so Archimedes[3], welcher erwähnt, daß Eudoxos den Sonnendurchmesser für neunmal so groß gehalten habe als den des Mondes, d. h. also die Entfernung der Sonne neunmal so groß als die des Mondes angenommen habe. Eudoxos hat seine Theorie in einer Schrift περὶ ταχῶν niedergelegt, leider ist sie uns verloren gegangen. Wir würden mehr von ihm wissen, wenn nicht das einzige Denkmal, welches direkt von Eudoxos berichtet, der sogenannte Papyrus Eudoxi, sich als ein fehlerhaftes Kollegienheft eines alexandrinischen Studenten aus der Zeit 193—190 v. Chr. erwiesen hätte.[4] Aus diesem Papyrus ist die einzige Angabe zu entnehmen, daß in dem Kalender des Eudoxos die Jahreszeiten zu je 91 Tagen, nur der Herbst zu 92 Tagen angenommen ist, während nach Eudemos' Geschichte[5] schon Thales die Zeitdauer zwischen den Solstitien verschieden fand.

Wenn auch weiter berichtet wird, daß Eudoxos seine astronomischen Kenntnisse aus Ägypten geholt habe[6] und zuerst nach Griechenland gebracht, so ist damit wohl nicht gemeint, daß auch seine Theorie daher stamme, sondern nur die Beobachtungsdaten über den Lauf der Planeten; denn wir haben keine älteren ägyptischen Dokumente, welche die Theorie der homo-

[1] Simplicius, Comm. in Arist. de caelo II (Karsten), 219.

[2] Die homoc. Sphären des Eudoxus, Abhandl. z. Gesch. d. Mathem. I, 1877, 101.

[3] Archimedes, Opera II, 248.

[4] Siehe Bœckh, Über die vierjähr. Sonnenkreise der Alten, 1863, 197.

[5] Theon Smyrn., Platonici lib. de astron., 1849, p. 324.

[6] Seneca, Nat. quaest. VII, 3.

zentrischen Sphären enthielten. Die von Lepsius[1] beigebrachten Abbildungen, welche auf die Sphärentheorien bezug haben sollen, stammen aus einer Zeit, die jünger ist als die Epoche des Eudoxos. Wir haben also keine Veranlassung, die Arbeit desselben nicht als eine Originalleistung zu betrachten.

Indem ich für die Einzelheiten der Darstellung auf die umfassende Arbeit Schiaparellis in der guten Übersetzung Horns (l. c.) verweise, entnehme ich derselben die wesentlichen Punkte nach dem Zeugnis des Simplicius. Die Sonne hat drei Bewegungen: 1. Die tägliche mit den Fixsternen gemeinsam von Ost nach West. 2. Die jährliche nach den zwölf Sternbildern des Tierkreises. 3. Eine zum mittleren Kreis des Tierkreises seitliche Bewegung. Diese letztere wurde daraus geschlossen, daß die Solstitien nicht immer an denselben Punkt des Horizonts fallen. Daß diese dritte Bewegung nicht etwa die Präzession im Äquator darstellen sollte, hat Schiaparelli unzweifelhaft nachgewiesen, vielmehr meinte Eudoxos in Übereinstimmung mit anderen Astronomen des Altertums eine Nutation der Sonne annehmen zu sollen. Um diese drei Bewegungen zu erklären, nahm er drei konzentrische Sphären an, von denen die äußerste sich um die Pole der Weltachse mit dem Fixsternhimmel drehe, die zweite um eine zum Tierkreis senkrechte Achse, die dritte und kleinste um eine gegen den Tierkreis geneigte Achse. Die drei Sphären sind ineinander nach Art eines kardanischen Gehänges befestigt gedacht, die Geschwindigkeiten der Drehung sind verschieden, und der Sinn der Drehung der beiden inneren ist entgegengesetzt der Drehung der äußeren Sphäre.

Für den Mond genügten ebenfalls drei Sphären, die erste mit der Fixsternbewegung zusammenfallende, die zweite in entgegengesetzter Richtung im Tierkreis, die dritte in einer hierzu geneigten Bahn nach Westen. Für

[1] Lepsius, Chronologie der alten Ägypter, 1849, 199.

die Planeten waren dagegen vier Sphären notwendig. Die beiden ersten in gleichen Ebenen wie bei Sonne und Mond, aber die zweite Sphäre (in der Ekliptik) dreht für die einzelnen Planeten mit einer Geschwindigkeit, welche dem Umlauf entspricht. Diese Umlaufszeiten sind für Merkur und Venus je ein Jahr, für Mars zwei Jahre, für Jupiter zwölf und für Saturn dreißig Jahre. Die dritte Sphäre hat ihre Pole auf der Ekliptik, dreht von Süd nach Nord in der synodischen Umlaufszeit des Planeten, und zwar für Merkur in 110 Tagen, für Venus in neunzehn Monaten, für Mars in acht Monaten zwanzig Tagen, für Jupiter und Saturn etwa dreizehn Monate. Die vierte Sphäre dreht um eine geneigte Achse, die für jeden Planeten verschieden geneigt ist, in gleichen Umlaufszeiten wie die dritte von Ost nach West.

Was nun diese Sphären zur Erklärung der Planetenbewegung zu bedeuten haben, sagt uns Simplicius ebenfalls. Die Aufgabe der beiden ersten ist von selbst klar, nämlich die tägliche Bewegung und die längs des Tierkreises darzustellen. Die dritte aber, deren Pole in der zweiten auf der Ekliptik sich befinden und welche sich von Süden nach Norden und von Norden nach Süden dreht, führt die vierte, das Gestirn tragende Sphäre mit sich und verursacht die Bewegung nach der Breite. Jedoch ist sie es nicht allein, welche diese Bewegung bewirkt. Denn so oft das Gestirn, der dritten Sphäre folgend, sich gegen die Pole der Ekliptik hinbewegt und den Weltpolen genähert hat, so führt es die vierte Sphäre, deren Umlauf um die Pole des schiefen Kreises, worauf sich das Gestirn befindet, im entgegengesetzten Sinne mit der dritten, aber in derselben Zeit wie der Umlauf dieser vor sich geht, auf der andern Seite ebensoweit herab und veranlaßt es dadurch, die Ekliptik zu durchschneiden und zu beiden Seiten derselben die von Eudoxos Hippopede genannte Kurve zu beschreiben. Durch eine ausgezeichnete, rein geometrische Ableitung, ohne Benutzung der Analysis, allein mit Voraussetzung solcher Kenntnisse, wie sie Eudoxos haben mußte, hat Schiaparelli nun den Beweis geliefert, daß tatsächlich durch diese Sphären die Beobachtungen über die Planetenbewegungen mit guter Anschmiegung dargestellt werden. Diese Hippopede ist also die von Proklos erwähnte spirische Linie, welche Eudoxos als die Bahn der Planeten bezeichnete, sie ist nur ein spezieller Fall der Schnittkurve einer Ebene mit dem Spire genannten Körper. Die Schnittkurve kann entweder die Form a, b oder c (Fig. 7) haben, wie Prok-

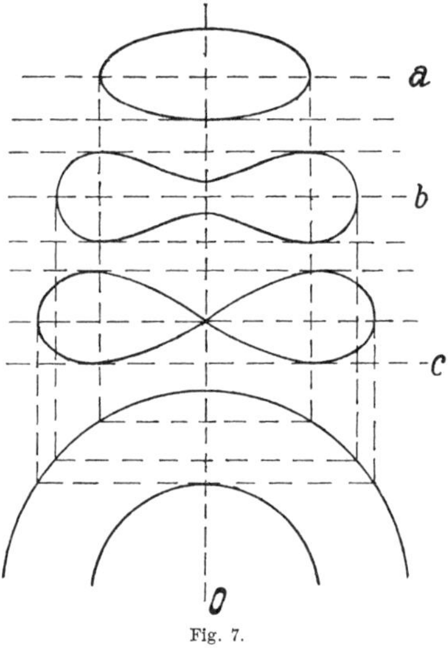

Fig. 7.

los[1] bereits sagt, und diese Form c ist es, welche er ἐοικυῖα τῇ τοῦ ἵππου πέδῃ nennt. Die Auffindung derselben schreibt Proklos dem Perseus zu, der die Kurven zu den Helikoden[2] zählte. Nach dem Papyrus hätte

[1] Proklos, Comm. 112.

[2] Einige Handschriften haben statt ἑλικώδεας die Bezeichnung σπειρικάς.

Eudoxos selbst die Bahn der Planeten als eine Helix bezeichnet. Im einzelnen geht nun aus den Schiaparellischen Rekonstruktionen hervor, daß die Lösung des Eudoxos für Saturn und Jupiter mit den damals vorhandenen und möglichen Beobachtungen aufs beste übereinstimmt. Dagegen ergibt sich, daß für den Mars nur ein Teil der Bahn darstellbar ist, für den Merkur angenähert das Resultat der Konstruktion mit dem beobachtbaren Teil seiner Bahn stimmt, bei der Venus aber wieder größere Fehler, die auch durch Beobachtung auffallen mußten, erhalten werden.

Darum war das Augenmerk der Nachfolger des Eudoxos darauf gerichtet, die homozentrischen Sphären so zu verbessern, daß auch für die letzten Planeten eine hinreichende Übereinstimmung erfolgte. Simplicius erzählt uns davon folgendes: «Kallippos aus Kyzikos, welcher mit Polemarchos, einem Freunde des Eudoxos, studierte, kam mit Polemarchos nach Athen, um mit Aristoteles über die Erfindung des Eudoxos zu reden und sie mit seiner Hilfe zu berichtigen». Aristoteles teilt das Ergebnis in der Metaphysik[1] mit. Kallippos fügte für die Sonne und Mond je zwei Sphären hinzu, für Merkur, Venus und Mars je eine. Leider gibt weder Aristoteles, noch Eudemos, noch der sehr wortreiche Sosigenes, dessen Bemerkungen Simplicius vollständig wiedergibt, eine genauere Angabe über die Art der von Kallippos hinzugefügten Sphären, so daß auch hier nur vermutungsweise von Schiaparelli eine Rekonstruktion versucht werden konnte, bei welcher sich herausstellte, daß die Bahn des Mars tatsächlich durch eine solche Sphäre erheblich verbessert wurde und auch bei der Venus eine größere Annäherung erreicht werden kann.

Leider wissen wir von Kallippos weiter nichts, man vermutet, daß jene Reise nach Athen in den zweiten Aufenthalt des Aristoteles in Athen fällt, also zwischen 336

[1] Aristoteles, Metaphysik XII, 8, p. 261 (Christ).

und 323. Auch die Tatsache, daß der von Kallippos auf Grund dieser Arbeiten aufgestellte «lunisolare Zyklus» mit dem Jahre 330 beginnt, stimmt mit jener Annahme.

Den von Kallippos hinzugefügten Sphären setzte Aristoteles dann noch «zurückführende» Sphären hinzu, welche ermöglichen sollten, das ganze System der Sphären mit dem Fixsternhimmel organisch zu verbinden und die jeden Planeten wieder zurückbrachten auf die Ausgangsstelle. So wuchs sich das Sphärensystem zu einem komplizierten Mechanismus aus von 49 Sphären[1], dessen Unvorstellbarkeit freilich nichts zu wünschen übrig ließ, das aber doch schon damals aufstoßende Schwierigkeiten nicht zu erklären vermochte. Diese Schwierigkeiten waren die von Sosigenes und später ausführlicher von Simplicius erwähnte Beobachtung des verschiedenen Glanzes der Planeten, was nur durch verschieden große Entfernung derselben von der Erde erklärbar schien.

Ob diese Beobachtung Autolykos veranlaßte, von den homozentrischen Sphären zu den exzentrischen überzugehen, ist nach den vorhandenen Quellen nicht auszumachen, da die beiden von ihm erhaltenen Schriften[2] nichts über sein kosmisches System, welches jedenfalls nach Sosigenes mit beweglichen Sphären rechnete, enthalten. Aus den zwölf Sätzen des ersten Buches geht hervor, daß Autolykos wahrscheinlich eine um ihre Achse drehende Erde annahm, während das zweite Buch sich mit den scheinbaren Auf- und Untergängen der Sterne beschäftigt und von Theorien nichts weiter enthält. Da aber Nikomachos und nach ihm Jamblichos (s. Simplicius l. c.) berichten, daß die späteren Pythagoreer statt der homozentrischen die exzentrischen Sphären gelehrt haben, so kann immerhin Autolykos zu dieser Auskunft gegriffen haben, da er in einer Kontroverse mit einem

[1] Aristoteles sagt (l. c. 266, 1074 a, 13) 47 Sphären. Den Fehler hat Sosigenes entdeckt und erklärt, s. Simplicius (l. c.).

[2] Autolyci, De sphaera quae movetur, de ortibus et occasibus lib. duo, (Fr. Hultsch) Leipzig 1885; cf. Wolf, Gesch. d. Astr. 113.

gewissen Aristotheros vor diese Frage gestellt war, um die verschiedene Distanz der Planeten von der Erde möglich zu machen. Autolykos stammte aus Pitane und lebte um 330 v. Chr. Jedenfalls hat um diese Zeit der Versuch, die exzentrischen Kreise einzuführen, den Übergang sowohl zu den Epizyklen wie zu dem heliozentrischen System gebildet.

Wir können von Eudoxos nicht scheiden, ohne noch darauf hingewiesen zu haben, daß er es war, der die Sternbilder mit Namen in die griechische Astronomie einführte. Ob bei ihm auch astrologische Tendenzen mitsprechen, ist nicht auszumachen, da wir von seiner Sphäre auch nur geringe Reste bei Hipparch, Manilius und in dem jüngst gefundenen Teukrostext besitzen. Daß Valens die Sphäre des Eudoxos benutzte, hat Boll[1] überzeugend nachgewiesen. Ebenda ist auch wahrscheinlich gemacht, daß Eudoxos diese ganze Arbeit im Anschluß an babylonische Astronomie übernommen hat. Daß danach die zwölf Sternbilder des Tierkreises nach der Zwölfstundenteilung der Babylonier entstanden ist, und die «Stunde» als Doppelstunde, d. h. als zwölfter Teil des vierundzwanzigstündigen Tages zu zählen ist, scheint mir unzweifelhaft aus den Angaben Bolls hervorzugehen. Diese zwölf Stunden sind aus den ursprünglichen sechs Stunden hervorgegangen, und jene Sechsteilung der Tageszeit ist auf die Sechsteilung der Ebene des Gnomon, dessen altbabylonische Erfindung schon von Berosos bezeugt und neuerdings durch die keilinschriftlichen Tafeln über allen Zweifel erhaben gesichert ist, mit Hilfe des babylonischen Normalwinkels des gleichseitigen Dreiecks zurückzuführen.[2] Es ist jener Nachweis der babylonischen Verbindung um deswillen von großem Wert, weil uns bei Hipparch diese Verbindung noch eingehender beschäftigen muß. Die früher viel vertretene Anschauung,

[1] Boll, Fr., Sphaera, Leipzig 1903, spez. S. 62, 312 ff., 338.

[2] Ausführliches hierüber s. in meiner Abhandlung im Archiv d. Mathem. u. Phys. III, Reihe XV, S. 304, 1909.

als ob wir es bei der griechischen Astronomie mit einer vollständigen Selbsterfindung zu tun hätten, ist definitiv aufzugeben. Vielmehr begegnet uns eine internationale Bildung, die vom Indus bis zum Adriatischen Meere reicht. Aber das schließt nicht aus, daß die theoretische Überlegung, das speziell Mathematische bei Eudoxos wirklich original war. Eine Quelle dafür ist bisher weder auf ägyptischem noch babylonischem Boden entdeckt.

Die Sternbilder des Eudoxos sind uns in dem Lehrgedicht des Aratos (um 270) erhalten geblieben[1], welches bezeichnenderweise die Bewunderung der Römer, besonders Ciceros fand, und so ist die geringste Leistung des Eudoxos uns erhalten geblieben. Wichtiger ist, daß die uns verlorenen Schriften des Eudoxos seinen großen Nachfolger Hipparch veranlaßten, einen Kommentar dazu zu schreiben, und dieser Kommentar ist wieder das einzige Werk, welches uns von Hipparch erhalten ist[2] und von Petavius in sein Uranologium aufgenommen wurde. Aus diesem Zeugnis des Hipparch geht hervor, daß Eudoxos die Neigung des Himmels, also die Schiefe der Ekliptik, aus dem Verhältnis der Segmente des vom Horizont geschnittenen Wendekreises ableitete, daß ferner Eudoxos bereits einen Himmelsglobus verfertigt hat, auf dem die Sternbilder eingetragen waren.

Wenn dagegen bisweilen dem Eudoxos auch nachgerühmt wird, daß er bei den Griechen die Oktaeteris, nach welcher jedes dritte, fünfte und achte Jahr einen vollen Schaltmonat zugefügt erhielt, während die anderen Jahre zu $6 \cdot 30 + 6 \cdot 29$ Tagen gerechnet wurden, so ist das nach Wolf[3] falsch, da diese Schaltrechnung schon 500 bei den Griechen eingeführt war (s. oben) und zur Zeit des Eudoxos nach Meton gerechnet wurde, was sich noch Jahrhunderte hindurch erhalten hat. Das ὀκταετηρίς betitelte

[1] Arati Phänomena ed. Maass, Berlin 1893.

[2] Petavius, Uranologium, Paris 1630; neubearb. v. Manilius, Leipzig 1894.

[3] Wolf, Handbuch der Astronomie 1, 1890, S. 599.

Werk, welches diese Zeiteinteilung behandelte, ist übrigens schon im Altertum als nicht von Eudoxos herrührend erkannt, denn Suidas sagt: Κρίτων Νάξιος ἔγραψεν ὀκταετηρίδα, ἣν Εὐδόξου φασίν. Wie weit die Griechen bei dieser Oktaeteris selbständig waren, ist schwer auszumachen. Aber es ist nicht unwahrscheinlich, daß sie die Kenntnis, resp. die Anordnung aus Babylon übernahmen. Freilich läßt sich die Annahme einiger Assyriologen, daß schon um 2500 v. Chr. in Babylon der achtjährige Schaltzyklus bekannt gewesen sei, durch Inschriften nicht bestätigen. Vielmehr scheint aus dem von Kugler[1] beigebrachten Material mit Sicherheit gefolgert werden zu können, daß die Schaltjahre vor 533 nicht nach einem festen Zyklus, sondern ad hoc nach den Angaben der Astronomen festgesetzt wurden. Dagegen hat seit 533 die achtjährige Periode allgemein bestanden, während in der Seleukidenära der neunzehnjährige Zyklus eingeführt ist, also seit 311 v. Chr. Wenn die Kuglerschen Jahreszahlen auch durch spätere Funde nicht verschoben werden, so würde sich daraus ergeben müssen, daß freilich die achtjährige Periode wohl von den Babyloniern nach Griechenland kam, aber daß die neunzehnjährige umgekehrt von den Griechen nach Babylon gebracht wurde; denn Meton führt die Zahl 19 schon 433 ein. Wenn man dann gar bedenkt, daß die Verbesserung des Kallippos bereits 330 eingeführt war, so würde die astronomische Sicherheit der Kalender wesentlich ein ausschließliches Verdienst der Griechen sein, und nicht wie man oft vermutet hat, ein Werk der Babylonier.

Um die astronomische Frage zunächst zu einem gewissen Abschluß zu bringen, füge ich gleich noch die Theorie des Herakleides Pontikos an[2], obwohl er gewöhn-

---

[1] Kugler, Sternkunde und Sterndienst in Babel I, 1907, S. 43, 62, 214 und II, 1909, S. 191.

[2] Die Literatur über Herakleides stützt sich im wesentlichen auf folgende Stellen: Diogenes Laert. V, c. 6; Ps. Plutarch, Plac. III, c. 13; Eusebius, Opera, Dindorf 1867, II, p. 411;

lich um das Jahr 325 angesetzt wird. Jedenfalls war er nach allen Zeugnissen des Altertums ein Schüler Platons, der vielleicht nach des Meisters Tod zu Aristoteles' Schule in Beziehung trat. Vor allem war Herakleides ein hervorragender Mathematiker, der die Aufgabe, welche Platon den Astronomen zuwies, geometrische Konstruktionen der Bahnen der Planeten anzugeben, zu lösen suchte. Er fand zunächst, daß sich die scheinbare Bewegung der Planeten erklären lasse, wenn man annehme, daß Mond und Planeten sich um die Sonne als Mittelpunkt drehen, diese aber um die Erde, welche, im Mittelpunkt der Welt, sich um ihre Achse drehe, rotiere. Dies «System», oft als das ägyptische bezeichnet, obwohl wir keinerlei Angaben darüber haben, daß dergleichen in Ägypten gelehrt sei, ist offenbar der Vorläufer des «Tychonischen Systems». Nun gibt es aber eine unanfechtbare Quelle, aus welcher hervorgeht, daß Herakleides auch gezeigt hat, man könne die scheinbaren Bewegungen so erklären, daß die Sonne stille stehe, und die Erde und die Planeten sich um diese drehten. Freilich sagt er das nur als Hypothese, aber das ist auch seiner Meinung nach allein die Aufgabe des Astronomen, eine Hypothese aufzustellen, welche mit den Erscheinungen am Himmel übereinstimme. Ob Herakleides die Ausarbeitung dieser Hypothese im einzelnen auch geleistet habe, ist uns völlig unbekannt, da uns nichts von ihm erhalten ist. Das Bild, welches Diogenes Laertios von ihm entwirft, ist sicher entstellt. Nach Cicero war er ein anerkannter Astronom und Gelehrter.

Simplicius, Comm. in Aristot. Berliner Ausgabe, VII, p. 444, 519, 541; IX, p. 292 (diese Stelle ist besonders wichtig); Cicero, Tuscul. V, c. 3; Chalcidius, Comm. in Plat. Tim., c. 109; cf. Mullach, Fragm. philos. graec., Paris 1867, II, p. 206; Schiaparelli, I precursori di Copernico etc., deutsch v. Curtze, Leipzig 1876, p. 66 und 103. Besonders wertvoll ist: Staigmüller, Beiträge zur Geschichte der Naturwissenschaften im klassischen Altertum Pr., Stuttgart 1899, S. 27 ff., dem ich wesentlich gefolgt bin.

Die Versuche, die astronomischen Beobachtungen mit geometrischen Konstruktionen zu erklären, hatten für die Geometrie selbst nur fördernde Bedeutung. Gerade auf dem Gebiete der Kurvenforschung hat die Schule Platons eine Anzahl hervorragender Vertreter zu verzeichnen. Wir hatten gesehen, daß Platon selbst im Timaios die Schraubenlinie benutzt hatte. Auch die Hippopede gehört zu den helikoidischen Linien und war als solche nach dem Zeugnis des Proklos (l. c.) schon von Perseus richtig erkannt. Wir finden nun in der Astronomie des Theon von Smyrna eine weitere Auseinandersetzung über diese Kurven[1], welche an den Namen eines Schülers des Platon, Derkyllides, geheftet ist, von dessen mathematischen Leistungen wir sonst, meines Wissens, keine Kenntnis haben. Er bestreitet, daß die helikoidischen oder hippischen Linien die Bahnen der Planeten wiedergeben, aber das interessiert uns nicht, weil er zeigt, daß er den Zusammenhang nicht voll verstanden hat, dagegen interessiert, daß er neben diesen Kurven eine «ebene» Helix beschreibt, die nichts anders als die Sinusoide ist, deren Entstehung also auch bereits bekannt war. Daß dieser Derkyllides der erste war, der die schon bei den Pythagoreern vorhandene Meinung, daß die Welt nach einem einzigen allgemeinen Gesetz geordnet sei, als erstes und wichtigstes Prinzip an die Spitze stellte und präzise aussprach, sei nur nebenbei erwähnt.[2]

Die Kurvenforschung war in der Schule Platons auch unabhängig von der Astronomie gepflegt worden. Zunächst knüpfte Deinostratos, von dem wir direkt gar nichts erhalten haben, nach der Aussage des Pappos[3], an die Rektifikation des Kreises an. Schon Hippokrates hatte, wie wir oben (S. 109) ausführten, den Satz bewiesen, daß die Flächen der Kreise sich wie die Quadrate der Durchmesser verhalten, bei Deinostratos finden wir die Voraussetzung, daß der Flächeninhalt eines Sek-

[1] Theon, Lib. de astronomia, Martin 1849, p. 328.

[2] l. c., p. 327, cf. Zeller (Wellmann) III_1 4. Aufl. 1909, S. 632.

[3] Pappos, Coll. math. IV, prop. 26.

tors gleich dem halben Rechteck aus Bogen und Radius sei, ohne Beweis als allgemein zugestanden angenommen. Wann dieser Satz zuerst auftaucht, läßt sich nicht mehr feststellen; da Deinostratos wie von etwas Selbstverständlichem redet, ist er jedenfalls vor ihm bereits erkannt und bewiesen. Um dann also die Fläche des Kreises zu finden, ist nur nötig, den Bogen zu rektifizieren. Dies macht Deinostratos mit Hilfe der Quadratrix des Hippias. Wir haben schon (S. 119) auf die Schwierigkeiten hingewiesen, welche die Erzählung des Pappos in sich schließt, wenn wir annehmen, daß der von Pappos gegebene Beweis nicht sein Werk, sondern das des Deinostratos sei, da er den Beweis für den Flächeninhalt des Sektors auf Archimed zurückführt.

Mehr als von Deinostratos wissen wir von seinem Bruder Menaichmos zu sagen. Menaichmos wie auch Deinostratos waren sicher später Schüler Platons, nachdem sie zunächst in der mathematischen Schule des Eudoxos zu Kyzikos gebildet waren; sie stammten aus Alopekonnesos, einer Stadt der thrakischen Chersones.[1] Nicht einmal die Titel seiner Schriften sind uns bekannt; aber die spärlichen Fragmente dieses bedeutenden Mannes sind von Schmidt gesammelt und herausgegeben.[2] Proklos[3] behauptet, Menaichmos habe die Kegelschnitte gefunden, und beruft sich dafür auf das Zeugnis des Eratosthenes, welcher dieselben Μεναιχμείους τριάδας nennt. Die Namen der drei Schnitte, Parabel, Ellipse, Hyperbel, stammen von Apollonios her, wie unten gezeigt werden wird. Proklos gebraucht diese Namen häufiger, da er sich aber wie hier auf Geminus beruft, nennt er die Kegelschnitte nach der älteren Bezeichnungsweise, den Schnitt des rechtwinkligen Kegels (Parabel), den des stumpfwinkligen Kegels (Hyperbel) und ἡ τοῦ θυρεοῦ (Ellipse). Diese letztere Bezeichnung, die Schildartige, ist offenbar bei Ge-

[1] Theon, Lib. de astron., p. 59.
[2] Philologus, B. 42, p. 72, 1884.
[3] Proklos, Comm. 111.

minos die gebräuchliche gewesen, während er sie sonst wohl als den Schnitt des spitzwinkligen Kegels bezeichnet hätte. Die Schnitte sind immer senkrecht zur Seite des Kegels gedacht. Diese Kegel sind stets gerade Kreiskegel[1]; werden dieselben von einer zur Seite senkrechten Ebene geschnitten, so entstehen die drei Kurven, je nachdem die Winkelöffnung des Kegels spitz, rechtwinklig oder stumpf ist. Man dachte sich die Kegel als Resultate der Rotation eines rechtwinkligen Dreiecks um eine Kathete, war der an der Rotationsachse liegende Winkel gleich einem halben rechten, so entstand als Schnitt die Parabel, war er kleiner, so kam eben die Ellipse als Schnittfigur heraus.

Was Menaichmos selbst schon von den Kegelschnitten alles erkannt hat, läßt sich nicht ganz einwandfrei feststellen. Denn die Darstellung, welche Apollonios von den Schnitten gibt, wird sich wahrscheinlich an die Methode des Menaichmos anschließen, allein da die Ausdrucksweise bei ihm zweifellos original ist, wird auch die Form der Ableitung mehr dem Apollonios als Menaichmos angehören. Bretschneider hat im Anschluß an die Proportionsteilung im Kreise die Proportionen für die Kegelschnitte mit den Hilfsmitteln, welche Menaichmos zu Gebote standen, ausgeführt und so die Fundamentalgleichungen für Parabel, Ellipse und Hyperbel hergestellt; wir werden bei Apollonios darauf zurückkommen.

Bei einem andern Verdienst des Menaichmos sind wir in der Lage, den Text mit mehr Zuversicht als von ihm selbst herrührend zu bezeichnen. Es ist das die Lösung der Würfelverdoppelung, über welche Eutokios berichtet.[2] Daraus ergibt sich auch, was mit Sicherheit Menaichmos über die Kegelschnitte gefunden hat, da seine Lösung die Eigenschaften der Kegelschnitte benutzt. Daß wir es hier mit einer Wiederherstellung der Lösung des Menaich-

[1] Eutokios, Comm. in Apoll. (Heiberg) II, S. 168.

[2] Eutokios, Comm. in Arch. lib. de Sphaera et Cylindro (Heiberg), p. 92—99.

mos zu tun haben, abgesehen von dem Namen Parabel, Ellipse und Hyperbel, darf mit Sicherheit daraus geschlossen werden, daß der Ausgangspunkt rein platonisch ist und ganz im Sinne der platonischen Schule behandelt wird. Da diese Leistungen die vollständige Analysis und Synthesis enthalten, dürfen wir in ihnen ein typisches Beispiel sehen, wie in der Schule Platons beides gehandhabt wurde. Ich gebe darum die erste der beiden Lösungen wörtlich:

Es seien gegeben zwei Gerade Α und Ε (Fig. 8), man soll zwischen beiden zwei mittlere Proportionale

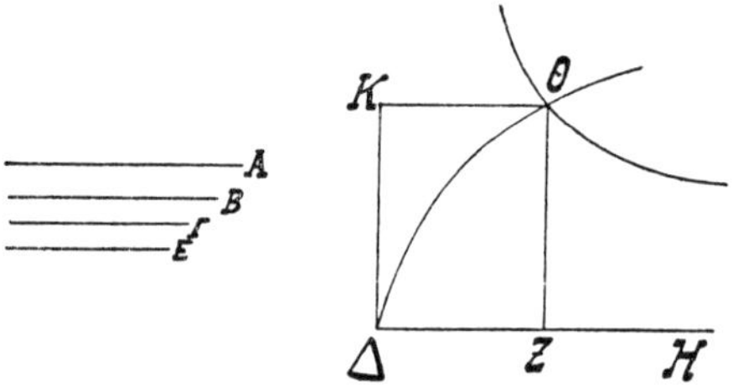

Fig. 8.

finden. Das sei geschehen und die beiden Proportionalen seien Β und Γ. Es sei nun eine im Punkt Δ begrenzte gerade Linie ΔΗ gewählt, auf welcher von Δ aus ein Stück ΔΖ = Γ abgetragen sei, senkrecht hierauf errichte man ΖΘ = Β. Da nun die drei Geraden, Α, Β und Γ in dem Verhältnis stehen, daß das Rechteck aus Α und Γ gleich dem Quadrat über Β ist, so ist Α mal ΔΖ gleich dem Quadrat über ΖΘ, d. h. Θ liegt auf einer Parabel, deren Scheitel Δ ist. Es werden nun die Parallelen ΘΚ und ΔΚ gezogen. Da nun das Rechteck Β · Γ gegeben ist, denn es ist gleich dem Rechteck Α · Ε, so ist auch das Rechteck ΚΘΖΔ gegeben. Der Punkt Θ liegt also auf einer Hyperbel mit den Asymptoten ΚΔ und ΔΖ. Daher ist Θ bestimmt, also auch Ζ.

Konstruiert wird folgendermaßen: Die beiden gegebenen Strecken sind A und E, es ist eine Gerade ΔH mit dem Endpunkt Δ der Lage nach gegeben. Man beschreibe eine Parabel durch Δ mit der Achse ΔH und dem Parameter (ὀρθία τοῦ εἴδους πλευρά) A. Die Quadrate über den auf ΔH gefällten Loten sind gleich den Rechtecken aus A und dem Abschnitt auf der Achse ΔH von Δ aus. Die Parabel sei beschrieben und sei ΔΘ, auch sei ΔK die Senkrechte. Nun werde eine Hyperbel mit den Asymptoten ΔK und ΔH beschrieben, so daß das Rechteck aus den zu KΔ und ΔZ gezogenen Parallelen gleich dem aus A und E ist. Die Hyperbel möge die Parabel in Θ schneiden und es seien die Senkrechten ΘK und ΘZ gezogen. Da das Quadrat über ΘZ gleich dem Rechteck A · ΔZ ist, so verhält sich A zu ZΘ wie ZΘ zu ZΔ, da andererseits A · E = ΘZ · ZΔ ist, so folgt: A : ZΘ = ZΔ : E, also ist A : ZΘ = ZΘ : ZΔ = ZΔ : E. Setzt man nun ΘZ = B und ΔZ = Γ, so ist A : B = B : Γ — Γ : E, also Λ, B, Γ, E bilden eine Proportion der Reihe nach. Was gefunden werden sollte.

Die zweite von Menaichmos herrührende Konstruktion für die Würfelverdoppelung benutzt zwei Parabeln; die beiden gegebenen Strecken A und E werden senkrecht zueinander mit dem gemeinsamen Endpunkt B hingelegt (Fig. 9). Man beschreibt um die Achse BE mit dem Parameter BΓ und um die Achse BΔ eine Parabel mit AB als Parameter. Die beiden Parabeln schneiden sich in

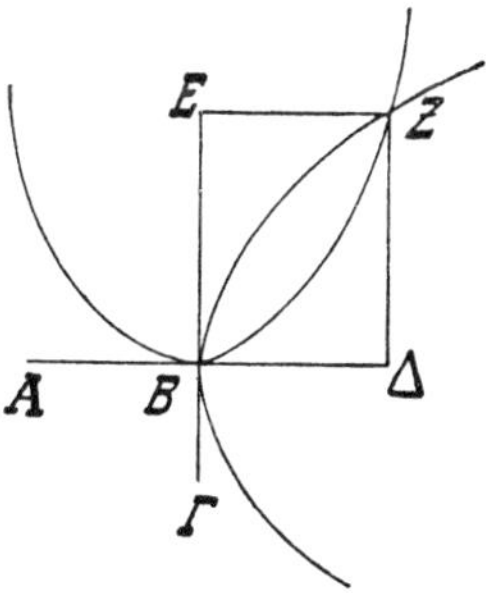

Fig. 9.

Z, die von Z gefällten Lote mögen die Fußpunkte Δ und E haben; dann ist $B\Delta^2 = \Gamma B \cdot BE$ und $BE^2 = \Delta B \cdot BA$, also $AB : EB = EB : \Delta B = \Delta B \cdot B\Gamma$. Was zu finden war. Da hier also nur die Aufgabe gestellt ist, Parabeln zu beschreiben, so fügt Eutokios hinzu, daß diese beschrieben werden «mit Hilfe des Diabetes[1], einer Vorrichtung, die von dem milesischen Mechaniker Isidor (unserm Lehrer), erfunden ist, und beschrieben wurde in seinem Kommentar zu Heros Gewölbelehre».

Diese letzte Notiz macht uns etwas stutzig. Sollte Menaichmos oder irgend jemand nach ihm nicht auch schon einen Parabelzirkel erfunden haben? Da Eutokios um 500 n. Chr. lebte, so mußte sein Lehrer Isidor etwa 800 Jahre nach Menaichmos seine Erfindung gemacht haben. Bedenken wir, daß in der alexandrinischen Schule die schwierigsten Konstruktionen mechanischer Apparate ausgeführt wurden, so fällt es mir schwer anzunehmen, daß das ganze griechische Altertum bis auf Eutokios hin keine Apparate gehabt habe, um Parabeln usw. mechanisch zu zeichnen. Es kann sich bei der Notiz also nur um eine spezielle Empfehlung der besonderen Konstruktion des Isidor handeln, welche der dankbare Schüler weitergab. Wenn auch sonst nicht direkt auf solche Apparate in der uns erhaltenen Literatur hingewiesen ist, so genügt doch die Erzählung des Plutarch[2], daß Platon die Lösung des Menaichmos in gleicher Weise wie die des Eudoxos und Archytas getadelt habe, weil sie die Würfelverdoppelung εἰς ὀργανικὰς καὶ μηχανικὰς κατασκευάς zurückführten, um uns die Annahme wahrscheinlich zu machen, daß Menaichmos selbst bereits eine Vorrichtung zum Parabelzeichnen erfunden hat. Dazu passen auch die Worte des Eratosthenes[3], daß die Konstruktion des Menaichmos, wenn auch mühsam (δυσχερῶς), doch mit der Hand ausführbar war (χειρουργῆσαι). Dann

[1] In der lateinischen Übersetzung von Jacobus Cremonensis wird die Glosse hinzugefügt: Diabetum instrumentum est simile elemento Graeco λ. Leider gibt uns diese Notiz auch keine Vorstellung, wie der Apparat eingerichtet war.

[2] Plutarch, Quaest. conv. VIII, cp. 2, 1.

[3] Eutokios, Comm. in Arch., p. 106.

beschreibt Eratosthenes sein eigenes Proportionalenlineal, wovon weiter unten die Rede sein wird, das eine leichte, mechanische Lösung biete.

Wichtiger als diese Frage ist jedoch die nach der theoretischen Bedeutung dieser Konstruktion, denn sie gibt uns eine Antwort auf die Frage, wie weit die Kenntnis der Kegelschnitte durch Menaichmos schon gefördert war. Er hatte danach zweifellos die Fundamentaleigenschaft der Parabel, welche wir heute in der Scheitelgleichung derselben $y^2 = 2px$ darstellen, vollständig erkannt und kann dieselbe aus gegebenem Scheitelpunkt, gegebener Achse und Parameter konstruieren. In bezug auf die Hyperbel verwendet er die Asymptotengleichung $xy = ab$. Ob diese Hyperbeleigenschaft durch die geometrische Verwandlungsaufgabe experimentell gefunden ist, wissen wir nicht; es wäre möglich, daß Menaichmos zunächst diese Rechtecksverwandlung gelöst und aus der konstruierten Kurve durch Vergleichung mit dem Schnitt des stumpfwinkligen Kegels die Identität der beiden Kurven geschlossen hätte. Wir können es nur vermuten, wollen wir aber einen analytischen Weg voraussetzen, so müßte Menaichmos schon sehr weitgehende Kenntnisse von der Hyperbel gehabt haben, die fast alles (mit Ausnahme der Namen) enthalten hat, was Apollonios später über die Kurve zusammenfaßte. Wie dem auch sei, jedenfalls haben wir in Menaichmos einen hervorragenden Geometer vor uns, und wir bedauern um so schmerzlicher, daß seine Werke uns nicht erhalten sind.

Neben diesen beiden originellen Forschern gehörten zur Schule Platons auch solche, deren Vorzüge wesentlich auf methodischem Gebiet lagen. Es war das eine notwendige Folge des Unterrichts, den Platon erteilte. Wer die Mathematik als ein in sich geschlossenes, sich selbst entwickelndes Gebiet des Wissens auffaßte, dem mußte natürlich alles daran liegen, aus der Betrachtung einzelner zerstreuter Probleme herauszukommen und das Gesamtwissen in eine methodische Ordnung zu bringen. Es ist darum nicht wunderbar, daß uns mehrere seiner Schüler genannt werden, die in dieser Richtung gearbeitet haben. Leider sind uns deren Lehrbücher sämtlich verloren gegangen, wohl weil die Sammlung des Euklid, aus allen schöpfend, das Beste zusammenstellte und daher die Vorgänger überflüssig machte. Wir haben in dieser Richtung schon einige Namen kennen gelernt, ich erinnere an Philippos Opuntios' arithmetisches Lehrbuch, an des Eudoxos Lehrbuch der Stereometrie, an Leons Elemente. Proklos[1] nennt uns noch drei Schüler des Platon: Theudios, Athenaios und Hermotimos, welche in dieser Richtung gearbeitet haben, Athenaios in der Geometrie, Hermotimos in der Richtung des Eudoxos und Theätet, also in der Stereometrie, und Theudios in der Gesamtwissenschaft. Von letzterem werden besonders die στοιχεῖα gerühmt, weil er viele Einzelprobleme (ὁρικῶν) in allgemeinen Zusammenhang brachte.

Neben diesen von Proklos aufgeführten Namen finden wir noch ein Mitglied der Akademie bei Pappos[2] erwähnt, Aristaios, bisweilen als der ältere charakterisiert. Wir wissen von einem jüngeren gar nichts und von diesem älteren auch nur, daß er vor Euklid gelebt haben muß. Aristaios schrieb fünf Bücher über die körperlichen Örter, worin er alles zusammenfaßte, was bis dahin über diese geometrischen Örter bekannt war. Dies Werk war ein Supplement zu einem andern über die Elemente der Kegelschnitte, welches in fünf Büchern die ganze Lehre kurz zusammengefaßt enthielt, so daß Euklid dieselben im wesentlichen seiner Darstellung zugrunde legte und nur einiges ergänzte. Aus dem vierzehnten Buche des Euklid (Satz 2), erfahren wir ferner, daß Aristaios ein Werk über die fünf regelmäßigen Körper geschrieben hat. Dies von Hypsikles verfaßte vierzehnte Buch teilt uns mit, daß der Satz: der gleiche Kreis umfaßt das Fünfeck

---

[1] Proklos, Comm., p. 67.

[2] Pappi Alex., Collect. (Hultsch) II, p. 634, 672, 676—678.

des Dodekaeders und das Dreieck des Ikosaeders, wenn beide Körper der gleichen Kugel eingeschrieben sind, von Aristaios herrührt, und in seinem Werke: Vergleichung der fünf Körper, enthalten sei.[1] Im übrigen ist noch zu bemerken, daß nach Pappos Aristaios die Kegelschnitte auch noch nach den Kegelöffnungen genannt hat, wie wir das von Menaichmos bereits wußten. Aus des Pappos Worten kann man aber nicht den Beweis entnehmen, wie Bretschneider[2] will, daß Aristaios die Namen erfunden habe, sondern nur, daß er sie noch gebrauchte, während Apollonios die moderne Bezeichnung einführte.

Es bleibt uns nur noch ein Schüler Platons übrig, der aber nicht in den Bahnen Platons wandelte, da er den hohen Sinn der Platonischen Bestrebungen nicht verstand; es ist Aristoteles. Würden wir auf die philosophische Bedeutung der Männer hier Rücksicht nehmen wollen, so würde Aristoteles nicht nur einen neuen Abschnitt, sondern eine dominierende Stellung fordern dürfen. Ganz anders liegt die Sache, wo es sich speziell um die Mathematik handelt. Hier hat er weder Einzelleistungen aufzuweisen, noch hat er bahnbrechende Ideen vertreten. Die Mathematik der Griechen würde genau dieselbe bleiben, wenn Aristoteles nie gelebt hätte. Aber sein Einfluß als Philosoph, sein Fleiß im Zusammentragen alles Wissens seiner Zeit war so groß, daß er trotzdem auch für viele Mathematiker der Folgezeit von Bedeutung geblieben ist. Ja bis in die neueste Zeit findet Aristoteles eine sehr verschiedene Beurteilung bei den Historikern. Während Görland[3] seine Arbeit mit den Worten schließt: «So wagen wir denn als Schlußwort zu sagen, daß der Metaphysiker Aristoteles nicht nur nicht ein Verhältnis zur Mathematik und ihrer philosophischen Tragweite und Tendenz gefunden oder, infolge seiner Gegnerschaft zu Platon, auch nur gesucht

[1] Euklid, Elemente (Heiberg) V, p. 6.
[2] Bretschneider, Geom. v. Euk., S. 170.
[3] Görland, Aristoteles und die Mathem., 1899, S. 211.

hat; dadurch ist die Aufgabe der Philosophie in ihrer Stellung zur Kulturgesamtheit auf Jahrhunderte hinaus kompromittiert worden», scheint Hankel[1] dem Aristoteles ganz besondere mathematische Begabung zuweisen zu wollen, wenn er in bezug auf das unendlich Kleine und unendlich Große sagt: «Doch war erst des Aristoteles scharfe Dialektik imstande, in diese Verwirrung Licht zu bringen. Er leitet die Unmöglichkeit, daß Stetiges aus unteilbaren Stücken zusammengesetzt werden könne, aus dem Begriffe des Stetigen ab.» Hier liegt offenbar ein Problem vor, welches je nach der Betrachtungsweise eine sehr verschiedenartige Lösung finden kann. In der Tat, würde Aristoteles alles, was er an mathematischen Kenntnissen anbringt, selbst gefunden haben, so wäre es immerhin möglich, ihn unter die Mathematiker zu zählen. Nun aber läßt sich bei fast allen Angaben nachweisen, daß er sie aus vorhandenen Quellen geschöpft habe. Er ist tatsächlich nur ein Sammler, wenn auch in anderem Sinne wie Plinius auf dem Gebiete der Naturforschung. Während dieser verständnislos einfach zusammenhäufte, was ihm gerade zu Ohren kam, hat Aristoteles nur aus guten Quellen geschöpft und ist, da uns jene zum großen Teil verloren sind, für die Rekonstruktion dessen, was zu der Zeit an mathematischen Kenntnissen vorhanden war, von der größten Bedeutung. Es ist darum ein sehr verdienstliches Unternehmen von Heiberg[2], alle Stellen des Aristoteles, die auf Mathematik Bezug haben, gesammelt zu haben, nicht um nachzuweisen, ein wie großer Mathematiker Aristoteles gewesen sei, sondern was man vor Euklid schon alles gewußt habe. Darum vergleicht Heiberg auch fortgesetzt die Sätze des Aristoteles mit denen Euklids. Das ist für die Frage nach der Bedeutung Euklids von wesentlichem Interesse, und für unser Urteil, daß Euklid weder in be-

[1] Hankel, Zur Gesch. der Mathem. im Altert., 1874, S. 119.
[2] Abhandl. z. Gesch. d. Math. XVIII, 1904, S. 3.

zug auf die Methode, noch in bezug auf das Tatsächliche das Original sei, für welches er noch vielfach gehalten wird, ist diese Arbeit Heibergs von bestimmendem Einfluß gewesen. Zur Beurteilung der mathematischen Leistungen des Aristoteles wäre aber nötig, daß wir seine Quellen kennten. Das ist nun nicht immer erreichbar, weil uns Leons wie Theudios Lehrbücher verloren sind. Wir müssen uns daher begnügen, für die wesentlichsten Punkte den Nachweis zu erbringen, daß er nicht aus des eigenen Kopfes Tiefe geschöpft hat. So gleich bei dem von Hankel gerühmten «Licht». Der Begriff der Stetigkeit ist Aristoteles zur Zeit seiner Zugehörigkeit zur Akademie bereits bekannt geworden. Gerade der Gegensatz zwischen dem ἄπειρον der Pythagoreer und dem ἄπειρον des Platon gibt die Erklärung für den großen Fortschritt der mathematischen Untersuchung durch die Schule Platons, wie wir oben ausgeführt haben. Schon Platon hat erkannt, daß man durch unbegrenztes Fortschreiten um πέρατα wohl zu einem Unbegrenzten fortschreiten könne, wie es die Pythagoreer wollten; daß aber das ἄπειρον als unendlich Kleines die Quelle des Begrenzten werde durch stetige Verschiebung, führte Platon zu einer, man möchte sagen, prophetischen Auffassung des Differentials. Und die Definition des Aristoteles[1], stetig sei ein Ding, wenn die Grenzen eines jeden zweier benachbarter Teile zusammenfallen, gibt nichts anderes wieder, als was Platon für den Punkt, als Erzeuger der Linie, schon gesagt hatte. Und wenn Hankel sagt: «Wir sind berechtigt, alle diese Definitionen der Platonischen Schule teilweise dem Meister selbst zuzuschreiben», so habe ich oben gezeigt, daß diese Berechtigung eine Verpflichtung ist. Auch das Methodische, was sich bei Aristoteles, freilich prägnanter ausgedrückt, findet, ist ihm in der Akademie schon entgegengetreten und in der langen Zeit seiner Zugehörigkeit zu dieser Schule so in Fleisch und

[1] Aristoteles, Phys. E. 3, 227 a.

Blut übergegangen, daß er auch nach seinem öffentlichen Bruch mit der Akademie diese Fasern wissenschaftlicher Erkenntnis in sein eigenes System verwob. Nach einigen dauerte die Zugehörigkeit des Aristoteles zur Akademie ja volle zwanzig Jahre[4], mag sich das Verhältnis zu Platon auch gelockert haben, so war Platons Geist doch zu mächtig, als daß jemand sich dauernd davon hätte emanzipieren können.

Aristoteles war geboren 384 zu Stagira, der griechischen Stadt in der thrakischen Landschaft Chalkidike als Sohn des Arztes Nikomachos, der mit dem Hofe des mazedonischen Königs Amyntas in enger Verbindung stand. Nach dem Tode seines Vaters von Proxenos aus Atarneus erzogen, wird er, 18 Jahre alt, nach Athen geschickt zum Studium und tritt nun in die Akademie ein. Bald nach Platons Tode verließ er Athen (347). Von einer Reihe Berichterstattern wird behauptet, daß er schon bei Lebzeiten Platons eine eigene Philosophenschule errichtet habe. Da seine Abreise von Athen nach Platons Tode unzweifelhaft verbürgt ist, so ist diese Gründung einer Schule sehr unwahrscheinlich. Von 347—43 lebte er in Atarneus am Hofe des Hermias und ging nach dessen Tode nach Mytilene. Von hier wurde er an den mazedonischen Königshof zur Erziehung Alexanders gerufen; 3 Jahre dauerte diese Erziehertätigkeit, die sich dann in einem Freundschaftsverhältnis fortsetzte. Beim Beginn des großen Perserzuges Alexanders begab sich Aristoteles 335 nach Athen zurück und gründete hier die Schule der Peripatetiker im Garten des Lyzeums. Gleich nach dem Tode Alexanders, Juni 323, begann in Athen die Auflehnung gegen die mazedonische Herrschaft und die Verfolgung der Freunde Alexanders. Einer Anklage auf Verletzung der Religion entzog sich Aristoteles durch die Flucht nach Euböa, wo er ein Jahr später in seinem Landhause zu Chalkis (322) im Alter von 62 Jahren starb.

---

[1] Über Aristoteles' Leben s. Zeller, Gesch. II 2, 1 ff.

Er hatte sich durch die lange Zeit seines Studiums ein umfassendes Wissen angeeignet, wozu ihm seine große, sorgsam gepflegte Bibliothek wesentliche Dienste leistete. Es gab wohl kaum ein Gebiet des Wissens, das ihm verschlossen geblieben wäre, und daher sind seine zahlreichen Schriften eine der wertvollsten Quellen für unsere Rekonstruktion des Wissens der Griechen zu jener Zeit.

In Bezug auf die Mathematik ergibt sich aus der Heibergschen Zusammenstellung eine Fülle von Einzelkenntnissen, die mit dem, was später Euklid bot, vielfach zusammenfallen. Auf die Einzelheiten einzugehen, darf ich mir wohl ersparen, da die Heibergsche Arbeit leicht zugänglich und sehr erschöpfend ist, nur auf einiges möchte ich aufmerksam machen. Zunächst ist eine große Fülle der Begriffe und Definitionen schon bei Platon nachweisbar (s. oben), in manchen Punkten aber, wo Aristoteles von Platon abweicht, ist seine Bestimmung kein Fortschritt. Wenn z. B. Aristoteles die ungerade Zahl definiert als die um eine Einheit größere als eine gerade und Euklid neben dieser «älteren» (nämlich pythagoreischen) eine andere Definition setzt: die ungerade Zahl ist eine nicht in zwei gleiche Zahlen zerlegbare (περισσὸς δὲ ὁ μὴ διαιρούμενος δίχα), von der Heiberg meint[1], sie stamme von Euklid selbst, so ist oben nachgewiesen, daß sie von Platon stammt, der zuerst die gerade Zahl als eine in zwei gleiche Zahlen zerlegbare definierte. Wenn Aristoteles ferner tadelt, daß die platonische Definition des Körpers als eines dreidimensionalen Gebildes nicht sage, was denn das sei, was die drei Dimensionen habe, so zeigt sich hier der wesentliche Mangel mathematischen Vorstellens bei Aristoteles, der nicht imstande war, das rein Räumliche ohne Stoffliches vorzustellen (cf. die lange Auseinandersetzung Phys. 209a).

Daher erklärt sich auch, daß er dem Stereometrischen fast keine Beachtung schenkt und seine Beispiele uns

[1] Heiberg, l. c. S. 10.

über die Fortführung dieses Gebietes mathematischer Erkenntnis seit Platon vollständig im Stich lassen. Dieser Mangel an wirklicher Raumanschauung ist auch wohl die Ursache, daß er das ἄπειρον, dessen hohe Bedeutung wir bei Platon erkannt haben, gar nicht versteht, sondern das «Unbegrenzte» mit dem «Unvergleichbaren» identifiziert![1] Es spielt immer das «Stoffliche» in die aristotelische Raumanschauung hinein.

Die gleiche Ursache finden wir bei den ganz unmathematischen Ausführungen über die Inkommensurabilität[2], speziell die Inkommensurabilität der Kreisperipherie und der geraden Linie. Bei ihm bildet die Inkommensurabilität qualitative Unterschiede und nicht quantitative. Er hat darum auch von den großen Fortschritten, die in der Akademie durch die Einführung der Kegelschnitte durch Menaichmos gezeitigt waren, gar keine Notiz genommen und die Bedeutung der Analysis ist ihm vollständig verborgen geblieben. Aristoteles ist ein rein deduktiv denkender Geist, der infolgedessen auch keinerlei neue Bahnen schafft, sondern nur Gegebenes deduktiv prüft. In der Mathematik ist er darum ein Problemsammler und hat scharfe Auffassung für die Zulässigkeit der Beweisführungen in deduktiver Form. Da hat er Platons Forderung, aus Axiomen zu beweisen resp. abzuleiten, klar erkannt und erheblich fortgebildet, so daß er in der Ausdrucksweise und Form der Beweise geradezu ein Muster für Euklid geworden ist. An zahlreichen Beispielen[3] weist Heiberg nach, daß Euklid die Worte und Redewendungen von Aristoteles genommen hat. Oder sollen wir ihm auch diesen Ruhm kürzen? Mag sein, daß auch dies von Aristoteles aus den Lehrbüchern der Akademie fertig übernommen wurde; wir können es nicht mehr feststellen, weil uns von diesen Büchern nichts erhalten ist. Für uns ist einstweilen noch Ari-

[1] Aristoteles, Phys. 203 a ff.
[2] Ib., 248 a—262.
[3] Heiberg, l. c. S. 18 ff.

stoteles einzige Quelle für die Formen, in welchen Beweise und Sätze ausgesprochen wurden. Nicht zweifelhaft scheint mir zu sein, daß Aristoteles die Benutzung sogenannter «gemischter Winkel» aus den Lehrbüchern übernommen hat; dies sind Winkel zwischen Bogen und Sehnen, welche er bei einigen Beweisen benutzt. Bei Euklid kommen diese Winkel nur noch sporadisch vor, und erst später verschwinden sie aus den Beweisen der Planimetrie. Dagegen scheint mir seine Definition des Kontinuierlichen von ihm selbst herzurühren[1]; das ist in der Tat ein Fortschritt. Auch das wird wohl des Aristoteles Verdienst sein, daß er den Sammelnamen μάθησις für die mathematische Wissenschaft einführt.[2] Bis dahin waren die μαθήματα noch die Wissenschaften schlechthin, wenn auch die Bezeichnung «die Mathematiker» schon in dem speziellen Sinne gebraucht worden ist. Von jetzt an aber steht die Mathesis den übrigen Wissenschaften, speziell der Philosophie, gegenüber und zerfällt in die seit Platon benannten Teile. Daß gerade Aristoteles diese Bezeichnung einbürgert, hängt mit seiner wesentlich methodisch-systematischen Begabung zusammen. Daß ihm die «fortschreitende Analysis» fehlt, bemerkte ich schon. Wie sehr ihn diese Richtung seines Geistes hindert, schaffend in die Weiterentwicklung der Mathematik einzugreifen, das hat Görland[3] unter Beibringung ausführlicher Zitate sehr eingehend erwiesen, so daß ich hier nur darauf zu verweisen brauche. Nur auf folgendes möchte ich noch aufmerksam machen, weil mir der Gegensatz auch bei Görland nicht mit voller Schärfe herausgearbeitet zu sein scheint. Es ist ein pythagoreischer Gedanke, aus dem ἄπειρον auch die sinnlich wahrnehmbare Welt geboren werden zu lassen, derselbe wird auch von den ionischen Naturphilosophen in gewisser Weise benutzt. Indem man aus «unendlich kleinen»

[1] Aristoteles, Phys. 231 b.

[2] Aristoteles, l. c. 71 a, 153 a u. a.

[3] Görland, Aristoteles und die Mathematik (1899), S. 30 ff.

Atomen die sinnlich wahrnehmbare Welt aufbauen wollte, meinte man eine Erklärung für die Welt geliefert zu haben, indem das ἄπειρον als ewig vorausgesetzt wurde, und so die Erzeugerin der Welt werden konnte. Diese «physische» Bedeutung des pythagoreischen ἄπειρον hat aber mit dem mathematischen «unendlich klein» und «unendlich groß» des Platon gar nichts zu tun. Ihm soll die kontinuierliche Bewegung des unendlich Kleinen nicht die materielle Welt, sondern die «Größe» erzeugen, die meßbare Raumgröße, und wie diese eine reale Existenz besitzt, nicht in der φύσις, sondern in der Ideenwelt, so auch das ἄπειρον. Aber Aristoteles verquickt fortgesetzt diese platonische Vorstellung mit den kosmologischen der Naturphilosophen. Aristoteles hat richtig erkannt, daß es für die Teilung einer Größe keine Grenzen gibt, daß man also das ἄπειρον sowohl durch Aneinandersetzen von Einheiten, wenn es nur unbegrenzt fortgesetzt wird, als ein unendlich Großes erreicht, wie auch durch fortgesetzte Teilung zu dem unendlich Kleinen vordringt.[1] Er leugnet also mit Recht, daß man jemals zu einem Atom durchdringen könne. Allein den Sinn, welchen Platon mit dem ἄπειρον verband, hat Aristoteles überhaupt nicht begriffen, wenn er sagt[2]: Wenn Platon auch die beiden Unbegrenzten, das unbegrenzt Große und das unbegrenzt Kleine aufstellt, so gebraucht er sie doch nicht. Denn das unbegrenzt Kleine erreicht er bei den Zahlen nicht, «da doch die Einheit das Kleinste ist», und das unbegrenzt Große hat er nicht, da er die Zahl nur bis zur Zehnzahl aufstellt. Aristoteles steckt hier ganz im Pythagoreismus, wo das «Zählbare» zum ἄπειρον führen soll, auch Aristoteles kennt nur einzelne Schritte zum Fortschreiten, aber die kontinuierliche Zunahme kennt er nicht. Er geht auch wie die Pythagoreer von der begrenzten Zahl zur Unbegrenzten durch Hinzufügen

---

[1] Aristoteles, l. c. 206 a ff.
[2] Ib., 207 a.

oder Teilen, d. h. er will von dem Begrenzten zum Unbegrenzten kommen, und darum gelingt ihm der Begriff des «Unendlichen» nicht. Er hat Platon also ganz mißverstanden, denn dieser geht den umgekehrten Weg. Obwohl also dieser ganze Abschnitt in der Physik des Aristoteles, ebenso wie die Bücher M und N der Metaphysik wesentlich gegen Platon gerichtet sind, so haben sie doch zu dem, was Platon mit dem ἄπειρον wollte, gar keine Beziehung, sondern arbeiten immer mit Anschauungen, die von den ionischen Naturphilosophen oder den Pythagoreern hergenommen sind. Es ist das Stoffliche oder das sinnlich wahrnehmbare, was immer wieder bei Aristoteles das Denken beherrscht, und wenn er auch ernstlich bemüht ist, das δυνάμει und das ἐνεργείᾳ zu unterscheiden, so kommt er doch auch im «reinen Denken» nicht zu dem unendlich Kleinen, welches durch sein «kontinuierliches» Bewegtwerden zur Erzeugerin der begrenzten Größe wird. Er gewinnt es immer nur durch Abstraktion, und da muß man ihm natürlich Recht geben, daß es physische Dinge von unbegrenzter Größe und unbegrenzter Kleinheit nicht geben kann. Der Unterschied wird wohl am klarsten dahin gefaßt, daß Platon durch mathematisches Denken das Unendliche erfaßte, während Aristoteles im metaphysischen Denken beim Unbegrenzten hängen blieb. So erklärt sich wohl, wie Aristoteles durch die Schärfe der Abstraktion und die Systematik der Begriffe auch auf die Mathematik einen Einfluß gewinnen konnte, so daß ein Euklid ohne Aristoteles kaum möglich gewesen wäre, aber andererseits erklärt sich auch, daß, sobald die aristotelische Denkrichtung maßgebend wurde, der Fortschritt der Wissenschaft gehemmt erscheint, und daß die Männer, welche neue Lehren in der Mathematik entdeckten, stets in Gegensatz zu Aristoteles gestanden haben.

In der Tat sind denn auch die mathematischen Schüler des Aristoteles nicht zu den großen Mathematikern zu rechnen, wenn sie auch sonst bedeutend genug waren. Wir nennen zunächst den Aristoxenos von Tarent.[1] Er kam zu Aristoteles schon als reifer Mann, nachdem er von dem Musiker Lampros und dem Pythagoreer Xenophilos gebildet war. Als Pythagoreer paßte er gut in den Aristotelischen Kreis, indem seine mathematischen Interessen wesentlich arithmetischer Art waren; so konnte er auch seinem großen Lehrer darin folgen, daß er den Platonischen Ideen kein Verständnis entgegenbrachte und seine Lehrsätze durch Abstraktion zu gewinnen suchte. Auch in Methode und Ausdrucksweise schloß er sich ganz an Aristoteles an. Er wird allgemein im Altertum als «der Musiker» bezeichnet. Daß die harmonische Begründung der diatonischen Tonleiter schon vor ihm von Platon gegeben war, habe ich oben (S. 151) erwähnt, aber seine Darstellung war allgemein verständlich, und so ist es nicht wunderbar, daß man ihm die Erfindung der Harmonielehre zuschrieb. Auch wird von ihm die Zusammenstellung der aus Längen und Kürzen gebildeten möglichen Versfüße gerühmt. Seine mathematischen Leistungen waren in einer Schrift περὶ ἀριθμητικῆς zusammengefaßt, von der uns einige Bruchstücke erhalten sind.[2] Wesentlich aus ihm hat Vitruv seine arithmetische Harmonielehre geschöpft.[3] Daß er das Monochord «erfunden» habe, ist nicht so aufzufassen, daß es vor ihm ein solches Instrument nicht gegeben habe; denn die fünfsaitige Lyra war lange vor ihm in Griechenland gebraucht, und daher mußten die Saitenlängen schon lange vor ihm zur Tonhöhe in Beziehung gesetzt werden, und die Angaben der Pythagoreer beweisen, daß man sich über diesen Zusammenhang längst klar war. Es konnte also nur insofern von einer Erfindung des Monochord die Rede sein, als er es zur Begründung seiner harmonischen Verhältnisse benutzte. Daß die Intervalle des Aristoxenos für Quarte und Quinte

[1] Was wir über seinen Lebensgang und seine Schriften wissen, ist vollständig zusammengetragen von Zeller, Gesch. II, 2, S. 881 ff., ebenda auch Literatur.

[2] Stob. Eclog. I, 1, 6. — [3] Vitruv, V, 4.

nicht ganz richtig sind, hat schon Ptolemaios erkannt.[1] Ebenso ist die Angabe, daß das Intervall der Oktave 6 ganze Töne umfaßte, nicht richtig, es wird um 0,027 zu groß, wenn man den großen ganzen Ton, und um 0,118 zu klein, wenn man den kleinen ganzen Ton zugrunde legt. Der Unterschied scheint Aristoxenos noch nicht bewußt geworden zu sein, aber er ist uns die beste Quelle für die Musik der Griechen.

Noch mehr als er war sein Freund und Mitschüler Dikaiarchos aus Messana in Sizilien den praktischen Impulsen Aristotelischer Philosophie ergeben, so sehr, daß er in der Psychologie wesentlich von Aristoteles abwich. Trotz oder vielleicht wegen der Begeisterung Ciceros[2] für die Philosophie des Dikaiarchos wissen wir von seinen mathematischen Leistungen sehr wenig; denn Cicero verstand von Mathematik noch weniger als andere Römer. Durch Theon[3] und Suidas wissen wir, daß er praktischer Geometer war und Höhenmessungen im Peloponnes ausführte. Es ist wahrscheinlich, daß er sich dabei eines Diopters bediente. Aber die Schrift, welche er darüber herausgab, ist uns vollständig verloren gegangen.[4]

Daß die Erforschung der Erde um diese Zeit bereits mit Erfolg in Angriff genommen wurde und gute astronomische Ortsbestimmungen ausgeführt werden konnten, also die Kenntnis von der Kugelgestalt der Erde ganz allgemein verbreitet war, beweisen die Erfolge des massilischen Geographen Pytheas, welcher um 310 bereits bis zum nördlichen Polarkreis vordrang und eine gute Beschreibung der nördlichen europäischen Länder lieferte[5]; wenn auch Strabo[6] seine Angaben, man möchte sagen:

---

[1] Ptolem. Harm. 1, 10.

[2] Cicero, Tusc. I, 31, 77; ad. Att. II, 16; XIII, 32 u. a.

[3] Theon Smyrn. (Hiller), 124.

[4] Über Leben und Schriften siehe Zeller, Gesch. II, 2, S. 889.

[5] Bessel, Über Pytheas v. Mass., Göttingen 1858. cf. Müllenhoff, Deutsch. Altertumsk. I 230.

[6] Strabo p. 63, 102, 115, 190, 201, 295 u. a.

grundsätzlich, als Lügen bezeichnet. Dieser Pytheas hat das große Verdienst, in seinem Werke περὶ τοῦ ὠκεανοῦ mit dem Gnomon die erste aus der Schattenlänge zur Zeit des Sommersolstitiums gewonnene Bestimmung der Schiefe der Ekliptik ermöglicht zu haben; sie beträgt nach seinen Messungen zu Massalia 23° 49; ist also schon recht gut. Auch scheint er die Ebbe und Flut, welche er beobachtete, zu dem Stande des Mondes in Beziehung gesetzt zu haben.

In einem sehr engen Verhältnis zu ihrem Meister haben nach allem, was uns das Altertum überliefert hat, die beiden Historiker der ersten mathematischen Periode, Eudemos und Theophrast, gestanden, und zwar war dies enge Verhältnis zu Aristoteles nicht nur ein äußeres Freundschaftsverhältnis, sondern vor allem ein wissenschaftliches. Wenn es auch sehr unwahrscheinlich ist, was uns von Eudemos berichtet wird, daß er unter Zustimmung des Aristoteles die Metaphysik desselben herausgegeben habe[1], so wird er doch als Herausgeber des posthumen, unvollendeten Werkes vermutet. Er muß also seine Blütezeit unmittelbar nach Aristoteles' Tode gehabt haben. Sonst wissen wir nur, daß er aus Rhodos stammte, wohin er auch nach Aristoteles' Tode zurückkehrte.

Von seinen zahlreichen Schriften sind nur Bruchstücke erhalten[2], daß er sich philosophisch ganz eng an seinen Lehrer anschloß, hat Zeller ausführlich belegt.[3] Uns interessieren von allen seine Arbeiten nur seine Geschichte der Mathematik, welche in die drei Bücher Γεωμετρικαὶ ἱστορίαι, Ἀριθμητικὴ ἱστορία, Ἀστρολογικαὶ ἱστορίαι zerfiel. Von dieser Geschichte haben wir zunächst das oft genannte «Mathematiker-Verzeichnis» des Proklos als einen Auszug erhalten[4], vielleicht in der Form, wie sie

[1] Asklep., Schol. in Arist. 519 b.
[2] Eudemi, Rh. fragmenta, ed. Spengel, 1870, Berlin.
[3] Zeller, Gesch. II, 2, S. 869 ff.
[4] Proklos, Comm. in Eukl. I (Friedlein), p. 64 ff.

Geminos in seiner Geschichte überliefert hat. Ferner hat Simplicius in seinem Kommentar zu Aristoteles' Physik des Eudemos Geschichte in ausgedehntester Weise bei dem Problem der Kreisquadratur benutzt. Wir haben oben (S. 107) ausführlich darüber berichtet. Neben diesen größeren Abschnitten kennen wir nur eine Anzahl kleinerer Fragmente bei verschiedenen Schriftstellern. Aber sie sind fast die einzige Quelle, aus der wir die Leistungen der älteren Mathematiker erschließen konnten, und darum ist unser Bedauern, daß diese Geschichte uns nicht erhalten blieb, so lebhaft. Aber aus allem geht hervor, daß Eudemos in keiner Richtung selbständig vorangegangen ist, sondern sich lediglich referierend verhalten hat.

Nach einigen soll Eudemos auch in seiner Geschichtschreibung nicht ganz auf eigenen Füßen gestanden haben, sondern von Theophrast abhängig gewesen sein, den er in bezug auf eine Stelle in der Physik des Aristoteles' um Rat fragte.[1] Diese Verbindung mit Theophrast soll auch darin begründet sein, daß Theophrast nach Aristoteles' Flucht aus Athen die Schule der Peripatetiker geleitet und Eudemos damals noch weiter unter Theophrasts Leitung studiert habe. Theophrast hat nun aber auch eine Geschichte der Mathematik geschrieben, die uns vollständig verloren ist. Daraus darf man wohl schließen, daß dieselbe im Altertum nicht in gleicher Würdigung stand wie die des Eudemos. Über sein Leben wissen wir, daß er etwas jünger als Aristoteles war und aus Lesbos stammte. Bei Aristoteles nahm er eine besondere Vertrauensstellung ein, so daß er die Leitung der Schule nach ihm übernahm; er soll im 85. Lebensjahre gestorben sein.[2] Er war ein sehr fruchtbarer Schriftsteller und stand ganz auf aristotelischem Standpunkt, darum finden wir auch in den uns erhaltenen Bruchstücken seiner Schriften wenig Neues. Von besonderem Wert ist sein

[1] Simplicius. Comm. in Arist. phys. 216.

[2] Diogenes Laert. V, 40.

Werk über die Pflanzen und die Tiere. In mathematischer Richtung ist nur hervorzuheben, daß er den Raumbegriff[1] besser verstand als Aristoteles, er wollte ihn aus der Anordnung und Lage der Körper gegeneinander ableiten und ließ die Körper im Raume sein, während Aristoteles sie durch den Raum begrenzen wollte. Für die kosmologische Frage stand er ganz auf Aristoteles' metaphysischen Anschauungen. Wir finden darin keinen Fortschritt.

Hoppe 100. Zehn Bemerkungen zu *Mathematik und Astronomie im klassischen Altertum* (erster Teil, I - VII)

Edmund Hoppe (1854-1928) begann seine Karriere als Eduard Riekes Assistent in Göttingen, also als Experimentalphysiker. Er wandte sich früh der Wissenschaftsgeschichte zu, war vierzig Jahre Gymnasialprofessor in Hamburg und ab 1919, in seinem Ruhestand, Dozent für Geschichte der Naturwissenschaften an der Universität Göttingen. Vor allem durch seine *Geschichte der Physik* (erschienen 1926 in Braunschweig) ist er bekannt geworden. Kritiker hoben damals lobend seine erstaunliche Kenntnis der Primärquellen hervor, die ihn nicht selten zu Abweichungen von gängigen Lehrmeinungen führte.

Zu Hoppe: F. Klemm, „Hoppe, Edmund", in Neue Deutsche Biographie 9 (1972), S. 617f. – L. Rosenfeld, „Edmund Hoppe", in Isis 13.1 (1929/30), S. 45-50.

Kann man nach einem Jahrhundert Hoppes Darstellung der *Mathematik und Astronomie im Klassischen Altertum* noch mit Gewinn lesen? Dieses Buch Hoppes ist nie sehr verbreitet gewesen. Zum einen haben die größeren Namen sowohl seiner Vorgänger (Moritz Cantor, Max Simon, Paul Tannéry, Hieronymus G. Zeuthen) wie vor allem seiner Nachfolger (Johan L. Heiberg, Sir Thomas Heath, Bartel L. van der

Waerden, Otto Neugebauer, Oskar Becker) ihn in den Hintergrund gedrängt. Zum anderen ist die antike Mathematik nie ein Feld gewesen, das die breite akademische Öffentlichkeit so sehr beschäftigte, dass es fast ein Dutzend Handbücher gebraucht hätte. Überhaupt rückt die antike Mathematikgeschichte erst in den letzten Jahrzehnten in das Interesse vergleichender wissenschaftsgeschichtlicher Diskurse. Die geringe Verbreitung des Buches hat also mit dem Gegenstand und mit der Stellung Hoppes, nicht etwa mit der Qualität von Hoppes Ausführungen zu tun.

Hoppe hat sich mit dem Selbstbewusstsein des Außenseiters kaum um die damalige Sekundärliteratur gekümmert, vielmehr eine Gesamtdarstellung vor allem der griechischen Mathematik, nebst ‚Vorgeschichte', gegeben, gespickt mit den Originalzitaten, die im Gegensatz zu Forschungsbeiträgen nicht veralten. Aus heutiger Perspektive hellsichtig fragt Hoppe auch nach dem Einfluss der ägyptischen und babylonischen auf die griechische Mathematik. Hoppe hat außerdem einen recht integrativen Begriff von ‚Mathematik' zu Grunde gelegt. Astronomie gehört für ihn ursächlich mit dazu, genauso Philosophie, die Mathematisches berührt, vor allem die der Pythagoreer und der Platoniker. Vor allem aber beschränkt er seine Darstellung nicht auf die prominenten Vertreter der griechischen Mathematik wie Euklid und Archimedes, sondern erklärt auch z. B. mathematische

Argumente des Eratosthenes, Kallippos, Diokles, Zenodoros oder Menelaos, die heute nur noch Fachleuten bekannt sind. Für Hoppe hört das ‚klassische Altertum' erst mit der Eroberung Alexandrias durch die Araber im 7. Jh. n.Chr. auf. So kommen auch spätantike Mathematiker, vor allem Pappos, zu ihrem Recht. Welche moderne Mathematikgeschichte erwähnt Heraklit, Simplikios oder Cassiodor? Kein heute verbreitetes Handbuch zur griechischen Mathematik hat Hoppes umfassende Perspektive. Zwar ist Hoppe heute in vielen sachlichen Punkten, wie einzelnen Interpretations- oder Datierungsfragen oder der Einschätzung antiker biographischer Informationen, überholt. In manchen Bereichen hat sich außerdem die Quellenlage dramatisch verbessert, vor allem in der babylonischen Astronomie und Mathematik, vereinzelt betrifft das auch Neufunde oder Neulesungen griechischer mathematischer Texte. Zu so gut wie allen mathematischen Textgruppen und Autoren hat sich in den letzten hundert Jahren ein gewaltiger Berg von Sekundärliteratur angehäuft (dazu bieten die unten aufgeführten Handbücher die nötigen Informationen). Am auffälligsten sind Hoppes Beschränkungen, wenn sie die Forschungskultur seiner Zeit wiederspiegeln. Das betrifft etwa die Problematik narrativer Geschichtsschreibung, insbesondere der Mathematik, die Einschätzung der Griechen im Vergleich mit nahöstlichen Kulturen oder den Römern, das Vertrauen auf die antike Biographie, oder die Blindheit für das Praktische. Es ist diese letzte Gruppe von Problemen, die den heutigen Leser Hoppes vor allem irritieren; auf sie beziehen sich in der Hauptsache die im Folgenden gegebenen Bemerkungen. Diese sind nicht als Korrekturen zu verstehen, sondern als Annäherungen daran, wie Hoppe heute wohl über dasselbe Thema schreiben würde.

Einführendes zur griechischen Mathematik und Astronomie: S. Cuomo, Ancient Mathematics, London 2001 – J. Evans, The History and Practice of Ancient Astronomy, New York 1998 – R. Netz, The Shaping of Deduction in Greek Mathematics: A Study in Cognitive History, Cambridge 1999 – R. Netz, Ludic Proof. Greek Mathematics and the Alexandrian Aesthetic, Cambridge 2009 – H.-J. Waschkies, „Mathematische Schriftsteller", in H. Flashar (Hg.), Grundriss der Geschichte der Philosophie. Die Philosophie der Antike, Bd. 2.1, Basel 1998, 365-453.

I. ‚Die' Mathematik und ihre Geschichtsschreibung

Hoppe präsentiert die Geschichte der Mathematik im Wesentlichen als eine eindimensionale und lineare Fortschrittserzählung, deren Kontinuität auf persönlicher Kommunikation beruht, die irgendwann im Nahen Osten mit bescheidenen Errungenschaften beginnt, bei den Griechen gewaltig an Dynamik gewinnt, um dann, nach einer längeren Phase der Stagnation (Hoppe nennt den Zeitraum 100 v. Chr. - 1700 n. Chr., S. 1), in der Neuzeit weiter zu verlaufen und stetig weiter in Moderne und Gegenwart zu führen. Hoppes Perspektive ist gewissermaßen ‚intern': Für ihn ist die griechische Mathematik die „Quelle unserer gegenwärtigen Mathematik" (S. 1), aus deren Perspektive er schreibt. Kopernikus knüpft an Aristarch an, Galilei an Heron, Kepler an Platon, Leibniz an Archimedes (S. 4 und 161). Nur deshalb ist die antike Mathematik überhaupt von Interesse für Hoppe und seine Leser, in geradezu prä-positivistischer Weise. Strukturell identisch schreibt Hoppe seine *Geschichte der Physik* (siehe die Kritik von Schimank). Ein Zitat aus der Besprechung der alexandrinischen Mathematik verdeutlicht die Eigentümlichkeit dieser Konstruktion (S. 211):

> Diese ersten zwei Jahrhunderte der alexandrinischen Schule bilden die Glanzzeit griechischer Mathematik [...]. In der Geschichte der Mathematik gibt es nur noch einen Abschnitt von ca. 200 Jahren, der an Fruchtbarkeit sich mit jenem messen, ja ihn überwinden kann, das ist das Zeitalter von Kepler bis Gauß. Da reifen die Ideen, welche sich keimförmig in der alexandrinischen Schule finden, aus zu der vollen Frucht, und so kann man den Anfang der Periode von 1600 bis 1850 direkt an das Ende jener griechischen Glanzzeit anknüpfen und findet kaum eine Lücke in dem inneren Zusammenhang.

Der „innere Zusammenhang“ hat offenbar mit den jeweiligen historischen Kontexten nichts zu tun. Hoppe setzt eine ahistorische Mathematik voraus, die immer schon existierte, aber erst nach und nach entdeckt wird, mit anderen Worten, eine platonische Konzeption der Mathematik als Wissen von transzendentalen Wahrheiten, die man nur auffinden, nicht aber selbst herstellen kann. Das entspricht der Perspektive der griechischen Mathematik (der Mathematiker ‚findet‘ Theoreme und Beweise, die auch ohne ihn existieren) und auch noch der modernen bis in die jüngste Vergangenheit. Noch heute ist unter Mathematikern die Diskussion um platonische und anti-platonische Sichtweisen der Mathematik lebhaft. Beide Positionen bieten Schwierigkeiten (siehe die Beiträge Mazurs und Balaguers, dazu das brilliante Buch von Heintz). Für Disziplinen wie die Anthropologie, Soziologie und Ethnologie, die Außenseiterperspektiven auf die Mathematik der jeweils betrachteten Gesellschaften einnehmen, ist die gleichzeitige Existenz vieler ‚Ethnomathematiken‘ kein Problem. Diese sieht man jeweils als kulturell spezifische Praktiken oder Institutionen zur Lösung bestimmter Aufgaben an. Solche Ethnomathematiken sind letztlich nur im Rahmen dieser Gesellschaften genau zu beschreiben. Obwohl eine solche Position nicht die Frage nach dem epistemologischen Status ‚der‘ Mathematik und der subjektiven Entdeckungserfahrung des Mathematikers beantwortet, macht sie es doch immerhin unmöglich, alle mathematischen Praktiken der Geschichte als verschiedene Grade der Annäherung an die ‚Wahrheit' zu verstehen und also in eine eindimensionale Entwicklungsgeschichte einzuordnen. Hoppe ist in der Sache Platoniker und schreibt dementsprechend eine letztlich teleologisch konzipierte Mathematikgeschichte, für die „der Fortschritt der Mathematik in sich selbst begründet" ist (S. 206), wenn auch kontingente äußere Einflüsse hinzutreten.

Diese Art der teleologischen Betrachtung der Kulturgeschichte begegnet uns zuerst bei Aristoteles, z. B. in seiner Darstellung, wie ‚die' Philosophie oder die Tragödie sich entwickelt haben (*Metaph.* A 10, 993 a 15-18; *Poet.* 4, 1449 a 13-15); der etwas jüngere Peripatetiker Eudemos hat sie auf die Mathematik übertragen (siehe Zhmud). In Proklos' Kommentar zu Euklid findet man ein kurzes Exzerpt dieser Arbeit des Eudemos, für uns die älteste griechische Mathematikgeschichte (erwähnt von Hoppe S. 61). Sie zeigt im Grunde genau dieselben Merkmale wie Hoppes Unternehmen. Mit anderen Worten, Hoppe hat die wesentlichen Parameter seiner Untersuchung von seinem Gegenstand übernommen.

Diese platonisch-teleologische Perspektive mag der geschichtlichen Wirklichkeit nicht immer (vielleicht sogar: nur selten) gerecht werden. Sie hat aber den Vorteil, dass sie die Aufgabe des Geschichtsschreibers der Mathematik einfacher macht: Wenn nämlich diese Geschichte teleologisch organisiert ist, kann sie eindimensional sein. Als solche ist sie mit bewährten narrativen Modellen bequem zu erzählen, meist nach dem Schema ‚Aufstieg und Niedergang', das Geschichte wie das Leben eines Organismus betrachtet. Revolutionen, d. h. Paradigmenwechsel, die das gesamte System umkehren, kommen in dieser Erzählung nicht vor. Wenn es um die Entdeckung ahistorischer ‚Wahrheiten' geht, können ihre Akteure über die Grenzen von Epochen und Kulturen miteinander kommunizieren, gewissermaßen ohne Reibungsverlust. Wenn die Gegenstände des Wissens, dessen Entwicklung betrachtet wird, transzendental sind, lässt es sich weitgehend von seinem kulturellen Kontext ablösen. Moderne Theoretiker der Geschichtsschreibung würden alle diese Bedingungen (Teleologie, ‚Wahrheit', Transzendenz) nicht als gegeben ansehen (siehe etwa Munslow), moderne Mathematiker allerdings sehr wohl, wenigstens in der Praxis (‚Bourbaki' spricht von einem ‚Alltags-Platonismus' des professionellen Mathematikers). Ob die Mathematikgeschichte ‚Revolutionen' aufweist, ob Kuhns berühmte Analyse der Geschichte der Naturwissenschaften als Kette von Revolutionen und Paradigmen auch auf die Mathematik zutrifft, auch darüber besteht keine Einigkeit (Gillies). Hoppe ist in seinem Glauben an einen umfassenden mathematischen Fortschritt als Historiograph der Mathematik also nicht an sich veraltet, ihm fehlt lediglich das Bewusstsein einer Alternative. Naturgemäß wird eine solche Perspektive als ideologische Konstruktion kritisiert von Fachleuten anderer mathematischer Strömungen, die sich von ihr marginalisiert fühlen müssen (siehe etwa Imhausen und Ritter, zitiert zu II.).

Was immer der epistemologische Status ‚der' Mathematik ist, Mathematik hat auf jeden Fall *einen* ganz unplatonischen Aspekt: die jeweilige kulturelle Praxis der professionellen Mathematiker, babylonisch, griechisch oder auch modern. Diesen Aspekt hat Hoppe, auch darin nicht nur der platonisierenden Tendenz der meisten antiken Quellen, sondern auch der modernen Standardperspektive entsprechend, zeitgemäß gar nicht berücksichtigt (siehe dazu unten V.). Für Hoppe als Platoniker existiert Mathematik im eigentlichen Sinne nur als Theorie.

Zum Wesen der Mathematik und ihrer Geschichtsschreibung: M. Balaguer, Platonism and Anti-Platonism in Mathematics, New York 1998 – J. W. Dauben & Ch. J. Scriba (Hg.), Writing the History of Mathematics. Its Historical Development, Basel 2002 – D. Gillies (Hg.), Revolutions in Mathematics, Oxford 1995, darin vor allem die gegensätzlichen Positionen von M. Crowe (15-20) und J. Dauben (49-82) – B. Heintz, Die Innenwelt der Mathematik. Zur Kultur und Praxis einer beweisenden Disziplin, Wien 2000 – Th. S. Kuhn, The Structure of Scientific Revolutions, 3. Aufl., Chicago 1996 – B. Mazur, „Mathematical Platonism and Its Opposites“, in European Mathematical Newsletter, June 2008, S. 19-21 – A. Munslow, Narrative and History, New York 2007 – H. Schimank, „Edmund Hoppe oder über Inhalt, Sinn und Verfahren einer Geschichtsschreibung der Physik“, in Archiv für Geschichte der Mathematik, der Naturwissenschaften und der Technik N. S. 2 = 11 (1928/29), S. 345-351 – L. Zhmud, The Origin of the History of Science in Classical Antiquity, Berlin 2006.

II. Die ägyptisch-babylonische Mathematik

In Hoppes Zeit fällt die Publikation der ersten größeren Funde babylonischer und ägyptischer Mathematik; in großem Stil erforscht freilich wird vor allem die erste erst seit den 30er Jahren. Aufgrund der großen Zahl von Quellentexten ist die Mathematikgeschichte auch heute noch ein florierender Zweig der Altorientalistik. Hoppe kommt zu dem Schluss, dass die griechische Mathematik, oder besser: einzelne griechische Mathematiker wie etwa Thales, von der ägyptischen und diese von der babylonischen Mathematik beeinflusst sei (S. 35). Wie es seiner Fortschrittsperspektive entspricht, wird die babylonisch-ägyptische Mathematik dadurch zu einer ‚Vorgeschichte‘ der griechischen. Diese mathematischen Traditionen Ägyptens und Mesopotamiens sind einander, bei vielen Unterschieden im Einzelnen, besonders ähnlich, wenn man sie der griechischen Mathematik gegenüber stellt, von der sie in wesentlichen Zügen gemeinsam abweichen. Heutige Mathematikhistoriker behandeln die beiden Traditionen, die griechische auf der einen, die ägyptisch-babylonische auf der anderen Seite, deshalb in der Regel als kontrastierende Wissensformen (doch siehe V.).

Die babylonische und die ägyptische Mathematik sind Wissenstraditionen, die im Rahmen der Administration und ökonomischen Organisation von komplexen Gemeinwesen entstanden sind. Dieses Wissen ist in Mesopotamien seit dem 3. Jt. v.Chr. greifbar und läßt sich, mehr oder weniger ungebrochen, bis mindestens in die Seleukidenzeit verfolgen. Derartige Verwaltungsaufgaben lagen in beiden Kulturen in der Hand von sorgfältig ausgebildeten Spezialisten, den Schreibern. Die mathematischen Verfahren, die z. B. dazu notwendig sind, um Feldgrößen und Erträge zu berechnen, Steueraufkommen zu schätzen, den Erdaushub für ein größeres Bauunternehmen in Beziehung zu setzen zu den benötigten Rationen für eine große Zahl von Arbeitern, usw., wurden in den Schreiberschulen gesammelt, ständig verbessert, abstrahiert und an die nächste Schreibergeneration weitergegeben. Dies geschah in der Form von beispielhaften Aufgaben, die, mehrfach variiert, die entsprechenden Verfahren illustrierten. Man kann in den meisten Fällen von Algorithmen sprechen, d. h. einer Serie von präzisen Schritten, die, korrekt durchgeführt, ein bestimmtes Problem lösen. Solcher Art sind die Texte (neben Listen von Koeffizienten), die auf Tausenden von Lehmtafeln bzw. im Falle Ägyptens auf vielen Papyri überlebt haben. Sie sind in der Praxis zweifellos von mündlicher Unterweisung ergänzt worden, deren kontextuelle Informationen uns heute fehlen. In diesen Texten fehlt jeder Diskurs zweiter Ordnung: Wir vermissen allgemeine Sätze, Methodendiskussionen und Beweise. Derartiges ist für den sozialen Kontext dieser mathematischen Tradition allerdings auch irrelevant gewesen: Was zählt, ist die Vermittlung bewährter Problemlösung. Diese Mathematik ist wie die spätere griechische ‚rhetorisch' in dem Sinne, dass sie auf Sprache basiert und keine Symbole kennt. Anders als die spätere griechische ist sie sehr stark auf Rechenmethoden konzentriert, die mit Hilfe numerischer Beispiele illustriert, aber nicht in der Form allgemeiner Sätze dargestellt werden, etwa unter Zuhilfenahme von Variablen oder dem typisch griechischen Diagramm mit Buchstaben. Den Schreibern kam es primär auf die Kodifikation bewährter Verfahren an. ‚Theorie' findet man in diesen Texten nur indirekt, nämlich z. B. in der Form von Rechenproblemen, die mit unmöglich großen Zahlen arbeiten. Daneben entwickelt sich in Assyrien seit dem 1. Jt. v.Chr. eine mathematische Astronomie, die, auf umfangreichen Beobachtungsdaten fußend, das Eintreten bestimmter

Konstellationen und Sonnen- oder Mondfinsternisse berechnen konnte. Während diese mathematischen Praktiken in der modernen Astronomiegeschichte traditionell mit den späteren griechischen mathematischen und astronomischen Theorien verglichen und in der Regel als ‚vor-wissenschaftlich' oder ‚vor-theoretisch' abqualifiziert wurden, hat die Forschung sich in den letzten Jahrzehnten darauf konzentriert, diese Texte *sui generis* zu verstehen, ihre spezifische Rationalität zu rekonstruieren und sie nicht aus einer von der griechischen theoretischen Mathematik dominierten Perspektive zu beurteilen (was Hoppe übrigens auch weitgehend vermeidet).

Zwischen Ägypten, Griechenland und dem Nahen Osten bestanden seit dem 2. Jt. v.Chr. rege kulturelle Kontakte, die sich im 1. Jt. intensivierten. Im Falle der Astronomie kann man ab der 2. Hälfte des 1. Jt. konkrete Fälle des Wissensaustauschs wahrscheinlich machen, für den Astronomen Hipparchos sind sie im 2. vorchr. Jh. belegt (Hoppe S. 327 ff.). Was die Mathematik betrifft, so muss es die mathematische Lösung ökonomischer Administrationsprobleme auch in Griechenland gegeben haben. Die Stellung der typisch griechischen Geometrie zur ägyptisch-mesopotamischen Verfahrensmathematik ist aber unklar (siehe V.).

Zur ägyptisch-babylonischen Mathematik und Astronomie: J. Høyrup, „Changing Trends in the Historiography of Mesopotamian Mathematics. An Insider's View", in History of Science 34 (1996), S. 1-32 – J. Høyrup, Lengths, Widths, Surfaces. A Portrait of Old Babylonian Algebra and Its Kin, New York 2002 – A. Imhausen, „Egyptian Mathematical Texts and Their Contexts", Science in Context 16 (2003), S. 367-389 – A. Imhausen, „Traditions and Myths in the Historiography of Egyptian Mathematics", in E. Robson & J. Stedall (Hg.), The Oxford Handbook of the History of Mathematics, Oxford 2009, 781-800 – J. Ritter, Jedem seine Wahrheit. Die Mathematiken in Ägypten und Mesopotamien", in M. Serres (Hg.), Elemente einer Geschichte der Wissenschaften, Frankfurt a. M. 1998, S. 73-107 – E. Robson, Mathematics in Ancient Iraq: A Social History, Princeton 2008.

III. Mentalitäten, ‚Wissenschaft', Mathematik

Was heute als typisch griechische Mathematik gilt, ist meist eine Form der Geometrie, die mit abstrakten Begriffen, allgemeinen Sätzen und axiomatisch-deduktiven Beweisen arbeitet. Diese Form der Mathematik entsteht für den modernen Betrachter fast aus dem Nichts, irgendwann im späten 5. Jh. v.Chr. Sie erreicht ihren formalen Höhepunkt im 3. Jh., in den Werken des Euklid, des Archimedes und des Apollonios von Perge. Dieser Diskurs wirkt auf uns nicht nur sehr modern, sondern ist auch absolut singulär unter allen Formen und Traditionen mathematischen Wissens, die wir kennen. Seine Effektivität und die beherrschende Stellung Euklids im modernen Mathematikunterricht haben dazu geführt, dass diese Formen der Argumentation die moderne Mathematik prägend beeinflusst haben.

Warum hat sich eine solche Kultur des Beweises bei den Griechen entwickelt und nicht in den viel älteren mathematischen Traditionen anderer Kulturen? Naheliegend ist es, hier, wie oben geschehen, die unmittelbaren Nachbarn im Osten und Süden zu betrachten. Trotzdem kann derselbe Vergleich mit denselben Ergebnissen auch mit den älteren indischen und chinesischen Kulturen angestellt werden. Eine ganz ähnliche Differenz lässt sich feststellen, wenn man die Entstehung der philosophischen Logik oder die Argumente früher Mediziner betrachtet: Nur im Griechenland des 6.-5. Jh. v.Chr. gibt es eine starke Tendenz zur Aufstellung falsifizierbarer Thesen, die sich auf eine allgemeine Begrifflichkeit stützen und die Formen des deduktiven Beweises ausbildet, die darüber hinaus wiederum Gegenstand einer Meta-Diskussion werden.

Wie soll man nun diese Sonderstellung Griechenlands erklären, einer provinziellen und im Vergleich zu den relevanten Vergleichskulturen armen Region? Spezifischer, d. h. als Leser Hoppes, gefragt: Wie kommt es zum unter den ‚Ethnomathematiken' singulären und so modern anmutenden Charakter der griechischen Mathematik? Bis vor kurzem konnte man einfach vom ‚griechischen Wunder' reden, womit man der Frage eigentlich auswich. Lange Zeit war der Rekurs auf den ‚griechischen Geist' oder die ‚griechische Mentalität' populär, die eben Singuläres hervorbrachten. Das ist auch die Konstruktion, der sich Hoppe implizit anschließt. Im kulturellen Vergleich, vor allem mit den nahöstlichen Kulturen, wird daraus schnell eine rassistische Perspektive, die die vermeintlichen griechischen und ‚orientalischen' Mentalitäten gegeneinander ausspielt und übrigens auch bereits auf griechisches Selbstverständnis zurückgeht, etwa bei Herodot. Spätere Historiker haben andere Erklärungen bemüht: die Struktur der griechischen Sprache, die angeblich zu Abstrakta neige; das Münzgeld, das seine Besitzer quasi zu Abstraktionen zwinge; das Alphabet, das die Kommunikation ausweite und der kritischen Prüfung unterwerfe; die griechische Polis mit ihrer Debattenkultur und ihren teilverschrifteten Rechtssystemen, die bestimmte Argumentationsformen ausgebildet haben. Am populärsten ist unter den Historikern derzeit die letzte Erklärungsform, obgleich auch diese letztlich nicht befriedigt (denn sowohl kleine Stadtstaaten wie auch Gesetzesinschriften gibt es etwa auch in der phönizischen Kultur). Das letzte Argument, das in der politischen Organisation die entscheidende Differenz erblickt, verbindet, in etwas vergröberter Form, direkt ‚Demokratie' mit ‚Wissenschaft' und ließ sich daher vor allem im Kalten Krieg hervorragend instrumentalisieren.

Hoppe scheint zeittypisch der Mentalitätshypothese zuzuneigen, letztlich wohl in einer kolonialistischen Spielart. So kontrastiert er z.B. in seinen Ausführungen über Alexandria (S. 208) „orientalische Ruhe“ mit „griechischer Lebhaftigkeit und Arbeitslust“ oder (S. 210f.) babylonisches, indisches, ägyptisches Wissen mit „dem griechischen Geist“, der „Probleme allgemein und wissenschaftlich anfasst“. In seiner Diskussion des mathematischen Astronomen Eudoxos stellt er einerseits fest, dass er aus Ägypten Daten astronomischer Beobachtungen mitgebracht habe, betont aber, dass seine Theorien „rein griechisch“ seien (S. 175).

Alle diese Erklärungsversuche kranken daran, dass sie bereits auf orientalistischen Prämissen (dazu Said) beruhen. Genaue Untersuchungen zeigen in der Regel, dass sich alle diese Faktoren auch in außergriechischen Kulturen nachweisen lassen, ohne dass dort eine entsprechende Entwicklung stattgefunden hätte. Früheren Generationen und so auch Hoppe muss man allerdings einräumen, dass man auch heute noch nicht erklären kann, was ihnen nicht einmal zweifelhaft war. Das eigentliche Problem liegt vermutlich im Begriff der ‚Wissenschaft‘, der sich als kulturübergreifende Kategorie wenig eignet (eher wäre an ‚rational practice‘ zu denken, eine Prägung Jim Ritters).

Zu den Entstehungsbedingungen von ‚Wissenschaft': M. Asper, „Law and Logic. Towards an Archaeology of Greek Abstract Reason", in AION. Annali dell'università degli studi di Napoli „L'Orientale" 26 (2004), S. 73-94 – A. & J. Assmann, „Schrift, Tradition und Kultur", in: W. Raible (Hg.), Zwischen Festtag und Alltag, Tübingen 1988, S. 25-49 – M. T. Larsen, „The Mesopotamian Lukewarm Mind. Reflections on Science, Divination and Literacy", in F. Rochberg-Halton (Hg.), Language, Literature, and History. Philological and Historical Studies Presented to E. Reiner, New Haven, CT 1987, S. 203-225 – G. E. R. Lloyd, Demystifying Mentalities, Cambridge 1990 – D. Papenfuß & V. M. Strocka (Hg.), Gab es das Griechische Wunder? Griechenland zwischen dem Ende des 6. und der Mitte des 5. Jahrhunderts v.Chr., Mainz 2001 – J. Ritter, „Science and Reason in Ancient Mesopotamia", in X. Faivre et al. (Hg.), Et il y eut un esprit dans l'Homme. Jean Bottéro et la Mésopotamie, Paris 2009, S. 83-103 – E. Robson, „Influence, Ignorance, or Indifference? Rethinking the Relationship between Babylonian and Greek Mathematics", in Bulletin of the British Society for the History of Mathematics 4 (2005), 1-17 – E. W. Said, Orientalismus, Frankfurt a. M. 2009 – A. Zaicev, Das griechische Wunder. Die Entstehung der griechischen Zivilisation, Konstanz 1993.

IV. Die Quellen der griechischen Mathematik und Astronomie

Hoppe beschreibt in der Hauptsache einen Diskurs, der sich etwa von 500 v. Chr. bis 500 n. Chr. abgespielt hat, d. h. in einer uns fremden Kultur und einer uns unzugänglichen Vergangenheit. Woher kennen wir eigentlich die griechische Mathematik? Was ist das Material, aus dem man eine Geschichte der griechischen Mathematik rekonstruieren könnte?

Von den Texten der großen griechischen Mathematiker existieren keine Autographen. Die modernen Ausgaben basieren auf Hunderten mittelalterlicher Handschriften, die über viele Zwischenversionen, die von professionellen (Ab-)Schreibern hergestellt wurden, auf die Originaltexte der jeweiligen Mathematiker zurückgehen. Die frühesten erhaltenen Handschriften allerdings stammen in der Regel aus dem 9.-10. Jh. n.Chr.; ihre Vorlagen sind verloren. Beim Kopieren schwieriger Texte von Hand entstehen Fehler, die im Nachhinein oft nur vermutungsweise zu korrigieren sind. Diese Quellengruppe führt uns also nur auf ca. 1 000 Jahre an die Originale heran. Für manche Autoren wie Euklid existieren auch ältere nicht-griechische Übersetzungen, z. B. Fragmente einer lateinischen Übersetzung, für Euklid und Apollonios eine relativ breite arabische Überlieferung. Insofern diese Übersetzungen als Zeugnis für ihnen zugrunde liegende griechische Vorlagen brauchbar sind, geben sie Anhaltspunkte für die griechische Texttradition vor den ältesten erhaltenen griechischen Manuskripten. Besonders heikel ist im Falle der Mathematik die Überlieferung von Diagrammen, die von der Überlieferungsgeschichte in der Regel als Nebensache behandelt wurden. Aus Ägypten sind größere Mengen mathematischer und astronomischer Papyri (und gelegentlicher Ostraka) erhalten, die direkten Einblick in die mathematisch-astronomische Textproduktion geben. Überwiegend handelt es sich dabei allerdings um Texte der praktischen Mathematik und Astronomie (siehe V.). Von den großen Mathematikern gibt es so gut wie keine Papyri. Das bedeutet, dass der Textbestand, auf den wir heute zurückgreifen können, auf spätantiken und frühmittelalterlichen Auswahlvorgängen beruht, deren Kriterien wir nicht genau kennen.

Soweit zum Textbestand. Mathematische und astronomische Texte sagen wenig über ihren Kontext, geschweige denn über ihre Verfasser. In einigen Fällen, vor allem bei Archimedes und Apollonios, gibt es immerhin kurze Einleitungsbriefe, aus denen man einige Informationen über den historischen Kontext ziehen kann. Für Weiteres ist man auf Zeugnisse angewiesen, die aus der antiken Sekundärliteratur stammen, von der wir wiederum nur einen kleinen Teil besitzen. Diese Sekundärliteratur besteht einerseits aus Kommentaren. Kommentatoren etwa des Aristoteles, vor allem Simplikios (6. Jh. n.Chr.), zitieren dort, wo Aristoteles etwas Mathematisches erwähnt, aus mathematischer Literatur, die uns verloren ist. Besonders wichtig ist diese Quelle für die vorsokratische und die voreuklidische Mathematik. Daneben gibt es eine beschränkte Zahl erhaltener Kommentare zu mathematischen Werken selbst. Die wichtigsten Beispiele sind der Kommentar des Proklos (5. Jh. n. Chr.) zum ersten Buch der euklidischen *Elemente* sowie die Kommentare des Eutokios (6. Jh.) zu einigen Werken des Archimedes und des Apollonios. Obwohl 700 Jahre von ihren Zielautoren entfernt, überliefern beide doch eine Fülle historischen, vor allem prosopographischen und problemgeschichtlichen Wissens über viele Akteure der griechischen theoretischen Mathematik, deren Texte ihnen offenbar noch zugänglich waren. Dasselbe gilt für die sog. *Synagoge* (etwa: ‚Sammlung') des Pappos (4. Jh. n.Chr.), gewissermaßen der Hoppe der Spätantike, die in darstellender Form alles zusammenstellt, was ihm an der vor ihm liegenden griechischen Mathematik noch wissenswert zu sein scheint. Für uns ist er vor allem für die Mathematik nach dem 3. Jh. v.Chr. oft die einzige Quelle. Alle diese doxographischen Texte sind primär problemgeschichtlich orientiert.

Daneben hat es auch eine biographisch-anekdotische Tradition gegeben, allerdings ist sie reichhaltiger für Philosophen als für Mathematiker. Archimedes ist anscheinend der einzige wirkliche Mathematiker, zu dem es schon bald nach seinem Tod eine Biographie gegeben hat. Was wir davon fassen, vor allem bei Cicero und in der Marcellus-Vita Plutarchs, lässt eine romanhafte Ausschmückung vermuten. Daneben existieren nur wenige Euklid-Anekdoten. Frühe, später mythologisch verklärte Gründergestalten, wie Thales und vor allem Pythagoras, haben in Kaiserzeit und Spätantike üppige Legendenbildung provoziert, vor allem Pythagoras in der neuplatonischen Tradition, etwa bei Jamblichos (3. Jh. n.Chr.). Den meisten dieser Gründergestalten wird übrigens ein Aufenthalt in Ägypten oder bei den ‚Chaldäern' zugeschrieben, wohl kaum historisch real. Es hat sich allerdings gezeigt, dass von diesen Fiktionen für uns kein Weg zurück ins 6. Jh. v.Cr. führt. Die Griechen tendieren dazu, die Erfindung von Artefakten bestimmten Individuen zuzuschreiben; dasselbe gilt auch für mathematische Theoreme. Ob die sogenannten Sätze des Thales und des Pythagoras tatsächlich auf sie zurückgehen, ist mehr als zweifelhaft. Überhaupt begegnet man Zuschreibungen der Anfänge mathematischen Wissens gerade an diese beiden heute mit großer Skepsis: Thales war ein ‚Weiser' mit politischer Autorität, Pythagoras ein Religionsstifter. Darüber hinaus gehende Informationen, die man in der antiken biographischen Tradition (bei Diogenes Laertios und in der Suda) liest und an deren historische Faktizität Hoppe in der Regel glaubt (doch siehe S. 140), hält man heute in der Regel für Fiktionen einer späteren Zeit. Trotzdem findet sich etwa ein Jahrhundert später sowohl unter den ionischen Vorsokratikern, z. B. bei Anaxagoras und Oinopides, wie unter den älteren Pythagoreern, z. B. bei Philolaos, ein genuines Interesse an mathematischer Astronomie bzw. theoretischer Mathematik. Die Späteren erhalten das Wissen über ihre Vorgänger, zwingen uns aber damit ihre Perspektive auf. Diese Perspektive betrifft primär den Anachronismus einer institutionalisierten Mathematik.

Zu den Quellen der griechischen Mathematik: W. Burkert, Lore and Science in Ancient Pythagoreanism, Cambridge, MA 1972 – S. Cuomo, Pappus of Alexandria and the Mathematics of Late Antiquity, Cambridge 2000 – D. R. Dicks, „Thales“, in Classical Quarterly N. S. 9 (1959), 294-309. – M. Jaeger, Archimedes and the Roman Imagination, Ann Arbor, MI – A. Jones, Astronomical Papyri from Oxyrrhynchus, Philadelphia 1999 – W. R. Knorr, „The Wrong Text of Euclid. On Heiberg's Text and Its Alternatives“, in Centaurus 38 (1996), S. 208-276 – K. Saito, „Reading Ancient Greek Mathematics“, in E. Robson & J. Stedall (Hg.), The Oxford Handbook of the History of Mathematics, Oxford 2009, S. 801-826 – L. Siorvanes, Proclus: Neo-Platonic Philosophy and Science, New Haven, CT 1996.

Die wichtigsten modernen Textausgaben: Apollonios von Perge: Conica I-IV ed. J. L. Heiberg, 2 Bde., Leipzig

1891-1893; ed. R. Rashed et al., 4 Bde., Berlin 2008-2010 (mit Übers.) – Archimedes: ed. J. L. Heiberg, 4 Bde., 2. Aufl., Leipzig 1910-1975; ed. Ch. Mugler, 4 Bde., Paris 1970-1972 (mit Übers.); übers. R. Netz, Cambridge 2004 – Aristarchos von Samos: ed. Th. Heath, Oxford 1913 – Autolykos von Pitane: ed. G. Aujac, Paris 1979 (mit Übers.) – Diokles: On Burning Mirrors ed. G. J. Toomer, Berlin 1976 (mit Übers.) – Diophant: ed. P. Tannéry, Leipzig 1895; Arithmetica IV-VII ed. R. Rashed, Paris 1984 (mit Übers.) – Euklid: Elemente ed. J. L. Heiberg & E. S. Stamatis, 5 Bde., Leipzig 1969-1973 (in der Vorgängerausgabe, Leipzig 1896, finden sich die kleineren Werke Euklids nebst dem Kommentar des Marinos zu den Data) – Eutokios: in den Archimedes- bzw. Apollonios-Ausgaben – Geminos: Einführung zu Arats Phainomena ed. G. Aujac, Paris 1975 (mit Übers.) – Heron von Alexandrien: ed. W. Schmidt et al., 5 Bde., Leipzig 1899-1912 (mit Übers.) – Hypsikles: Die Aufgangszeiten der Gestirne ed. V. De Falco & M. Krause, in Abhandlungen d. Akademie d. Wissenschaften Göttingen, philos.-hist. Kl., 3. F., Nr. 62, Göttingen 1966 – Jamblichos: De communi mathematica scientia ed. N. Festa, Leipzig 1891 – Kleomedes: Caelestia ed. R. B. Todd, Leipzig 1990 – Marinos: siehe Euklid – Nikomachos von Gerasa: ed. R. Hoche, Leipzig 1866 – Pappos von Alexandria: Synagoge ed. F. Hultsch, 3 Bde., Berlin 1876-1878 (mit lat. Übers.); A. Jones, Pappus of Alexandria. Book 7 of the Collection, 2 Bde., Berlin 1986 (mit engl. Übers.); P. Ver Eecke, Pappus d'Alexandrie. La Collection Mathématique, 2 Bde. (mit franz. Übers.) und Kommentar), Paris 1933; Pappus, Fragment eines Kommentars zum

10. Buch der Elemente Euklids ed. G. Junge & W. Thomson, The Commentary of Pappus on Book X of Euclid's Elements, Cambridge, Mass. 1930 – Ptolemaios: ed. J. L. Heiberg et al., 4 Bde., Leipzig 1903-1952; Almagest übers. G. J. Toomer, Berlin 1984 – Proklos: Kommentar zum ersten Buch der Elemente Euklids ed. G. Friedlein, Leipzig 1873; übers. G. R. Morrow, Princeton 1970 – Theodosios: Sphaerika ed. J. L. Heiberg, in Abhandlungen d. Akademie d. Wissenschaften Göttingen, philos.-hist. Kl., N. F., Nr. 19.3, Göttingen 1927 – Theon von Alexandria: Expositio rerum mathematicarum ad legendum Platonem utilium ed. E. Hiller, Leipzig 1878.

Viele wichtige Passagen und Fragmente finden sich mit englischer Übersetzung und Anmerkungen versehen bei I. Thomas, Selections Illustrating the History of Greek Mathematics, 2 Bde., Cambridge, MA 1971. – Die Fragmente der älteren Mathematiker sind gesammelt bei H. Diels & W. Kranz, Die Fragmente der Vorsokratiker. Griechisch und Deutsch, 3 Bde., 6. Aufl., Berlin 1951-1952.

V. Charakter und Kontext der voralexandrinischen Mathematik in Griechenland

Die ältere griechische Mathematik, d. h. die mathematischen Traditionen vor Euklid und Archimedes (beide gehören ins 3. Jh. v.Chr.), wirft aus der Sicht des heutigen Historikers vor allem zwei Fragen auf: Wie ist ihr theoretischer Charakter zu erklären und welchen Status hatten praktische und theoretische Mathematik in dieser Gesellschaft?

Durch die vorherrschend platonische Perspektive sind sowohl bei Hoppe, der für Ägypten und Babylon viel Praktisches diskutiert, wie in unseren Quellen die mathematischen Praktiker in Griechenland vollkommen unterrepräsentiert. Wie in Ägypten und Mesopotamien hat es aber auch im klassischen Griechenland Experten gegeben, die sich nicht etwa mit der Quadratur des Kreises oder dem Parallelenpostulat, sondern z. B. mit Zinsrechnung oder Vermessung befassten. Diese Experten haben offenbar selbst nicht geschrieben und werden von unseren sozial elitären Quellen auch nur ausnahmsweise erwähnt (gelegentlich bei Aristophanes oder Platon). Vage sind zwei Traditionen noch erkennbar: die sogenannten Psephoi-Arithmetiker und die Geometer. Psephoi sind Rechensteine, d.h. keramische Körper, die Zahlen symbolisieren und die auf einem Rechenbrett oder -tisch bewegt werden. Zahlreiche solche Rechenbretter sind in Griechenland gefunden worden. Diese Spezialisten konnten arithmetische Operationen von großer Komplexität vornehmen; vermutlich konnte man sie anstellen, wie auch andere ‚Techniker', z. B. Ärzte, Schmiede und Schreibkundige. Sehr wahrscheinlich sind diese Psephoi-Arithmetiker gildenartig organisiert gewesen; vielleicht darf man sie sich wie wandernde Handwerker vorstellen. Wer aber seinen Lebensunterhalt mit dem Rechenbrett verdient, der gewinnt nebenher auch Einsichten, die den rein praktischen Bereich verlassen, z. B. über Primzahlen und andere Klassen von Zahlen. Diesen Teil des Wissens der Psephoi-Arithmetiker findet man in der neupythagoreischen Tradition, etwa bei Nikomachos, Theon und Jamblichos. Die Geometer, für die auch der Begriff ‚Seilspanner' überliefert ist, befassten sich mit der Feststellung von Flächen- und Rauminhalten, aber vermutlich auch mit komplexen Aufgaben wie Tunnelkonstruktionen (z. B. im Falle des Tunnels des Eupalinos auf Samos, 6. Jh. v.Chr.). Ihre Verfahren kennt man partiell aus Papyrusfunden, teils auch aus einzelnen Schriften des Ingenieurs Heron von Alexandria. Auch hier ist klar, dass praktische Geometer Einsichten in theoretische Gesetzmäßigkeiten gewinnen. Für beide Gruppen ist hervorzuheben, dass sich ihr Wissen und ihre Verfahren im Nahen Osten schon lange vor und noch lange nach ihrem Auftauchen in Griechenland belegen lassen. Diese Praktikertraditionen werden ursprünglich aus Kulturkontakten mit den entsprechenden Experten in Ägypten und dem Nahen Osten hervorgegangen sein, wahrscheinlich bereits in archaischer Zeit, vielleicht parallel zur Akkulturation des Schriftsystems.

Die griechische theoretische Mathematik muss wohl vor diesem Hintergrund gesehen werden. Das beweist z. B. die euklidische Terminologie, in der ein handwerklicher Hintergrund noch vielfach präsent ist (z. B. ‚spannt' man eine Gerade wie ein Seil). Mathematik ist ein gutes Beispiel für die Veränderung von Wissen durch Akkulturation: Das, was wir als ‚die' griechische Mathematik des 5. und 4. Jh. v.Chr. kennen, ist ein sozial elitärer Diskurs, der großen Wert darauf legt, keine Berührung mit praktischen Zwecken zu zeigen. Alle Mathematiker der voralexandrinischen Zeit entstammen, soweit man das sagen kann, den Führungsschichten ihrer jeweiligen Poleis, darin den Philosophen ganz ähnlich (Sokrates ist eine Ausnahme, Heraklit, Archytas und Platon die Regel). Ihre mathematische Tätigkeit ist gerade nicht professionell, sondern hat den Charakter eines Statusspiels, auch darin der Philosophie vergleichbar. Das Streben nach Abstraktheit beider Traditionen läßt sich als Abgrenzungswille deuten, der dann vor allem in der platonischen Tradition beherrschend wird. Dazu passt, dass im Gegensatz zu den praktischen Mathematikern die theoretischen der voralexandrinischen Zeit nicht in einer institutionellen Struktur organisiert sind. Es handelt sich um eine kleine Zahl von Individualisten, die untereinander polis-übergreifende freundschaftliche Kontakte pflegen, wozu mathematische Diskussion und der gelegentliche Austausch von Theoremen und Beweisen gehören. Eine solche Sicht der griechischen theoretischen Mathematik ist relativ neu; für Hoppe (aber auch viele seiner Nachfolger bis heute) ist die Überschätzung der Bedeutung der Mathematik im „Kulturleben“ (S. 150) Griechenlands charakteristisch. In Wahrheit war theoretische Mathematik ein marginaler Diskurs. Praktische Mathematik dagegen muss ubiquitär gewesen sein, wurde aber von den Autoren unserer Quellentexte, gerade auch der nichtmathematischen, vermutlich als ‚banausisch‘ verachtet (siehe Aristoteles, Pol. III 5, 1278 a 7). Ähnliches gilt für die Astronomie, deren praktischen, für die Zeitrechnung zuständigen Zweig man vor allem aus Inschriften relativ gut kennt. Auch hier muss man sich Theoretiker wie etwa Eudoxos als marginal, elitär und dementsprechend als alltagsfern vorstellen (wie die Karikatur des Astronomen Meton in den *Vögeln* des Aristophanes zeigt).

Zur sozialen Stellung der Mathematik in der voralexandrinischen Zeit: M. Asper, „The Two Cultures of Mathematics in Ancient Greece“, in E. Robson & J. Stedall, The Oxford Handbook of the History of Mathematics, Oxford 2009, S. 107-132 – R. Netz, „Greek Mathematicians: a Group Picture“, in C. J. Tuplin & T. E. Rihll (Hg.), Science and Mathematics in Ancient Greek Culture, Oxford 2002, S. 196-229 – R. Netz, „Counter-Culture: Towards a History of Greek Numeracy“, in History of Science 40 (2002), S. 321-352 – D. Fowler, The Mathematics of Plato's Academy. A New Reconstruction, 2. Aufl. Oxford 1999 – S. Gandz, „Die Harpedonapten oder Seilspanner und Seilknüpfer“, in Quellen und Studien zur Geschichte der Mathematik B 1 (1929-1931), S. 255-277 – J. Høyrup, „Sub-scientific Mathematics: Observations on a Pre-Modern Phenomenon", in History of Science 27 (1989), S. 63-87.

VI. Griechische Mathematik und ‚Philosophie'

Ein weiterer Mythos, den Mathematikhistoriker in jüngerer Zeit korrigiert haben, handelt vom Einfluss der Philosophie auf die theoretische Mathematik. ‚Philosophie' ist ein Feld, das erst Aristoteles rückblickend konstruiert; für die Vorsokratiker darf man davon ausgehen, dass Mathematisches entweder als Abstraktion praktischer Probleme (z. B. ‚Wie hoch sind die Pyramiden?') oder im Rahmen astronomischer Problemlösung einen Platz hatte und in beiden Aspekten nicht abzugrenzen war von anderen theoretischen Argumentationszusammenhängen. Wie oben bemerkt, neigt man heute meist dazu, die mathematischen Kenntnisse der frühen Pythagoreer eher in einem religiösen Kontext zu sehen. Die früheste wirklich mathematische Gemeinschaft, von der man sicher weiß, bildet sich in Athen im letzten Drittel des 5. Jh. v.Chr. Oinopides und vor allem Hippokrates, beide aus Chios gekommen, sind die größten Namen dieser Gruppe. Die Sophisten, die in dieser Zeit am gleichen Ort mit allen Formen etablierten Wissens konkurrierten, versuchten sich auch an spektakulären Lösungen mathematischer Prestige-Probleme, v. a. der Quadratur des Kreises (bezeugt für Hippias und Antiphon) oder an der Fundamentalkritik theoretischer Geometrie (bezeugt für Protagoras). Die agoraphoben Mathematiker blieben unbeeindruckt, produzierten die ersten mathematischen Schriften des späteren euklidischen Typs und verbaten sich ansonsten jede Einmischung von außen (Eudemos Fr. 34 Wehrli berichtet, dass die Mathematiker Grundlagendiskussionen nicht als ihre Aufgabe betrachten, sondern als die der Philosophen; siehe auch den Mathematiker Amphinomos bei Proklos, In Eucl. 202.9-12 und Theodoros in Platons *Theaitet*, 165 A 1 f.).

Der epistemische Charakter mathematischer Theoriebildung hatte einen überraschenden Effekt: Für Platon wird das spezielle Wissen der theoretischen Mathematiker zum Vorbild für sicheres, zeitloses, abstraktes Wissen schlechthin. Daher erklärt sich der hohe Stellenwert, den mathematisches Wissen in seinen Dialogen überhaupt, aber auch in den fiktiven Ausbildungsprogrammen im *Staat* und den *Gesetzen* genießt. Aristoteles räumt in seinen Theorien zur wissenschaftlichen Methode der bereits existierenden axiomatisch-deduktiven Methode der Mathematiker paradigmatischen Status ein. Seine Überlegungen zum Beweis verallgemeinern mathematische Beweisstrukturen. In beiden Fällen lernt die Philosophie von der Mathematik, nicht umgekehrt (Hoppes

Ausführungen zu Platon, z. B. S. 150 oder S. 163 f., sind in diesem Punkt revisionsbedürftig, ebenso wie seine gesamte Einschätzung des Aristoteles). Im Gefolge Platons nimmt die Selbstdarstellung der Philosophie selbst Züge der theoretischen Mathematik an. Für die europäische Mathematik hatte die Intervention Platons erhebliche Folgen: Mathematik wurde in der platonischen Tradition zu einem paradigmatischen Wissen und verliert in der Folge, d. h. vor allem in Alexandria, den ursprünglichen Charakter des Statusspiels (siehe V.) zugunsten einer institutionell eingebundenen Grundlagenwissenschaft für Philosophen und Techniker.

Zum Verhältnis von Philosophie und Mathematik: M. Asper, „Mathematik, Milieu, Text. Die frühgriechische(n) Mathematik(en) und ihr Umfeld“, in Sudhoffs Archiv 87.1 (2003), S. 1-31 – W. Burkert, „Praxis und Seinsstruktur. Praxis und Platonismus in der griechischen Mathematik“, in Abhandlungen der Braunschweiger Wissenschaftlichen Gesellschaft 34 (1982), S. 125-141 – M. Burnyeat, „Platonismus and Mathematics“, in A. Graeser (Hg.), Mathematics and Metaphysics in Aristotle [...], Bern 1987, S. 213-240 – L. B. Carter, The Quiet Athenian, Oxford 1986 – J. Cleary, Aristotle and Mathematics: Aporetic Method in Cosmology and Metaphysics, Leiden 1995 – W. Detel, „Geometrische Abstraktion: Der Status der Mathematik“, in ders., Aristoteles. Analytica Posteriora, Berlin 1993, Bd. 1, S. 89-232 – L. Zhmud, „Plato as an Architect of Science“, in Phronesis 43 (1998), S. 211-244.

VII. Übersetzung der griechischen Mathematik

Für Hoppe, der wie in I. dargestellt, Mathematik als ein zeitloses Wissen betrachtet, ist die Übersetzbarkeit der griechischen Mathematik fraglos garantiert. Mathematische Probleme z.B. des Archytas oder Platons werden von ihm ohne weiteres in Formeln und Gleichungen umgesetzt (z. B. S. 137 f., 146). Für den modernen Betrachter ist das sehr hilfreich. Hoppe fehlt nur wahrscheinlich das Bewusstsein dafür, dass der überlieferte griechische Text von ihm in Formeln *übersetzt* wird, die ein ganz anderes mathematisches Bewusstsein und eine ganz andere intellektuelle Infrastruktur voraussetzen. Platon, Euklid oder Apollonios dachten weder in Formeln noch in Gleichungen. Wie bei jeder Übersetzung handelt es sich um eine Transformation, die Bedeutung zwischen Ursprungskontext und Zielkontext entwickelt und nie beiden gleichzeitig vollkommen gerecht werden kann. Die Umsetzung griechischer Mathematik in moderne Darstellungsformen sagt mehr über uns aus als über die antiken Mathematiker.

Zur Übersetzungskontroverse in der Mathematik: A. Imhausen, „From the Cave into Reality", in A. Imhausen & T. Pommerening (Hg.), Writings of Early Scholars in the Ancient Near East, Egypt, Rome, and Greece. Translating Ancient Scientific Texts, Berlin 2010, S. 333-347 – S. Unguru, „On the Need to Rewrite the History of Greek Mathematics“, in Archive for the History of Exact Sciences 15 (1975), 67-114 – B. van der Waerden, „Defence of a ‚Shocking‘ Point of View“, in Archive for the History of Exact Sciences 15 (1976), 199-210.

Anhang: Übersetzung griechischer Passagen (Hoppe S. 1-206)

Hoppes Griechisch war exzellent. Da das heute nicht mehr für alle an der antiken Mathematik Interessierten selbstverständlich gilt, übersetze ich im Folgenden die griechischen Passagen in Hoppes Text, die er nicht selbst übersetzt oder paraphrasiert hat. Ein nützliches Hilfsmittel für die griechische Fachsprache der Mathematik ist Ch. Mugler, Dictionnaire historique de la *terminologie* géométrique des Grecs, Paris 1958-59.

S. 9 unten (Proklos über Thales in Ägypten): ‚Vieles fand er selbst und von vielem deutete er die Grundideen den nach ihm Kommenden an, indem er sich dem einen in allgemeinerer Weise widmete, dem anderen in einer, die leichter zu verstehen war.‘ – S. 11 unten (Strabo über die ‚Chaldäer‘): ‚Einige maßen sich auch an, Geburtshoroskope zu erstellen, die aber die anderen nicht anerkennen.‘ – S. 33 unten (οὐδέν): ‚nichts‘ – S. 55 unten (die Schrift des Nikolaos): ‚Beschreibung des Fingermaßes‘ – S. 69 oben (Proklos über Thales): ‚Es ist möglich, dass wir in diesem einen, entgegen der Annahme, zwei Dreiecke betrachten.' ‚[…] nicht ‚gleiche', sondern ‚ähnliche'[…]' – S. 70 unten (ἄπειρον): ‚unbegrenzt, undefiniert, unendlich' – S. 71 oben (ὑποτύπωσιν): ‚einen Abriss' – S. 80 oben (aus Platons Timaios): ‚Wenn nun der Körper des Alls eine Fläche, die keine Tiefe hat, hätte werden sollen, dann würde eine mittlere Proportionale genügen, die Dinge mit ihr und sich selbst zusammenzubinden; nun aber kam es ihm zu, räumlich zu sein, alles Räumliche aber halten nie nur eine, sondern immer zwei mittlere Proportionale zusammen.' – S. 82 oben und Anm. 1: Zellers Konjektur macht aus ‚der Pflanzen' ‚solcher', d. h. Dreiecke und Vierecke. Anm. 1: ἄγοντες εἰς übersetzt Hoppe mit ‚anwenden auf'. – S. 85 Anm. 3: Der Satz ist von Hoppe akkurat übersetzt („Er sagt: …"). – S. 87 Mitte; Symbol für ‚die Kugel des Alls'. Zu Stobaios: der Artikel ὁ passt nicht zu τᾶς σφαίρας ὁλκάς (‚der Kugel Kahn'). – S. 89 Mitte: Hoppe übersetzt den Satz treffend, nur dass, was er pro domo als ‚Quellenforscher' übersetzt, ‚Erzähler von alten Geschichten' lauten sollte. – S. 96 unten: […] dann fährt er fort: ‚die anderen (meinen), dass die Welt stehe'. – S. 100 Mitte: Aristoteles sagt: ‚Hippasos von Metapont und Heraklit von Ephesos behaupten, das Feuer sei das Urelement.' – S. 106 oben: sofern sie das ‚der erste' betrifft – S. 107 oben: unter dem Titel ‚Elemente' – S. 108 oben: eine Notiz des Aristoteles: ‚wie es z. B. Sache des Mathematikers ist, den Versuch, durch Kreissegmente den Kreis zu quadrieren, zu widerlegen'. Mitte: des Hippokrates ‚nicht einmal, wenn etwas ein Pseudobeweis ist über etwas Wahres, wie (der Beweis) des Hippokrates' – S. 109 oben: ‚Möndchen' – S. 114 Mitte:

Er spricht von der ‚Ableitung' – S. 121 Mitte: die Angabe des Proklos: ‚Andere haben, gestützt auf die Quadratrices des Hippias und des Nikomedes, dasselbe gemacht, wobei auch sie gemischte Kurven benutzt haben als Quadratrices.' μικταὶ γραμμαί ‚gemischte Kurven'. γραμμικοὶ τόποι ‚linienförmige Örter' – S. 123 Mitte: Trieteris (‚jedes zweite Jahr') – S. 126 oben: σφαῖρος (‚Kugel'). Anm. 1: von dem Werk ‚Über die Natur' – S. 28 oben: zwei Schriften des Leukipp: ‚Die große Ordnung' und ‚Über den Geist'. … aus innerer Notwendigkeit ‚aus Vernunft und infolge der Notwendigkeit'. Anm. 2: Diogenes ‚wie er selbst sagt' – S. 130 unten: Geometrie (‚Über Geometrie') – S. 131 oben: aus der Schrift ‚Ausbreitungen' (= ‚Abwicklungen'?). unten: den Titel ‚Über den Unterschied des Gnomon oder über das Aufhören von Kreis und Kugel'. Diels' Konjektur: statt ‚Gnomon' ‚Meinung' – S. 132 Mitte: über den Inhalt des ‚Unterschieds'. (‚Über irrationale Linien (= Größen)') – S. 141 oben: (‚und durch Geometrie fand er als erster den Würfel, wie Platon im Staat sagt') – S. 143 oben: Primzahlen (‚unzusammengesetzte' (Zahlen)) – S. 144 oben/Mitte: (‚Freundschaft pflegen'). … in Euklids ‚Elementen' … Platon sagt: ‚Zwei mittlere Proportionale fügen jeweils Körper zusammen' – S. 148 oben: Da das ‚Finden' … Mitte: (‚zu einem Anfang, über den Übereinstimmung herrscht') – S. 151 Mitte: durch ihre ‚Homogenität' – S. 154 oben: für ‚das, was hinsichtlich seiner Substanz ewig ist,' Planeten sind nur ‚zur Bestimmung und Kontrolle der Zahlen der Zeit' – S. 157 Mitte: ‚Was aber die anderen (Planeten) betrifft, so würde, wenn jemand alle Gründe durchdiskutieren wollte, wohin genau und aus welchen

Gründen er (der Demiurg) sie dort hingesetzt hat, diese Diskussion, die ja nebensächlich wäre, mehr Aufwand machen als die, wegen der sie geführt wird.' … zwei Bewegungen: ,die eine in demselben gemäß demselben' … Fixsterne ,gemäß demselben in demselben sich drehend' … bleiben: ,ewig bleiben' – unten und folgende Seite: Aristoteles ,einige sagen auch, dass diese auf dem Kreismittelpunkt liegend sich drehe und sich bewege um die Achse, die durch die ganze (Kugel) gespannt ist, gerade wie es im Timaios geschrieben steht.' – S. 158 oben: Das ,sich bewegen' … Boeckh das ,gerade wie' nur auf das ,sich drehe' – S. 162 Mitte: der Gegensatz des (der) ,Grenze' und des ,Unbegrenzten / Unendlichen' – S. 163 Mitte: zwischen dem (der) ,Weltvernunft' und der ,Meinung' … unten: (,aufmunterndes') – S. 167 Mitte: ἐπινομίς (traditioneller Titel des letzten Buchs der platonischen Gesetze) – S. 169 oben: hier ,Determinationen' (in Hoppes Terminologie) und nicht ,die Determination' … seinen ,Elementen' (Standardbuchtitel mathematischer Bücher vom Typ der euklidischen Elemente) – S. 173 unten: der als ,Torus' bezeichnet wurde … κρίκος (anderer Begriff für ,Torus') – S. 174 Mitte: (,gebogen') … er nennt Eudoxos den ,gottähnlichen' – S. 175: Schrift ,Über Geschwindigkeiten' – S. 178 unten: ,gleichend der Fußfessel eines Pferdes' (hippou pedē). Anm. 2: statt ,spiralförmig' ,torusförmig' – S. 182 unten: das ,Acht-Jahr-Zyklus' betitelte – S. 183 oben: Suidas (d. h. die Suda) sagt: ,Kriton aus Naxos schrieb einen ,Acht-Jahr-Zyklus', von denen manche sagen, er sei von Eudoxos.' – S. 186 unten: ,Dreiheiten des Menaichmos' … und ,die des ovalen (Schildes)' – S. 190 unten: Würfelverdoppelung ,auf

Werkzeuge und mechanische Apparaturen‘ zurückführten – S. 192 Mitte: die ‚Elemente‘ … Einzelprobleme (‚Definitionsfragen‘). Hier ist die Argumentation Hoppes fragwürdig. Üblicherweise hält man Theudios für den ersten, der über mathematische Definitionen nachdachte. – S. 195 Mitte: um ‚Grenzen‘ – S. 197 Mitte: Hoppes Übersetzung (in Klammern) ist akkurat. – S. 199 Mitte: μάθεσις (mathesis ‚Wissen‘) ... μαθήματα (mathemata ‚Wissensgegenstände‘) – S. 200 oben: φύσις (physis ‚Natur‘) – S. 201 Mitte: das ‚Potentielle‘ und das ‚Aktuelle‘ – S. 202 Mitte: Schrift ‚Über Arithmetik‘ – S. 204 oben: in seinem Werke ‚Über den Okeanos‘. Unten: die drei Bücher ‚Geschichte der Geometrie, Geschichte der Arithmetik, Astronomiegeschichte‘.

* * *

Die Bemerkungen zum zweiten Teil (Hoppe S. 206 - 437) werden behandeln: VIII. Charakter und Kontext der alexandrinischen Mathematik. IX. Griechenland und Rom. X. Spätantike Mathematik: Kanonisierung und Kommentar